绿色低碳
背景下的多种能源发电
协同发展研究

郭晓鹏　任东方◎著

四川大学出版社
SICHUAN UNIVERSITY PRESS

图书在版编目（CIP）数据

绿色低碳背景下的多种能源发电协同发展研究 / 郭晓鹏，任东方著 . 一 成都：四川大学出版社，2023.10
（卓越学术文库）
ISBN 978-7-5690-6344-8

Ⅰ . ①绿… Ⅱ . ①郭… ②任… Ⅲ . ①能源－发电－研究 Ⅳ . ① TM61

中国国家版本馆 CIP 数据核字（2023）第 174823 号

书　　名：绿色低碳背景下的多种能源发电协同发展研究
　　　　　Lüse Ditan Beijing xia de Duozhong Nengyuan Fadian Xietong Fazhan Yanjiu
著　　者：郭晓鹏　任东方
丛 书 名：卓越学术文库

丛书策划：蒋姗姗　李波翔
选题策划：蒋姗姗　李波翔
责任编辑：王　静
责任校对：周维彬
装帧设计：墨创文化
责任印制：王　炜

出版发行：四川大学出版社有限责任公司
　　　　　地址：成都市一环路南一段 24 号（610065）
　　　　　电话：（028）85408311（发行部）、85400276（总编室）
　　　　　电子邮箱：scupress@vip.163.com
　　　　　网址：https://press.scu.edu.cn
印前制作：成都墨之创文化传播有限公司
印刷装订：四川煤田地质制图印务有限责任公司

成品尺寸：170 mm×240 mm
印　　张：15
字　　数：265 千字

版　　次：2023 年 10 月 第 1 版
印　　次：2023 年 10 月 第 1 次印刷
定　　价：78.00 元

扫码获取数字资源

四川大学出版社
微信公众号

前言

　　2021年夏秋之交的某日午后,久困家中的我习惯性地打开工作日志,想要回顾一下过往的工作总结,再增加几条工作计划,为新学期的教学、科研和研究生培养工作拟定个详细的方案。

　　近日里"极端天气导致电力供应紧张""拉闸限电""煤价飙升"等问题备受关注,作为华北电力大学的一名教师,我和团队成员们也颇想做一些专题研究,为"碳达峰、碳中和"的顺利实现贡献绵薄之力。最终我们决定撰写一本与"能源结构清洁化转型问题"相关的著作。

　　在过去的几年里,我们综合应用多智能体建模与仿真、系统动力学、多目标决策、投入产出分析、空间计量分析和演化博弈等方法研究了能源供应、能源消费、二氧化碳排放、大气污染物排放、新能源消纳、动力煤价格预测、电力企业多市场交易决策、电动汽车生命周期碳成本等问题,在国内外知名的期刊上发表论文四十余篇。研究的过程中,我们始终坚持"多种能源发电的协同发展才是稳定有序推进我国能源结构清洁化转型的关键"这一观点,并在此基础上提出本书的四个主要观点:

　　第一,能源电力系统的绿色低碳转型是一个涉及能源环保相关部门的政策与规划、经济发展形势、能源供需形势、电力投入产出、能源价格和资源开发利用等诸多方面的复杂动态演化过程。在此过程中,新能源发电与传统煤电之间只有建立良好的竞合关系,才能实现协同发展。

　　第二,多种能源发电的协同发展,需要深入分析各区域的空间关系,充分发挥能源互联网理念下信息共享机制的作用,在确保能源供应安全的前提下,有序降低燃煤火电占比,提高绿色发电能源效率,构建以新能源为主体的新型电力系统。

　　第三,在"双碳"战略的实施过程中,促进多种能源发电的协同发展应综合考虑大气污染物排放控制、碳减排和能源供需平衡。必要时可进一步构建涵盖因素更全面、智慧化程度更高的综合决策分析平台来辅助此项工作。

第四，需加强关注以储能和电动汽车为代表的能源消费侧新形势，充分发挥其调节电网负荷、促进可再生能源消纳、降低大气污染物排放和温室气体排放的作用。

围绕上述观点，在撰写本书之时我们综合考虑了燃煤火电、水电、核电、风电、太阳能发电等多种电源形式，形成六大核心内容：梳理多种能源发电协同发展的历史沿革及主要影响因素，多种能源发电的供需情况演化分析及其低碳化协同建模，多种能源发电协同发展的投入产出效率分析，多种能源发电协同发展的空间关系分析，多种能源发电协同发展的信息共享模型构建，多种能源发电兼顾经济性和减排效益的协同调度决策模型。另外，在本书的最后部分还对储能和电动汽车等用能侧新形势做了简单的探讨。

全书既有政策分析，也有数据探索，还有情景仿真，虽受限于篇幅而削减了大量的图表，但整体上还是很好地呈现了我们的研究成果和观点。能够完成这样一项艰巨的工作，离不开家人、团队和单位的大力支持和帮助。

除了感谢家人长久的支持与陪伴之外，首先要感谢我的团队成员们。本书的合作者任东方老师，从硕士阶段起就积极参与团队的科研工作，并在本书的撰写过程中承担了信息共享模型构建和部分系统动力学建模仿真的工作；博士研究生张馨月、杨晓宇，硕士研究生林凯、黄瀚、饶素雅、陈莹莹、朱志贤、董建强、王丹丹、李璇、董一宁、曹家宝、常宝、褚君晖、肖科蕾、赵琪、付一涵、石嵘、刘东亮、李文鑫、孙月等同学在全书的资料采集、建模分析、图表绘制和交叉校对等多个环节均全程参与，做出了大量的贡献。特别是在2019-2021年期间，有的成员已经毕业，见面沟通不便，大家仍然能够坚持在线交流沟通，及时解决数据的更新、模型的修改、代码的调试等各项琐碎的细节问题，呈现了团队的凝聚力和师生友谊长存的良好精神面貌。

然后要感谢中央高校基本科研业务费专项资金资助（2023FR012）对本书的大力支持，使得本书能够成为"华北电力大学哲学社会科学繁荣计划专项——卓越学术文库"的首批入选图书之一。在本书的撰稿过程中，我校科学技术研究院从联系出版社到给予专项经费等方面提供了全方位的帮助，这为我们节约了大量的时间，解决了后顾之忧，使得我们能够更加专注于提高作品的质量。

最后感谢各位师长的关爱和一路扶持！

双碳目标，征程远，光阴迫！我辈自当奋起，不待扬鞭！与诸君共勉。

郭晓鹏

2023.9.7

目录

绪　论

第一节　研究背景及意义

一、研究背景

近年来，低碳发展、节能减排及控制大气污染物排放等问题备受关注。我国作为能源消费大国，在使用煤炭、石油和天然气等能源的过程中产生了不少颗粒物、硫氧化物等，近几年多个地区有时出现持续时间长、污染程度重的雾霾天气，引发了广泛关注，国家及民众逐渐意识到多种能源发电与控制污染物排放协同发展的必要性。专家和学者们针对这一系列问题，结合我国经济发展现状，在能源消费、能源结构、产业结构和交通运输等诸多方面展开了研究和探讨，认为调整能源发电结构、控制高能耗高污染排放、减少煤炭消耗（尤其是加强对燃煤火电的管控）以及大力发展清洁能源等举措势在必行。

我国出台了一系列政策来应对这一问题，早在 2013 年 9 月即发布了《大气污染防治行动计划》，明确了大气污染物控制的具体目标；[①] 随后在《"十三五"

[①]　国务院. 国务院关于印发大气污染防治行动计划的通知：国发 [2013]37 号 [EB/OL]. (2013-09-13)[2023-09-01]. https://www.gov.cn/zhengce/content/2013-09/13/content_4561.htm?eqid=f7f93da200011e02000000026489bec4.

能源规划》中提出了能源结构低碳转型的思路；[①]2015 年的《关于有序放开发用电计划的实施意见》中明确说明：纳入规划的风能、太阳能、生物质能等可再生能源发电以及调峰调频电量均可享受优先发电政策，促进节能减排；[②]2016年至 2017 年 2 月，先后推出煤电调控、新能源价格调整及"可再生能源绿色电力证书"等政策。[③]2018 年 7 月，国务院印发《打赢蓝天保卫战三年行动计划》，要求持续推进工业污染源全面达标排放，对未达标的企业加大超标处罚惩戒力度。[④]2019 年国家能源局出台了《2019 年风电、光伏发电项目建设有关事项的通知》积极推进风电、光伏发电项目平价上网项目建设。[⑤]2021 年推出《清洁能源消纳情况综合监管工作方案》为实现"碳达峰、碳中和"战略目标（下文简称"双碳"目标），组织开展清洁能源消纳情况综合监管工作。[⑥]这些政策和举措对传统的煤炭产业和火力发电行业产生了重大的影响，并为清洁能源发电提供了良好的发展契机。

在国家积极推进节能减排、大力发展新能源、收紧环保政策的情况下，我国大气污染状况较之前虽有所好转，但环境污染形势仍旧严峻，2017 年之前，"弃风""弃光""弃水"的"三弃"现象严重。从国家能源局公布数据来

---

① 国家能源局. 能源发展"十三五"规划 [EB/OL]. (2017-01-05) [2023-09-01]. http://www.nea.gov.cn/135989417_14846217874961n.pdf.

② 国家发展改革委，国家能源局. 关于有序放开发用电计划的实施意见：发改运行 [2017]294 号 [EB/OL]. (2015-11-30) [2023-09-01]. https://www.gov.cn/xinwen/2015-11/30/5018221/files/fc56705237344ad9912144cae1d10523.pdf.

③ 国家能源局.国家能源局关于进一步调控煤电规划建设的通知：国能电力 [2016]275号 [EB/OL]. (2016-10-21) [2023-09-01]. https://www.gov.cn/xinwen/2016/10/21/content_5122339.htm；国家发展和改革委员会. 国家发展改革委关于调整光伏发电陆上风电标杆上网电价的通知：发改价格 [2016]2729 号 [EB/OL]. (2016-12-26) [2023-09-01]. https://www.ndrc.gov.cn/xxgk/zcfb/tz/201612/t20161228_962832.html；国家发展和改革委员会，财政部，国家能源局. 国家发展改革委 财政部 国家能源关于试行可再生能源绿色电力证书核发及自愿认购交易制度的通知：发改能源 [2017]132 号 [EB/OL]. (2017-02-06) [2023-09-01]. http://www.nea.gov.cn/2017-02/06/c_136035626.htm.

④ 国务院. 国务院关于印发打赢蓝天保卫战三年行动计划的通知：国发 [2018]22 号 [EB/OL]. (2018-07-03) [2023-09-01]. https://www.gov.cn/zhengce/content/2018-07-03/content_5303158.htm.

⑤ 国家能源局.国家能源局关于 2019 年风电、光伏发电项目建设有关事项的通知：国能发新能 [2019]49 号 [EB/OL]. (2019-05-28) [2023-09-01]. http://zfxxgk.nea.gov.cn/auto87/201905/t20190530_3667.htm.

⑥ 国家能源局.国家能源局综合司关于印发《清洁能源消纳情况综合监管工作方案》的通知：国能综通监管 [2021]28 号 [EB/OL]. (2021-03-17) [2023-09-01]. http://zfxxgk.nea.gov.cn/2021-03/17/c_139829878.htm.

看，2018 年以来我国平均弃风率开始呈下降态势，2019 年的平均弃风率达 4%，2020 年的平均弃风率达 3%，较 2019 年同比下降 1 个百分点。[①]"三弃"现象的出现是由于经济新常态下电力需求增速放缓、电力供应过剩以及新能源发电无序建设等问题。解决"三弃"问题是能源发展"十三五"规划中明确提出的工作重点，对顺利实现能源结构绿色低碳转型、有效防控大气污染起到了重要的作用。

受资源禀赋限制，我国在未来较长一段时间内仍将以燃煤火电为"压舱石"。在能源结构低碳化调整的过程中，新能源发电和传统燃煤发电之间既相互补充，又相互竞争，这种竞合关系将长期存在。因此，如何科学合理地协调多种能源发电协同发展，减少大气污染物排放、实现低碳发展，是当前亟待研究解决的问题。能源互联网以特高压为骨干网架，以输送清洁能源为主导，能够实现多能互补，对促进新能源的发展具有很好的保障作用（刘振亚，2014；曾鸣，杨雍琦，李源非，等，2016），对防治大气污染和低碳发展也有着重要的促进作用。在能源互联网背景下，我国能源网络结构将向分散化的方向发展，这有利于推进新型能源体系的建设，促进能源绿色低碳转型，同时也对多种能源发电协同发展提出了新的挑战。

多种能源发电协同发展是一个涉及能源管理、发电企业、电网企业、用电单位等多个企事业单位和部门的重大问题，与其相关的政策制定、发展规划、经济发展、能源供需、电力投入产出、能源价格和资源开发利用等诸多方面存在着竞争与合作、制约与协调等复杂动态演进关系。其中，从根本上建立新能源发电与传统煤电之间的良好竞合关系，才有望实现协同发展，为实现"双碳"目标提供助力。因此，很有必要在研究新能源发电和燃煤火电的有序发展方式及能源互联网的多能互补和信息共享机制下，构建相应的协同发展模型，并建立具有整体性和动态性的仿真分析框架，为多种能源发电协同发展提供决策建议。

---

① 国家能源局. 2018 年风电并网运行情况 [EB/OL]. (2019-01-28) [2023-09-01]. http://www.nea.gov.cn/2019-01/28/c_137780779.htm；丁怡婷. 清洁能源更"风光" [N/OL]. 人民日报，2020-03-03 [2023-09-01]. http://www.nea.gov.cn/2020/03/03/c_138838993. htm；李沫. 国新办举行中国可再生能源发展有关情况发布会 [EB/OL]. (2021-03-30) [2023-09-01]. http://www.nea.gov.cn/2021-03/30/c_139846095.htm.

二、研究意义

基于能源互联网下的信息共享和协同管理等理论背景，以多种能源发电协同发展为研究对象，以二氧化碳排放和大气污染物排放为约束，分析在满足降低污染物排放目标下实现多种能源发电协同发展的各类能源的配置情况。本研究的理论和实践意义主要体现在以下三个方面：

其一，基于我国经济整体发展情况、多种发电形式的现状及各地区的能源供需情况，通过分析能源互联网下多种能源发电协同发展的主要影响因素，结合不同的环保要求分析多种能源发电供需匹配情况，解决不同地区现有能源供应中存在的问题，以达到提高能源利用率、降低能源消耗、实现能源跨区域合理调配进而优化能源供应系统的目的，确保实现区域能源的有序发展。

其二，结合各地区能源供需现状，构建多种能源发电协同发展的投入产出效率分析模型、空间相关性模型、信息共享模型和调度决策模型，从多角度对多种能源供需情况进行全面分析，进而为各地区能源供需系统的改进和优化、能源结构的低碳化转型及大气污染物的防治提供有效的方法和思路。

其三，研究旨在为建立多种发电形式之间的协调匹配机制提供理论支撑，对构建清洁低碳的能源体系具有较好的实践指导意义，为实现"双碳"目标提供决策参考。

第二节　研究现状综述

一、能源互联网的发展及应用现状

能源互联网是能源系统中一种新的发展形式，其四个基本特征为：其一，可再生能源是能源互联网中的主要能源；其二，能源互联网支持使用大型分布式发电和存储系统；其三，可以利用互联网技术实现广域能量共享；其四，能源互联网支持运输系统的电气化。能源互联网促进了传统能源系统的业务流程重构和服务模式之间的转换，实现了能量流、信息流和业务流的整合。

能源互联网以电力系统为核心和纽带（孙宏斌，郭庆来，潘昭光，2015；TSOUKALAS L H，GAO R，2008），实现了各种能源网络和运输网络的深度整合与高度渗透。能源互联网能够协调发电机、电网、负载和存储，其中的多种能源资源是互补的。随着新兴技术的发展，能源大数据管理和基础架构已成为能源互联网系统的基础设施 (ZHOU K , YANG S , 2016)，大数据已成为能源互联网系统中重要的资源，以支持每一层中相应的业务管理任务（杨善林，周开乐，2015）。能源互联网推动了数据驱动型产品的生产以及一些能源服务的应用。其中，低碳产品 (ALBINO V , ARDITO L , DANGELICO R M , et al , 2014 ; CHEN Q Q , TANG Z Y , LEI Y , et al , 2015 ; SONG J S , LEE K M , 2010) 和碳定价 (FENG Z H , ZOU L L , WEI Y M , et al , 2011 ; LIANG Q M , WEI Y M , 2012 ; NICHOLSON M , BIEGLER T , BROOK B W , et al , 2011 ; WEI Y M , LU W , HUA L , et al , 2014) 是能源互联网服务和应用的重要内容。

随着我国能源互联网技术的迅速发展，需求侧响应、虚拟电厂和综合能源等业务已经初具雏形，各省份的电力市场机制也在不断地发展完善，能源互联网项目在不断探寻参与市场的新模式。这方面的研究进展包括充分利用信息共享机制，合理规划能源互联网中的多种能源（孙秋野，滕菲，张化光，等，2015），提高可再生能源的利用效率；打造能源互联网区块链平台，将分布式发电资源和负荷侧资源进行聚合及协同优化运行管理（蒋玮，程澍，李鹏，等，2021）等，但这些研究仍缺乏一定的综合性，无法实现多种能源在能源互联网背景下的协同发展。

二、能源结构低碳转型及大气污染防治研究现状

"十三五"期间中国能源电力消费结构不断优化。据全国能源信息平台公布数据，2015—2019 年，中国煤炭占能源消费总量的比例由 63.7% 降至 57.7%，降低了 6 个百分点。水电、核电、风电等非化石能源由 12.1% 增至 15.3%，增加了 3.2 个百分点。[①] 国家统计局数据显示，2019 年全年中国发电量达到了 71422.1 亿千瓦时，累计增长 3.5%，2020 年全年中国累计发电量达到了 74170.4 亿千瓦时，比上年累计增长 3.8%。[②] 中国经济的发展对电力需求的不断上升，使得火电的发电量仍然在不断上涨，数据显示，2020 年中国火力发电量

---

①　国务院 .《新时代的中国能源发展》白皮书 [EB/OL]. (2020-12-21) [2023-09-01]. https://www.gov.cn/zhengce/2020-12-21/content_5571916.htm.

②　国家统计局 . 中国统计年鉴 .2021[DB/OL]. (2021-09-01) [2023-09-01]. http://www.stats.gov.cn/sj/ndsj/2021/indexch.htm.

为 52798.7 亿千瓦时，同比上升 2.2%。[①]

通过研究新常态下中国电力需求情况，以及分析煤电的发展前景，袁家海、徐燕、雷祺（2015）提出了煤炭消费总量控制的建议。尽管能源结构低碳化调整主要是降低煤电比重，同时提高新能源发电的比例，但火力发电在将来的一定时间内仍是我国电力的主要来源（解玉磊，付正辉，汤烨，等，2013），通过对火力发电方式的调整能进一步加大区域减排力度。2021 年《政府工作报告》中提出将"做好碳达峰、碳中和工作"列为重点任务之一。[②]"十四五"规划和2035 年远景目标纲要在多个领域部署了一系列实现减碳目标的工作安排。[③]

近年来在低碳发展、大气污染防治、新能源发展和能源结构调整等方面的研究成果综述如下。

在低碳发展方面，低碳经济发展的要求改变了传统的规划模式，因此有研究在以往仅由资源约束的电力供需增长和电力结构规划中增加二氧化碳排放约束（林伯强，杨芳，2009），对电力结构的含碳量进行控制，并坚持以经济成本分析为基础，用正确的价格信号引导投资，使电源投资流向有利于资源和环境合理配置的领域。当以煤为主的电力污染不可避免时，就需要通过合理的电力布局实现能源环境资源的优化配置，并在充分发挥地区资源优势的同时使得全国的环境成本最小。有研究通过构建"能源—经济—电力—环境"框架来分析中国的低碳发展问题，进而为实现中国的低碳发展路径和目标提供新的思路(HU Z G，YUAN J H，HU Z，2011)。此外，低碳经济发展需要可再生能源的支持，通过模型演化和跨国经验分析发现，低碳工业化就是将经济发展的基础转向清洁可再生能源，同时需要注意可再生能源的经济成本（马丽梅，史丹，裴庆冰，2018）。低碳发展的研究均指明转变传统能源发展模式、注重可再生能源的发展是能源结构调整的重要方向。针对远期低碳发展情景，建立综合能源系统及大力发展碳捕集技术也有利于实现低碳发展。张运洲、张宁、代红才等（2021）

① 中国电力企业联合会 . 中国电力统计年鉴 .2020[DB/OL]. (2021-03-29)[2023-09-01]. http://www.stats.gov.cn/zs/tjwh/tjkw/tjzl/202302/t20230215_1907967.html.

② 李克强 . 政府工作报告——2021 年 3 月 5 日在第十三届全国人民代表大会第四次会 议 上 [EB/OL]. (2021-03-05)[2023-09-01]. https://www.gov.cn/premier/2021-03/12/content_5592671.htm.

③ 规划司 . 中华人民共和国国民经济和社会发展第十四个五年规划和 2035 年远景 目 标 纲 要 [EB/OL]. (2021-03-23)[2023-09-01]. https://www.ndrc.gov.cn/xxgk/zcfb/ghwb/202103/t20210323_1270124.html.

打破了不同能源系统边界，创新性地提出了电－氢协同路径和电－氢－碳协同路径，而田丰、贾燕冰、任海泉等（2020）则以"电－气"综合能源系统为研究对象，构建了考虑碳捕集系统和综合需求响应的"电－气"综合能源系统低碳经济调度模型。虽然这些研究均构建了新能源多元化利用的模型，但是其涉及的能源较少，无法全面地实现系统的低碳经济运行。

在大气污染防治方面，推进能源结构调整与技术进步才是治理雾霾的根本手段（魏巍贤，马喜立，2015）。除了雾霾的治理，大气污染防治政策的制定也应降低煤炭在能源消费结构中的比重，促进新能源的快速发展，同时提高天然气的比重，降低交通行业中的石油消费（吕连宏，罗宏，王晓，2015）。与此同时，在交通方面加大新能源发电占比，推进新能源汽车在大城市中的应用也有助于降低污染物排放 (GUO X P，GUO X D，2016a；GUO X P，REN D F，SHI J X，2016)。若大气污染防治工作与算法进行结合，效果将会更加显著，安军、陈启鑫、代飞等（2021）提出了一种以污染物排放实时监测数据为依据的发电控制策略及算法，通过建设电力绿色调度应用平台，协调优化电力供应链上"源网荷"各环节的调度运行，使得电力供应链上全过程的大气污染防治工作取得很大成效。

在新能源发展方面，由于新能源发电受季节、气候、地球自转等因素影响，具有随机性、间歇性、波动性等特点（欧阳昌裕，2012），因此，进行能源结构调整必须重视这些特点，实现合理布局。现有文献主要是对中国的风电工业以及光伏的现状与发展的详细分析 (ZHANG S F，LI X M，2012)，并从风电运营管理中的风险问题对风电工业的弹性进行了综合评价 (LI C B，CHEN H Y，ZHU J，et al，2014)，同时从风电制造业和风电供应链等角度对中国风电进行阐述 (YUAN J H，SUN S H，SHEN J K，et al，2014；YUAN J H，NA C N，XU Y，et al，2015)，采用系统动力学模型对中国的光伏发展进行系统研究 (GUO X D，GUO X P，2015)。在风光联合方面，寇建涛和孙宇飞（2020）提出了分时电价下的分布式风－光联合系统接入配网就地消纳模型，通过配网主动指引分时电价的权利来提高负荷需求，达到促进风－光联合系统并网消纳的目的。

在电力结构调整研究方法方面，早期成果多数采用线性规划、组合优化、协整检验和格兰杰因果关系检验等方法分析系统总费用优劣、GDP与用电量和装机容量的关系等问题。近年来的能源经济政策分析模型较多地采用了指标分解方法和可计算的一般均衡 (CGE) 模型。张树伟（2011）用 CGE 模拟征收碳税研究电力部门从化石能源向非化石能源的结构演变的影响，认为随着碳税的征收，能源消耗与排放密集型的煤电装机容量在逐步减少，而核电、水电与可再生能源发电的份额在逐步增加。考虑到能源经济系统具有整体性、多层次性、动态性、反馈性等特点，研究人员还提出用系统动力学构建电力与经济社会、电力与发电能源、电力与环境三个子系统模型，并进行仿真分析的思路（张福伟，肖国泉，2000）。同时，还有学者通过系统动力学模型来分析核电发展问题，证明了模型的有效性和实用性 (GUO X P，GUO X D，2016b)。周鹏程、程怡心（2020）则基于 CO-EDO 算法对分布式电源进行优化配置，为解决京津冀地区大气污染问题构建了分布式电源优化配置指标，对电力结构调整有积极作用。

第三节　研究目标

其一，在理论上，旨在建立一个以能源互联网信息共享为基础，以二氧化碳排放和污染物排放为主要约束且综合考虑经济发展、电力供需和政策法规等多方影响因素的动态分析模型，以便充分地解决不同地区能源供应以及新能源发电和燃煤火电协同发展的问题。

其二，在实践上，拟结合宏观经济形势、能源供需形势及污染物排放约束目标，从技术、经济、资源和环境等多方面入手，应用本书所构建的模型进行模拟仿真和量化分析，得出多种能源发电在能源互联网背景下的发展路径，并为国家构建清洁低碳的能源电力体系和制定切实可行的能源电力政策提供决策参考。

第四节　研究思路

本书基于现有研究成果和能源互联网背景，立足于以能源电力为主的、相对狭义的能源互联网视角，以控制排放物为目标，研究多种能源发电协同发展的问题。首先分析了多种能源发电协同发展现状，对多种能源发电供需情况进行了研究；其次立足于不同的视角，应用不同的方法研究多种能源发电协同发展优化模型，例如信息共享模型、投入产出模型和空间计量模型等；再次为多种能源发电协同调度决策优化问题建立多目标规划模型；最后得出结论与展望。相应的，本书各章节的具体安排及其逻辑关系如下：

绪论，主要阐述在能源互联网背景下，多种能源发电协同发展的背景意义、相关的研究现状、研究目标及总体思路。第一章主要研究和分析多种能源发电协同发展的现状和影响因素，为后面模型的建立奠定基础。第二章结合能源互联网区域供需的特点和我国能源供需现状，分析能源互联网下能源供需分布格局及演化规律，研究低碳约束下区域多种能源协同发展。从电力供需的空间分布格局演变分析可看出，要想在低碳约束下实现供需均衡，有必要分析各区域多种能源发电的投入－产出效率，并厘清多种能源发电与污染物排放之间的空间关系，因此，后续的第三章和第四章分别从经济层面和空间关系层面分析了多种能源发电的投入－产出效率和空间异质性。其中，第三章从经济层面分析了资本、劳动力和发电量投入与 GDP 和二氧化碳排放量的产出效率问题；第四章主要研究了多种能源发展的空间关系，通过构建空间计量模型，进一步对区域经济与能源因素进行分析，能够更加全面的体现区域之间的差异性。在分析多种能源发电的供需均衡、空间差异性及效率问题后，需要通过信息共享机制和科学的调度来实现能源互联网背景下的多种能源发电协同发展。因此第五章构建了多种能源发电协同发展信息共享模型，模型可有效匹配发电侧和用电侧的供需信息，为提升可再生能源发电出力提供决策支持，有助于解决可再生能源的弃用问题。另外，该模型能够模拟我国电力结构调整过程，分析我国节能减排相关政策的实施效果，具有很好的实践价值。基于前文的分析基础，第六章以空间相互关系、信息共享机制为依据，构建多种能源发电协同调度决策体系，建立以经济效益和减排为目标的多种能源发电协同调度决策模型与以成本和减排为目标的多种能源发电协同调度决策模型。最后，通过第七章总结了全文的主要研究成果，并对这些成果的整合思路及未来的推广应用做了一些探讨。考虑到多种能源发电的协同发展还会受到一些新的发展形势的影响，因此还在第七章对储能、电动汽车及电力需求响应和多种能源发电协同发展的影响做了一些展望性的探讨，以期未来能取得更多的相关研究成果。

综上所述，本书的技术路线如图 1 所示。

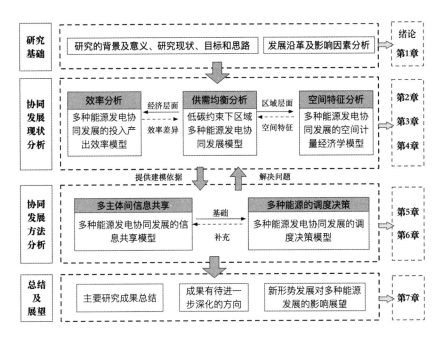

图 1　技术路线图

第一章 多种能源发电协同发展沿革及主要影响因素

第一节 多种能源发电协同发展的相关研究

一、国外多种能源发电协同发展的主要概念与发展沿革

在多种能源协同优化发展方面，国外最主要的理念与做法就是建设综合能源系统。这是多种能源协同发展的重要趋势之一，对促进新能源消纳及提高能源供应安全有重要意义，有利于多种能源发电的协同发展。

综合能源系统的概念最早是由欧洲提出的。早在 1998 年，欧盟第五框架即提出综合能源系统的概念，倡导多种能源的协同优化，以保障经济性和环保性。美国能源部在 2001 年提出了综合能源系统发展计划，旨在提高清洁能源发电比例和促进冷热电三联供系统的发展。这一阶段属于综合能源的概念阶段，重点在于因地制宜地促进多种能源协同发展。[①]

美国于 2007 年 12 月颁布了《能源独立和安全法》，以法律形式明确了开

---

① 北极星电力网.【综观】国内外综合能源服务发展现状及商业模式研究 [EB/OL]. (2017-05-11)[2023-09-01]. https://news.bjx.com.cn/html/20170511/ 824837.shtm.

展综合能源规划的各项规定。^①美国政府还投入了大量的专项研究经费来支持综合能源规划的研究和实施。^②奥巴马总统在任期间为提高综合能源利用效率、实现国家能源系统的根本性改造，将智能电网列入美国国家战略。^③加拿大政府于2009 年 9 月提出在全国范围内建设社区综合能源系统，旨在应对能源短缺问题及实现 2050 年温室气体减排目标。^④与之同时，加拿大为了促进综合能源系统的研究，还启动了与综合能源系统相关的多项重大研究课题。日本是亚洲地区最早开展综合能源系统研究的国家，其于 2008 年建立的智能工业园区示范工程，将电力、燃气、供热/供冷等多种能源系统有机结合，通过多能源协调调度提升企业能效、满足用户多种能源的高效利用。^⑤

国外在综合能源服务上已经有了较为成熟的实践经验。2015 年英国在伯明翰成立"能源系统弹射器"(Energy Systems Catapult)，每年耗资三千万英镑，用来促进英国新技术企业开发综合能源系统。^⑥而德国、意大利等国更侧重能源系统和通信信息系统之间的集成。美国的综合能源服务注重适应个性化需求，更加灵活。美国 OPower 公司基于开发的智能软件，挖掘和整合国内公用事业企业的能源数据为居民提出个性化的节能建议；美国 Sunrun 能源服务公司于2019 年通过在居民家中安装太阳能、电池系统以及智能控制设备，打造虚拟电厂业务参与电力市场，与集中式发电商的竞争中，赢得售电合同，以发电厂的

---

① 美国能源部 . Energy Independence and Security Act of 2007[EB/OL]. (2007−12−19)[2023−09−01]. https://www.energy.gov/ceser/energy−independence−and−security−act−2007.

② 北极星电力网 . 发达国家综合能源服务的发展启示 [EB/OL]. (2023−08−29)[2023−09−01]. https://news.bjx.com.cn/html/20230829/1328511.shtml.

③ 陈玉明 . 中国打造坚强智能电网 引领世界电网发展新趋势 [N/OL]. 新华社，2009−08−10[2023−09−01]. https://www.gov.cn/jrzg/2009/08/10/content_1387 972.htm.

④ 加拿大自然资源部 . Integrated Community Energy Solutions − A Roadmap for Action[EB/OL]. (2009−09−18)[2023−09−01]. https://natural−resources.canada.ca/homes/about−integrated−community−energy−solutions/integrated−community−energy−solutions−roadmap−for−action/6541）.

⑤ 北极星电力网 .综合能源系统：寻路能源变革 [EB/OL]. (2018−11−13)[2023−09−01]. http://ex.bjx.com.cn/html/20181113/28902.shtml.

⑥ 北极星电力网 .【综观】国内外综合能源服务发展现状及商业模式研究[EB/OL]. (2017−05−11)[2023−09−01]. https://news.bjx.com.cn/html/20170511/824837.shtml.

身份参与到新英格兰电力现货市场中销售电能。[①]虚拟电厂业务能够聚合用户灵活负荷、用户侧储能和分布式发电，协同控制出力及用能需求，提供较为稳定的功率输出（王明富，吴华华，杨林华，等，2020）。日本则于 2016 年运用区域能源管理系统，将整个区域的能源信息集中起来进行统一处理，把简单的节约能源发展成为能源循环与能源储备，实现了区域能源管理一体化。

二、国内多种能源发电协同发展的相关政策与研究现状

（一）国内多能源发电协同发展政策概述

我国于 1993 年正式撤销能源部，对各类能源的协调力度随之下降，抑制了我国综合能源系统的发展。近几年，为加强对能源行业地集中调度管理，应对能源紧缺和环境污染等问题，实现我国经济、能源、环境的协调发展，党中央、国务院出台了一系列政策，积极引导能源供给侧和消费侧革命，推动综合能源系统的建设（彭克，张聪，徐丙垠，等，2017；杨锦春，2019）。2015 年，国家能源局印发了《关于推进新能源微电网示范项目建设的指导意见》，明确提出推进新能源微电网示范工程建设；[②]2016 年国家发展和改革委员会（简称国家发改委）、国家能源局发布了《关于推进"互联网＋"智慧能源发展的指导意见》，鼓励开展各类能源互联网应用试点示范；[③]2016 年，《国家"十三五"规划纲要》指出积极构建智慧能源系统，适应分布式能源发展、用户多元化需求，提高电网与发电侧、需求侧交互响应能力；[④]2017 年，国家能源局发布了《关于公布首批"互联网＋"智慧能源（能源互联网）示范项目的通知》，开展能源互联网 9 大类的 55 个试点项目。[⑤]同时，中国政府与包括新加坡、德国

[①]　北极星电力网 . Sunrun 将启动 300 户家庭太阳能＋储能虚拟电厂 [EB/OL].(2020-06-19)[2023-09-01]. https://guangfu.bjx.com.cn/news/20200619/1082708.shtml.

[②]　国家能源局 . 国家能源局关于推进新能源微电网示范项目建设的指导意见：国能新能 [2015]265 号 [EB/OL]. (2015-07-13)[2023-09-01]. http://zfxxgk.nea.gov.cn/auto87/201507/t20150722_1949.htm.

[③]　国家发展和改革委员会，国家能源局 . 关于推进"互联网＋"智慧能源发展的指导意见：发改能源 [2016]392 号 [EB/OL]. (2016-02-29)[2023-09-01]. http://www.nea.gov.cn/2016-02/29/c_135141026.htm.

[④]　国家发展和改革委员会 . 中华人民共和国国民经济和社会发展第十三个五年规划纲要 [EB/OL]. (2016-03-17)[2023-09-01]. https://www.gov.cn/xinwen/2016-03/17/content_5054992.htm.

[⑤]　国家能源局 . 国家能源局关于公布首批"互联网＋"智慧能源（能源互联网）示范项目的通知：国能发科技 [2017]20 号 [EB/OL]. (2016-02-29)[2023-09-01]. http://zfxxgk.nea.gov.cn/auto83/201707/t20170706_2825.htm.

政府在内的相关机构共同合作，建设了各类生态文明城市，积极推广综合能源利用技术，构建清洁、安全、高效、可持续的综合能源供应系统和服务体系。随着能源生产和消费革命持续推进，生产侧清洁化和消费侧电气化成为当前我国能源体系重要的趋势和特点。2019 年，国家电网有限公司提出了到 2050 年实现"两个 50%"的重要判断，即"2050 年我国能源清洁化率（非化石能源占一次能源的比重）达到 50% 和终端电气化率（电能占终端能源消费的比重）达到 50%"。① 同年，南方电网产业部发布了《关于明确公司综合能源服务发展有关事项的通知》，该文件明确表示要"进一步明确综合能源服务发展重点和业务界面，为客户提供多元化的综合能源供应及增值服务，支撑公司向能源产业价值链整合商转型"②。2020 年，我国已明确提出"双碳"目标，在此背景下，国家发改委、国家能源局于 2021 年 3 月发布了"推进电力源网荷储一体化和多能互补发展的指导意见"，旨在进一步推进能源生产和消费革命，构建清洁低碳、安全高效的能源体系。③

（二）国内多种能源发电协同发展研究现状

与国外多种能源发电协同发展的做法相似，我国也通过建立综合能源系统整合多种能源，提高能源利用效率。在对综合能源系统的研究中，不同能源系统之间的多能协同互补与能源梯级利用是提高冷、热、电、气等多种能源深度耦合的主要举措。在多能互补协同互补方面 (JIANG X S，JING Z X，LI Y Z，et al，2014) 构建了包括可再生能源机组的综合能源系统，考虑了能源设备参数及能源流，以运行成本最低为目标建立优化模型，给出了相应的优化调度策略；陈强（2014a，2014b）主要对冷热电三联供系统的调度方法进行优化研究，发现多能协同技术促进了不同能源系统间的循环，同时通过对联供系统的全工况性能进行模拟分析，提升了整体的用能性能；荆有印、白鹤、张建良（2012）以同时包含光伏和内燃机的综合能源系统为基础，分析了以热定电和以电定热

———————

① 北极星电力网. 国家电网 2050："两个 50%"的深度解析 [EB/OL]. (2019-12-24) [2023-09-01]. https://m.bjx.com.cn/mnews/20191224/1031092.shtml.

② 南方电网产业部. 关于明确公司综合能源服务发展有关事项的通知：产业 [2019]2 号 [EB/OL]. (2019-01-12) [2023-09-01]. https://www.pvmeng.com/2019/01/12/9580/

③ 国家发展和改革委员会，国家能源局. 国家发展改革委 国家能源局关于推进电力源网荷储一体化和多能互补发展的指导意见：发改能源规 [2021]280 号 [EB/OL]. (2021-02-25) [2023-09-01]. https://www.gov.cn/zhengce/zhengceku/2021-03/06/content_5590895. htm.

两种不同情况下系统的运行及环境成本；王进、李欣然、杨洪明等（2014）提出针对包含冷、热、电的区域综合能源系统的协同优化方法与系统耦合运行方案；裴玮、邓卫、沈子奇等（2014）考虑可再生资源和负荷的不确定性，建立了热电联供 (Combined Heat and Power，CHP) 的随机优化模型；徐青山、曾艾东、王凯等（2016）提出了包含冷、热、电、气的微型能源网的供能模型，并将冷热电负荷进一步细分，提高了优化控制的精准度。对多种能源协同优化和互补进行深入研究；李亦凡（2015）针对可再生能源发电的不稳定性、开发利用不便利的问题，分析了风能、光能和水能特点及其互补技术的工作原理，并提出了能源利用的控制策略及应用前景；卫志农、张思德、孙国强等（2017）提出一种削峰填谷模型，通过电转气和燃气轮机协调作用平滑电 – 气互联综合能源系统净负荷曲线，并兼顾系统运行的经济性；周孝信、陈树勇、鲁宗相等（2018）提出了新一代电力系统的主要技术特征：适应高比例可再生能源接入、具有高比例电力电子装备、支撑多能互补综合能源网及与信息通信技术进一步深度融合；熊文、刘育权、苏万煌等（2019）基于区域综合能源系统的基础架构和模型，研究了蓄冷、储热、储电和混合储能在冷、热、电三联供机组和电制冷等设备多能互补协同运行情况下的盈利策略，并利用确定性迭代算法进行求解，算例结果表明，配置蓄冷和储热在多能互补协同运行系统中有较大的盈利空间，而配置储电的利润空间较小；陈瑜玮、孙宏斌、郭庆来（2020）基于统一能路理论和偏微分方程的解析解推导，建立了一种新的电 – 热 – 气耦合多能流系统优化调度模型，算例表明，文中建立的优化调度模型可以利用热网和天然气网的动态特性来提高调度灵活性，降低系统运行成本。

（三）国内多种能源发电协同发展中存在的问题

由于多种能源在使用方式和管理规则上的不同，单一能源多以规划、设计和运行一体化方式运转，协调能力较差，因此在资源使用能力、自愈能力和系统整体稳定性能方面存在诸多问题。为解决这些问题，能源的开发和利用在实际生产过程中多使用多种能源互相补充的方式。一般情况下，多种能源互相补充整合系统主要以两种方式进行运转，第一种是组建综合能源系统基地式多种能源互相补充的系统，第二种是终端集成式多种能源互相补充系统（韩宇，彭克，王敬华，等，2018）。其中，第一种是汇聚该基地相关的分布式能源、煤炭石油等化石能源和天然气系统，根据各类能源的主要特征进行优化，使风电、光伏、水电、火电和储能等多种能源达到协调互补，满足使用方对负荷的需求。第二种是统计分析终端用户的需求后，再使用电、热、冷等各类能源，并充分利用热电联产和冷热电三联产等前沿技术，实现能源的多层次利用。两种系统具有较强的灵活性特点，对推动多类型能源协同优化运行起到了积极的作用，在此基础上，充分发挥储能先进技术达到调峰调频效果，进一步提高各类能源综合使用效率。

综合能源系统集成了供电、供热和供气等系统，充分发掘了各个能源系统的潜力，促进多种能源协同发展，成为当今能源系统发展的主要方向。然而，我国多种能源协同发展仍面临以下几个方面的问题（韩宇，彭克，王敬华，等，2018）。

1. 目标协同问题

一是区域与国家的能源发展规划目标协调性与灵活度不够。例如，国家新能源发展目标和规划缺乏约束性，导致某些区域的风力及光伏等新能源开发利用中长期总量目标与全国总量目标不一致，各区域规划发展目标超过上级总体目标，建设数量和规模也不符合国家规划。

二是各类能源发展专项目标的协调性不足。例如，随着可再生能源渗透率的增加，其在电力系统的比例逐渐增大，角色定位亟须改变，但缺乏相适应的调节资源的规划。

2. 区域协同问题

一是能源规划的中央与地方、地方与地方协同性不强。目前，由于我国规划管理体制以分级管理为主，中央与地方管理部门的沟通渠道和协调机制有待完善，地方能源管理也有自己的特点。因此，中央与地方在能源总量和结构上往往不协调，地方与地方能源规划不协调导致的问题也时有出现。

二是不同能源品类的规划协同性不足。目前，我国还未界定明确的能源品类范围，各类能源的协调度不足。

三是源网荷规划协同性不足。当前能源资源、能源生产系统、能源传输系统间规划协同性不足，源网荷规划不一致导致规划缺乏科学性、效率不高。

3. 市场协同问题

一是能源整体供应链协调联动作用不足，上下游间的体制机制存在不同点，导致构建市场化的速度不一致，各要素之间难以互联互通，未形成合理的价格传导机制。

二是各省间的能源市场存在壁垒，无法构建统一运作的电力市场，致使各能源市场参与主体利益无法平衡，矛盾加剧，同时可再生能源的有效利用也无法得到保障，部分跨省区能源输送通道存在低效运行甚至存在闲置的风险。

三是清洁能源参与电力市场困难重重。清洁能源的大规模发展，亟须电力系统提升调节能力，构建相应的辅助服务市场，另外传统能源的市场份额被削减，清洁能源参与电力市场的相关支撑机制应不断完善。

四是资源的价格调节机制不完善。燃煤机组等灵活性调节资源的补偿机制尚未形成，不利于推进未来多种能源协同发展的新局面，不能适应能源革命的新要求。

4. 运行协同问题

一是电源侧调节能力建设进度缓慢。《服务新能源发展报告2020》显示截至2019年年底，我国完成灵活性煤电机组改造约5800万千瓦，不到规划目标的30%，气电装机规模达9000万千瓦，占电源总装机仅4.5%，比规划目标低2000万千瓦。[①]

二是需求侧参与系统调节的潜力有待进一步提升。需求响应有利于促进需求侧与电源侧的协同发展，但目前经济性与技术性等方面还存在一些问题和不足。同时自动化响应发展缓慢，仍以人工为主，使需求响应的准确性和时效性无法保障。

三、多种能源发电协同的发展沿革

与现有的能源系统相比，能源互联网可以看作是具有先进电力电子技术、新能源技术和信息技术的对等互连共享网络（周孝信，曾嵘，高峰，等，2017）。利用这些技术，可以协调双向能量和信息流。同样，能源互联网可以解释为一个集成的能源供应系统，即与其他能源网络（如天然气网络，交通网络和信息网络）紧密耦合的电力系统，是未来多种能源发电协同发展的主要手段。

VIJAY V、ROGER N A（2004）首次提出建设能源互联网，通过借鉴互联网自愈和即插即用的特点，将传统电网转变为智能、响应和自愈的数字网络，支持分布式发电和储能设备的接入以减少大停电及其影响。此后国际上针对能源互联网进行了广泛的研究，着力于研究下一代能源系统。

---

① 北极星电力网. 国家电网有限公司发布《服务新能源发展报告2020》[EB/OL]. (2020-05-20)[2023-09-01]. https://news.bjx.com.cn/html/20200520/1073986.shtml.

欧盟在 2011 年启动了未来智能能源互联网项目，该项目的核心在于构建未来能源互联网的信息与通信技术平台 (Information and Communications Technology，ICT)，支撑配电系统的智能化；通过分析智能能源场景，识别 ICT 需求，开发参考架构并准备欧洲范围内的试验，最终形成欧洲智能能源基础设施的未来能源互联网 ICT 平台。

美国国家科学基金项目于 2008 年在北卡罗来纳州立大学启动 "未来可再生电能传输与管理系统"，该项目从技术层面提出了能源互联网的概念，旨在运用先进的电子信息及能源管理技术，将分布式可再生能源发电及储能系统连接到电网中，促进能量流的双向流动，构建高效的配电系统。

日本于 2010 年启动智能能源共同体计划，对能源和智能电网等领域进行研究。2011 年，日本提出数字电网计划，该计划是源于互联网的启发，通过各种电网设备的 IP 实现信息和能量的交互。通过提供异步连接、协调局域网内部以及不同局域网系统来研制数字电网路由器，从而使现有电网与互联网相通，实现电网的统筹管理与能量的调度。

早在 20 世纪 80 年代，清华大学前校长高景德就指出现代电力系统是计算机、通信、控制与电力系统以及电力电子技术的深度融合的概念。随着能源革命战略及 "互联网 +" 行动计划等政策的提出，互联网和能源的联系不断增强，以实现进一步的融合，促进互联网行业的发展。"十三五" 规划纲要明确提出 "将推进能源与信息等领域新技术深度融合，统筹能源与通信、交通等基础设施网络建设，建设'源网荷储'协调发展、集成互补的能源互联网"[①]。近几年来，为构建坚强的智能电网，亟须电网企业提高自身信息化水平。自 2018 年以来，国家关于能源互联网政策目标主要集中在两方面：一方面是横向整合能源互联网产业，通过电力的纽带作用，促进各种非可再生能源的联系与协调；另一方面是纵向整合互联网产业链的各个企业，关注用户侧的需求，实现各能源互联网企业的协调发展（潘旭东，黄豫，唐金锐，等，2019）。当前国内对能源互联网的研究主要集中在以下五个方面。

其一，能源转化和综合利用技术的研究，包括新能源的采集、并网，多种

---

① 国家发展和改革委员会 . 中华人民共和国国民经济和社会发展第十三个五年规划纲要 [EB/OL]. (2016-03-17) [2023-09-01]. https://www.gov.cn/xinwen/2016-03/17/content_5054992.htm.

能源间转化、互补，分布式电源的开发、利用等技术，旨在解决提高可再生能源的渗透率，促进消纳量，提升综合能源的利用效率。

其二，先进能量传输及存储技术的研究，包括柔性直流输电技术、液氢超导磁储能技术、飞轮储能、非补燃压缩空气储能等技术，旨在解决能量转换、储存问题，提高能量网络的连续性及安全性。

其三，先进信息通信技术的研究，包括云计算技术、大数据分析技术、智能感知技术、能源互联网信息安全技术等，旨在构建高效的能源信息网络，智能解决能源协同问题。

其四，研究基于能源互联网的多能潮流计算，状态估计，规划、调控优化策略，包括能源互联网信息物理融合模型的建立及分析，能源互联网协同规划模型的建立及求解等，旨在基于相关理论模型解决多尺度多视角的能源随机优化问题，为能源互联网安全稳定运行提供策略。

其五，研究基于能源互联网的交易运营机制，包括建立多种能源市场及电力市场、碳交易市场的耦合机制，为制定政策提供依据。

第二节 电力行业污染物排放及治理现状

一、电力行业污染物排放现状

当前，我国电力行业的污染治理水平已处于世界领先地位，是我国污染治理最早和最为严格的行业，经过"十一五"期间的脱硫改造，"十二五"期间的脱硝改造、达标改造、特别排放限值改造、超低改造后，我国常规污染物烟尘、二氧化硫、氮氧化物的排放总量大幅度降低。在"十三五"期间，电力行业坚持打好防污治污攻坚战，秉持绿色低碳经济的发展模式，大力发展可再生能源。然而由于电力企业的煤炭消耗巨大，电力行业作为污染物排放量最大的行业，其污染物治理工作依然任重道远。

（一）电力行业二氧化硫排放现状

电力生产是大气中二氧化硫排放的主要来源之一，目前我国燃煤机组规模较大，煤炭在燃烧过程中不仅会产生二氧化碳还会伴随大量的二氧化硫（李梦娇，2017）。根据中国煤炭工业协会发布《2020年中国煤炭行业发展报告》可知，

2020 年电力行业煤炭消费量 21.47 亿吨，占我国煤炭消费量的 54.56%，燃煤火电在生产过程中会产生大量的污染物排放，因此一直是国家大气污染治理关注的焦点。随着火电企业加大清洁化和低碳化的改造力度，火电企业已由大气污染控制的重点行业，转变为大气污染防治的典范行业。根据生态环境部数据，截至 2018 年年底，全国满足超低排放限制的煤电机组约 8.1 亿千瓦，占全国煤电总装机容量的 80%，火电超低排放改造已步入尾声。电力行业污染物排放在十年间下降明显。[1]

（二）电力行业烟粉尘排放现状

根据中国电力企业联合会的统计数据显示，我国电力行业的烟粉尘排放量曾经很高。但是，在 2006 年对电力产业进行脱硫技术和相关技术要求之后，电力产业污染排放各有所减缓，政府的相关监管行为起到了促进电力产业污染减排的效果。2009—2019 年电力行业烟粉尘排放量显著下降，其中 2019 年降幅最大。

（三）电力行业氮氧化物排放现状

根据中国电力企业联合会的统计数据显示，长期以来，我国电力行业氮氧化物的排放总量一直较高，占比在 60% 以上。[2]自 2009 年以来，经过短暂的排放量升高后，开始呈现显著下降趋势，由 2009 年约 850 万吨，降至 2019 年的93 万吨左右，约下降了 89.1%。

二、电力行业污染物治理现状

据中国电力企业联合会统计，污染物排放总量近十年显著下降。[3]烟尘、二氧化硫和氮氧化物的排放量均有大幅度下降（如图 1-1 所示）。

---

① 中国煤炭工业协会. 2020 年中国煤炭行业发展报告 [EB/OL]. (2021-03-04)[2023-09-01]. http://www.coalchina.org.cn/uploadfile/2021/0303/20210303022435291.pdf.
② 中国电力企业联合会. 中国电力统计年鉴.2020[DB/OL]. (2021-03-29)[2023-09-01]. http://www.stats.gov.cn/zs/tjwh/tjkw/tjzl/202302/t20230215_1907967.html.
③ 中国电力企业联合会. 中国电力统计年鉴.2020[DB/OL]. (2021-03-29)[2023-09-01]. http://www.stats.gov.cn/zs/tjwh/tjkw/tjzl/202302/t20230215_1907967.html.

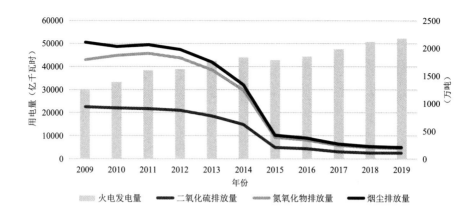

图 1-1　2009—2019 年中国火电发电量与污染物控制情况

数据来源：中国电力企业联合会．中国电力统计年鉴．2020[DB/OL]．(2021-03-29)[2023-09-01]. http://www.stats.gov.cn/zs/tjwh/tjkw/tjzl/202302/t20230215_1907967.html.

早在 1973 年，我国就颁布了《工业"三废"排放试行标准（GBJ4-73）》，首次以国家标准的方式对火电厂大气污染物排放提出限值，具体参照《火电厂大气污染物排放标准》要求。1991 年，我国颁布了《燃煤电厂大气污染物排放标准（GB13223-91）》，替代了 GBJ4-73 中有关于火电厂大气污染物排放标准部分。之后，国家分别于 1996 年、2003 年、2011 年对上述标准进行了修订，逐渐降低火电厂大气污染物排放限值，火电烟气治理业务得以迅速发展。

我国自 2006 年开始火电烟气治理，大范围进行烟气脱硫脱硝，减少温室气体排放，另外国家的节能减排政策也进一步促进燃煤电厂的清洁化生产（李梦娇，2017）。近年来，虽然我国电力行业的总装机容量逐年上升，但由于脱硫脱硝除尘和超低机组改造进展迅速，污染物的排放总量增长缓慢，体现出能源政策的有效性。2015 年《全面实施燃煤电厂超低排放和节能改造工作方案》中要求到 2020 年全国所有具备改造条件的燃煤电厂力争实现超低排放（在基准氧含量 6% 条件下，烟尘、二氧化硫、氮氧化物排放浓度分别不高于 10 mg/m³、35 mg/m³、50 mg/m³）。[①] 相关的治理办法主要包括政策手段和经济手段两种。

---

① 环境保护部，国家发展和改革委员会，国家能源局．关于印发《全面实施燃煤电厂超低排放和节能改造工作方案》的通知：环发 [2015]164 号 [EB/OL]．(2015-12-11)[2023-09-01]. https://www.mee.gov.cn/gkml/hbb/bwj/201512/t20151215_319170.htm.

（一）政策手段

"十三五"期间电力环保政策发展步入新阶段，国家积极探索绿色生态发展新路径，推动形成绿色低碳循环发展新方式（刘秀如，赵勇，孙漪清，等，2017）。2016年以来，国家层面陆续出台《关于加快推进生态文明建设的意见》《环境保护督察方案（试行）》《生态环境监测网络建设方案》《生态文明体制改革总体方案》等多项促进生态文明建设的政策，与电力行业的发展息息相关。提出优化能源结构，提高能源效率，促进可再生能源的发展；改善产业结构，发展低耗能、低污染、低排放的企业；重点关注环境污染预防和治理工作。对于碳减排的相关政策方面，2014年11月，在《中美气候变化联合声明》中，我国提出计划在2030年左右实现二氧化碳排放的峰值，设定了未来节能减排和低碳发展的具体目标。[1]"十三五"规划中把二氧化碳排放总量控制作为约束性指标，对二氧化碳排放总量与二氧化碳排放强度目标双重把控，同时制定了2016—2030年的低碳发展时间表和路线图，助力实现低碳绿色经济，但目前对于二氧化碳排放管理及核算问题的相关政策法律还需进一步完善。[2]在火电厂大气污染物治理方面，《能源发展"十三五"规划》中指出，继续以实现超低排放改造为目标，煤电机组平均除尘、脱硫、脱硝效率将分别达到99.95%、98.00%和85.00%以上。[3]"十三五"末，电力烟尘、二氧化硫、氮氧化物排放量将分别降至20万吨～30万吨、100万吨～150万吨、100万吨～150万吨，同时淘汰2000万千瓦以上的落后产能和不符合相关强制性标准要求的机组。[4]"十三五"期间，环境治理范围由大气污染扩展至水污染和土壤污染等方面。水污染是我国最严重的环境污染之一，自2015年国家颁布了《水污染防治行动计划》，废水排放将成为下一步被监管的重点。电力企业在电厂污水排放、

---

① 吕佳. 中美气候变化联合声明（2014年11月12日于中国北京）[N/OL]. 新华社，2014−11−12[2023−09−01]. https://www.gov.cn/xinwen/2014/11/13/content_2777663.htm.

② 国家发展和改革委员会. 中华人民共和国国民经济和社会发展第十三个五年规划纲要[EB/OL]. (2016−03−17)[2023−09−01]. https://www.gov.cn/xinwen/2016−03/17/content_5054992.htm.

③ 国家能源局. 能源发展"十三五"规划[EB/OL]. (2017−01−05)[2023−09−01]. http://www.nea.gov.cn/135989417_14846217874961n.pdf.

④ 金亚勤. 超低排放改造引领环保产业全面升级[N/OL]. 中国能源报，2016−08−29[2023−09−01]. http://paper.people.com.cn/zgnyb/html/2016−08/29/content_1708682.htm.

脱硫废水零排放、水务管理等方面有待加强。[①]截至2018年年底，全国达到超低排放限制的煤电机组约8.1亿千瓦，占全国煤电总装机容量的80%，电力行业超低排放改造已接近尾声，火电烟气治理市场进入平稳发展阶段。[②]2020年11月，生态环境部与国家电网有限公司在京签署《电力大数据助力打赢打好污染防治攻坚战战略合作协议》，协议指出要深化电力大数据应用，推动能源清洁低碳转型，打赢打好污染防治攻坚战。[③]

（二）经济手段

近年来，针对电力行业环境治理的相关政策主要有排污收费制度和环境保护税、环保电价补贴政策、税收优惠政策、产业政策及排污权交易和二氧化碳排放权交易，以经济手段促进产业清洁化、绿色化，实现可持续发展。

1.排污收费制度和环境保护税

1979年的《中华人民共和国环境保护法（试行）》首先规定了在我国实行征收超标准排污费制度，是我国最早的环境经济手段，而电力行业作为高排放行业是征收排污费的重点对象。[④]排污费改革之后，衍生出环境保护税，生态环境部在2018年3月份印发的《关于京津冀大气污染传输通道城市执行大气污染物特别排放限值的公告》中要求自2018年3月1日起，京津冀大气污染传输通道城市行政区域内，国家排放标准中已规定大气污染物特别排放限值的行业以及锅炉新建项目，开始执行特别排放限值。[⑤]

2.环保电价补贴政策

2014年8月份国家发改委印发《关于进一步疏导环保电价矛盾的通知》，降价空间主要用于疏导脱硝、除尘环保电价矛盾，对脱硝、除尘排放达标并经

① 国务院.国务院关于印发水污染防治行动计划的通知：国发[2015]17号[EB/OL].(2015-04-16)[2023-09-01].https://www.gov.cn/zhengce/content/2015-04/16/content_9613.htm.

② 生态环境部.生态环境部2019年1月例行新闻发布会实录[EB/OL].(2019-01-21)[2023-09-01].https://www.mee.gov.cn/xxgk2018/xxgk/xxgk15/201901/t20190122_690319.html.

③ 生态环境部.生态环境部与国家电网有限公司签署战略合作协议[EB/OL].(2020-11-13)[2023-09-01].https://www.gov.cn/xinwen/2020-11/13/content_5561190.htm.

④ 全国人大常委会.中华人民共和国环境保护法（试行）[EB/OL].(1979-09-13)[2023-09-01].https://zcfg.cs.com.cn/chl/fe5de82c03608a7dbdfb.html?libraryCurrent=history.

⑤ 环境保护部.关于京津冀大气污染传输通道城市执行大气污染物特别排放限值的公告：公告2018年第9号[EB/OL].(2018-01-16)[2023-09-01].https://www.mee.gov.cn/gkml/hbb/bgg/201801/t20180119_429997.htm.

环保部门验收合格的燃煤发电企业,电网企业自验收合格之日起分别支付脱硝、除尘电价每千瓦时 1 分和 0.2 分。[1]2015 年发改委出台了超低排放电价支持政策,为鼓励引导超低排放,对经所在地省级环保部门验收合格并符合超低限值要求的燃煤发电企业给予适当的上网电价支持。[2]

3. 税收优惠政策

2008 年 1 月 1 日起,《企业实施环境保护、节能节水项目的所得税优惠目录(试行)》施行,包括公共污水处理、公共垃圾处理、沼气综合开发利用、节能减排技术改造、海水淡化等五类,2016 年将垃圾填埋沼气发电也纳入上述优惠目录。[3]2019 年修订的《中华人民共和国企业所得税法实施条例》规定,符合条件的环境保护、节能节水项目的所得,自项目取得第一笔生产经营收入所属纳税年度起,第一年至第三年免征企业所得税,第四年至第六年减半征收企业所得税。[4]

4. 产业政策

2018 年 1 月,在国家知识产权发布的《知识产权重点支持产业目录(2018 年本)》中,支持清洁能源和生态环保产业作为重点产业发展,明确了"煤炭安全清洁高效开发利用"作为国家重点发展和亟须知识产权支持的重点产业。[5]2015 年财政部印发了《环保"领跑者"制度实施方案》,环保"领跑者"是指同类可比范围内环境保护和治理环境污染取得最高成绩和效果即环境绩效

---

① 国家发展和改革委员会. 发展改革委下发进一步疏导环保电价矛盾的通知:发改价格[2014]1908 号 [EB/OL]. (2014-08-28) [2023-09-01]. https://www.gov.cn/xinwen/2014-08/28/content_2741689.htm.

② 国家发展和改革委员会,环境保护部,国家能源局. 国家发展改革委 环境保护部 国家能源局关于实行燃煤电厂超低排放电价支持政策有关问题的通知:发改价格 [2015]2835 号 [EB/OL]. (2015-12-02) [2023-09-01]. https://www.ndrc.gov.cn/xxgk/zcfb/tz/201512/t20151209_963518.html.

③ 财政部,国家税务总局. 关于执行环境保护专用设备企业所得税优惠目录 节能节水专用设备企业所得税优惠目录和安全生产专用设备企业所得税优惠目录有关问题的通知:财税 [2008]48 号 [EB/OL]. (2008-09-23) [2023-09-01]. https://www.chinatax.gov.cn/chinatax/n362/c4166/content.html.

④ 冯涛. 中华人民共和国企业所得税法 [EB/OL]. (2019-01-07) [2023-09-01]. http://www.npc.gov.cn/zgrdw/npc/xinwen/2019-01/07/content_2070260.htm.

⑤ 知识产权局. 关于印发《知识产权重点支持产业目录(2018 年本)》的通知:国知发协函字 [2018]9 号 [EB/OL]. (2018-01-23) [2023-09-01]. https://www.gov.cn/xinwen/2018-01/23/content_5259755.htm.

最高的产品。[①]建立环保"领跑者"制度，以企业自愿为前提，通过表彰先进、政策鼓励、提升标准，推动环境管理模式从"底线约束"向"底线约束"与"先进带动"并重转变。

5.排污权交易和二氧化碳排放权交易

《关于创新和完善促进绿色发展价格机制的意见》中提出鼓励各地积极探索生态产品价格形成机制、二氧化碳排放权交易、可再生能源强制配额和绿证交易制度等绿色价格政策。排污权有偿使用和交易试点工作及电力行业排污权交易和二氧化碳排放权交易取得初步成效。根据国家环境经济政策进展评估报告的数据，截至 2017 年 12 月，全国共有 28 个省份开展了排污交易权使用试点，其中有 11 个省份是国家的试点，其余的是各个省自行试点，自 2011 年起，以电力行业为突破口启动全国二氧化碳排放权交易体系，7 个试点省市累计配额成交量超过 2 亿吨二氧化碳当量。[②]因此，电力行业在推动排污权交易和二氧化碳排放交易进展方面发挥了重要作用。

第三节　多种能源发电协同发展的主要影响因素

一、资源环境因素

未来一段时间内，我国的能源结构将仍以化石能源为基础，协调好化石能源的开发和利用将更好地促进多种能源协同发展局面的形成。提高可再生能源渗透率和利用率将是未来能源发展的新方向，但目前发展新能源发电仍受到资源的开发量不足、分布情况复杂、开发难度大等问题的困扰（杨锦春，2019）。

其一，风能。我国陆地和近海的风能资源丰富，主要分布在"三北"地区和东南沿海地区，其中"三北"地区包括东北三省、河北、内蒙古、甘肃等省（自治区）近 200 千米的地带，东南沿海地区主要包括山东、辽东半岛、黄海之滨，

---

①　财政部，国家发展和改革委员会，工业和信息化部，环境保护部．关于印发《环保"领跑者"制度实施方案》的通知：财建 [2015]501 号 [EB/OL]．(2015-07-01) [2023-09-01]. https://www.gov.cn/xinwen/2015-07/01/content_2887916.htm.

②　国家发展和改革委员会．国家发展改革委关于创新和完善促进绿色发展价格机制的意见：发改价格规 [2018]943 号 [EB/OL]．(2018-07-02) [2023-09-01]. https://www.gov.cn/xinwen/2018-07/02/content_5302737.htm.

南海沿海等，它们均是风能较丰富地带。

其二，太阳能。我国光伏发电的发展前景十分可观，据 2020 中国光伏行业年度大会上的业内专家预测，"十四五"期间国内年均新增光伏装机规模可达 70 吉瓦。[①] 就资源分布而言，我国西北、西南等地区的光伏资源总量很大。同时，这些地区地表主要呈现沙漠化状态，有利于大规模开发光伏资源。

其三，生物质能。《3060 零碳生物质能发展潜力蓝皮书》中的数据显示，我国生物质原料资源的年产出量折合约 4.6 亿吨标准煤，目前已利用量占 4.78%，未来开发潜力较大。[②] 我国生物质能主要分布在东部沿海地区、西南山区和三北地区。农作物秸秆主要分布在河南、山东、河北、安徽、江苏、黑龙江、四川、吉林等地区，树木枝桠生物质资源主要集中在东北和西南等地区。生活和工业垃圾资源主要集中在上海、江苏、浙江等工业发达地区。薯类作物的蔗渣发电主要集中在西南地区。

其四，地热与海洋能发电。早在十年前年我国已探明的地热能可开发利用储量即达 4626 亿吨标煤，可发电潜力为 582 万千瓦；潮汐能为 1.1 亿千瓦，潮流能为 1.4 亿千瓦，波浪能为 1285 万千瓦，温差能为 14.8 亿千瓦。[③] 但地热能资源分散，发电规模较小，主要是设备技术不够成熟。而海洋发电受生态环境限制，技术也不成熟，发电成本相对高，目前无法大规模推广运用。

二、政策环境因素

我国从 20 世纪 80 年代开始逐步构建了以传统化石能源为主的能源消费结构。考虑到资源的稀缺性和生态发展的可持续性，我国也开发了各类可再生能源作为补充，如风能、太阳能、生物质能、海洋能、核能及天然气等，以多能互补、优势整合的方式更好地满足人民的用能需求。目前综合能源系统的建设与运行费用相对于传统电力系统费用较高，因此需要国家给予政策性的补贴以激励用户进行投资建设。国外在储能、天然气等方面的政策补贴已经相对完善，

① 苏南. 今年全国新增光伏装机约 40GW，中国光伏行业协会预测——"十四五"光伏年均新增装机有望达 70GW[N/OL]. 中国能源报，2020-12-14[2023-09-01]. http://paper.people.com.cn/zgnyb/html/2020-12/14/content_2023851.htm.
② 中国产业发展促进会生物质能产业分会，德国国际合作机构（GIZ），生态环境部环境工程评估中心，北京松杉低碳技术研究院. 3060 零碳生物质能潜力蓝皮书[EB/OL].（2021-09-15）[2023-09-01]. https://www.beipa.org.cn/productinfo/945230.html.
③ 北极星电力网. 分析我国新能源开发潜力[EB/OL].（2012-03-15）[2023-09-01]. https://news.bjx.com.cn/html/20120315/347931.shtml.

而我国仅在光伏、风电等新能源方面有相应补贴政策，天然气等补贴政策仅在上海等城市有初步的政策出台（冯升波，王娟，杨再敏，等，2020）。

在电力市场机制方面，新能源参与电力市场交易的机制尚不完善。我国电力现货市场刚刚起步，目前仅南方（以广东起步）、甘肃、山西等三个地区启动试运行，南方电力现货市场暂未将新能源纳入市场交易。新能源具有边际发电成本低的优势，但由于初始投资成本高，电力市场交易中出清价格往往难以满足其回收投资的需求，新能源参与现货市场交易机制尚在探索阶段。另一方面，区域统一现货市场尚未形成，新能源跨省跨区消纳存在壁垒。除此之外，电力辅助服务市场尚在起步阶段，难以保障大规模新能源全额消纳的要求。目前，电力辅助服务市场机制已在全国启动，其中东北、华北、华东、西北、福建、山西、甘肃、宁夏、青海、山东、河南、江西、广东、湖北、重庆、江苏、蒙西等多个地区电力辅助服务市场已正式运行。当前我国电力辅助服务费用占总电费比重与欧美等间歇性能源占比高的发达国家相比仍存在较大差距，电力辅助服务定价、市场机制尚不完善，参与市场主体范围还需进一步扩大。

三、经济环境因素

（一）综合发电成本偏高

近年来随着技术进步，新能源组件成本下降趋势明显，但受土地资源日趋紧张、建设条件日益严峻等非技术因素的制约，综合投资成本仍然偏高。根据《中国可再生能源发展报告2021》，2021年我国陆上风电造价约0.58～0.72万元/千瓦，海上风电短期内设备供应和施工资源紧张，造价超1.8万元/千瓦；地面光伏发电造价约0.41万元/千瓦，分布式光伏发电造价约0.37万元/千瓦；地热能发电技术尚未成熟，单体规模小，造价一般在2～3.5万元/千瓦，因此目前新能源的投资成本仍高于传统煤电项目。[①]

未来，还需通过降低可再生能源的应用成本，积极引导太阳能、风能、地热能、生物质能等可再生能源的多元利用，不断探索新型能源技术，形成系统化的综合能源技术体系。

（二）推高全社会电力总成本

风电、光伏发电具有间歇性和随机波动性的固有缺陷，一般情况下，容量

---

① 中国水力发电工程学会.《中国可再生能源发展报告2021》发布 [EB/OL].
(2022-06-24) [2023-09-01]. http://www.hydropower.org.cn/showNewsDetail.asp?nsId=34203.

替代率仅 5% 左右，需要大量传统电源为其提供备用，挤占了传统电源的电量空间，降低其利用小时数，导致部分发电资产低效运行。风电、光伏的有效发电利用小时数不高，但配套送出线路通常按照其装机容量设计，导致线路利用率低，建设和运营成本高。特别是远离负荷中心、大规模的集中式开发项目，需要远距离、大容量、高电压输电送出，导致电网利用率更低，成本更高，线损也大。风电、光伏发电的固有特性给电力系统调峰带来很大影响，为保障风电、光伏的合理消纳，需配套建设一定规模的抽水蓄能、气电或储能等调峰电源，在电力辅助服务市场尚未形成或充分发挥作用之前，各类调峰电源仍将长期面临投资运行成本高、商业回报模式不明确的问题，导致调峰电源投资低效。新能源大规模开发将导致资源利用、投资效率下降，加上新能源补贴规模持续扩大，各种显性及隐性成本最终将传导至终端用户，不断推高全社会电力总成本（潘英吉，李秋月，2016)。

四、技术水平因素

电力系统安全稳定性方面，风电、光伏等效转动惯量很小，一次调频和电压调节能力不足。随着新能源大规模集中开发，新能源占比不断增加，大量常规机组被替代，导致系统总体有效惯量大幅减少，承受功率冲击、频率波动的能力减弱，在功率缺失情况下易诱发全网频率问题；且由于具备优质动态、稳态无功调节手段的常规机组被大量替代，系统调压能力也大大降低。在系统发生扰动导致频率、电压发生变化时，新能源容易大规模脱网，引发严重的连锁性故障。

能源协调技术方面，目前我国多能协调技术主要应用于局域的冷热电三联供系统，与其他形式的热能、冷能输出相对独立，如冰／水蓄冷、热泵等能源。从全局层面看,冷／热／电仍然相对隔离,而且能源管控通常以微网的形式实现,规模相对较小。而国外示范工程则进一步探索了新的能源协调技术与装备，诸如能源路由器的使用，从全局层面上实现不同能源的协调优化。未来要达到《2030年前碳达峰行动方案》所要求的"到 2030 年，非化石能源消费比例将达到 25% 左右"的目标，需要在综合能源领域不断探索。①

---

① 国务院 . 国务院关于印发 2030 年前碳达峰行动方案的通知: 国发 [2021]23 号 [EB/OL]. (2021-10-26) [2023-09-01]. https://www.gov.cn/zhengce/zhengceku/2021-10/26/content_5644984.htm.

第四节　本章小结

　　本章节研究了多种能源发电协同发展的现状及影响因素，从多种能源发电协同现状以及发电行业污染物排放现状出发，结合能源互联网技术的发展阶段，分析多种能源发电的协同发展影响因素，总结了电力行业污染物防治下的多能互补、能源高效利用的研究方向。首先，对国内外多种能源发电协同发展的现状、发电模式及能源互联网的发展历程进行梳理和分析，明确指出了我国多种能源协同发展面临的问题。其次，针对电力行业发电产生的二氧化硫、氮氧化物、烟粉尘等污染物排放现状进行分析，并说明目前国家针对电力行业污染物排放所推出的相关政策及控制情况。最后，从资源环境、政策环境、经济环境及技术环境这四个方面分析多种能源发电协同发展的影响因素。

第二章 多种能源发电供需演化分析及低碳协同建模

自改革开放以来，我国电力工业从小到大，从弱到强，从电力供给不足到如今的电力供应充足，其发展水平和发展速度均处于世界领先地位。国家能源局统计数据显示，截至 2020 年，我国的发电机装机容量和发电量连续七年位居世界第一，并打造了"全国联网""南北互供""西电东送"格局下的世界一流智能电网。

电力工业具有生产和消费的双重属性，电力的生产、输送、分配和使用几乎是同时进行的。因此，需要结合能源互联网的新技术和新理念，在电力工业智能化发展（刘振亚，2015；孙秋野，2015）的背景下，深入分析电力供需的时空格局演变特征，从而提出多种能源发电的低碳化、低污染物排放的政策建议。

第一节 多种能源发电供给端分析

本节从发电供给端入手，从多能源发电和电源建设角度，分别分析火电、风电、水电、光伏、核电的历年发电情况和电源建设情况。

一、多种能源发电情况分析

（一）全国发电情况

根据国家统计局数据分析，2000—2019 年以来我国全口径发电量持续增长，非化石能源发电量占比逐年上升。非化石能源发电量的占比增加，与国家对环境保护和大气污染防治的日益重视密切相关。随着能源互联网相关技术的发展，火电机组灵活调峰的改造为新能源发电的快速崛起增加动力，新能源的占比不断提升，已成为最有潜力的能源形式。目前政府已经出台了各项政策来鼓励清洁能源的大力发展，包括新能源上网补贴、税收优惠、实施费用分摊机制等，未来风电和光伏必将为"双碳"目标的实现做出更大的贡献。

1. 火力发电情况

燃煤发电依然是我国发电领域中火力发电的主要组成部分。随着当前经济逐步放缓的发展形势，电力产能过剩情况越发明显。结合历史数据与我国当前宏观经济发展水平来看，我国煤炭消费和燃煤发电的比例已达到峰值，未来燃煤发电量增速趋于下降态势。

从环境保护的角度看，我国电力生产目前长期依然是以火力发电为主的能源结构。电力供给端依然高度依赖煤炭等化石能源，中电联统计数据显示，燃烧 1 吨标准煤会产生 2620 千克二氧化碳，8.5 千克二氧化硫，7.4 千克氮氧化物和 280 千克炉渣，燃煤发电带来的环境问题十分严重。[①]未来一段时间内，高效、清洁是燃煤发电的主要发展方向。与此同时，清洁能源的并网会影响电力系统的安全与稳定，我国以火电为主的能源结构决定了电网运行的安全稳定仍然需要从火电入手。"十四五"期间，能源供给充裕性与火力发电灵活性问题将在局部地区同时存在。随着燃煤发电技术的不断推进，供电效率的不断提升，对火电灵活性改造既是电力系统调节能力提升的关键手段，也是电力系统调节能力增量的最主要来源。

2. 水力发电情况

我国的水电开发起步晚于其他国家。世界上第一座水电站于 1878 年在法国建成，随后美国威斯康星州的福克斯河水电站于 1882 年建成，意大利特沃利水电站于 1885 年建成。而我国在 1910 年才建成第一座水电站——云南省昆明石

---

① 中国电力企业联合会 . 中国电力统计年鉴 .2020[DB/OL]. (2021−03−29) [2023−09−01]. http://www.stats.gov.cn/zs/tjwh/tjkw/tjzl/202302/t20230215_1907967.html.

龙坝水电站，并在 1958 年后相继进行了七次扩建后，直至 2019 年，石龙坝水电站仍在运行中（李锐，杜治洲，杨佳刚，等，2019）。21 世纪是我国水电开发加速发展的时期，我国在之前的水电设施基础上继续推进电力系统改革，各级地方政府积极推出各类鼓励水电发展措施，充分调动各种类型水电开发的积极性，我国的水力发电量随着各类水电站的相继建成进入高速增长时期。

3. 风力发电情况

风电是绿色低碳能源，大规模发展风电在缓解能源危机、减少二氧化碳排放等方面扮演着十分重要的角色（兰忠成，2015）。世界上许多国家都把风电作为能源结构转型过程中重要的组成部分和发展方向。我国的风电开发利用起步较晚，规模化历史也比较短，但由于相关政策的引导与扶持鼓励，我国风电发展速度十分快，风电发展起点很高。

据中国电力企业联合会、EPS 数据库统计数据显示，在 2005 年之前中国风力发电量非常少，2005 年由于《中华人民共和国可再生能源法》的通过，之后迎来了风力发电高速增长期。中国风电发展规模只用了 5 年多的时间就追赶上欧美等风电国家 15 年的发展历程，到 2012 年中国风电并网量达到 960 亿千瓦时，中国风力发电量首次超过美国，成为全球第一的风电大国，风电也成为我国仅次于火电、水电的第三大主力发电能源。[1]

4. 光伏发电情况

与水电、核电等其他清洁能源相比，光伏发电有着不排放二氧化碳和其他有害气体、不消耗燃料、无噪声、无污染等优点，同时，太阳能是一种稳定且用之不竭的清洁绿色能源，是最能体现可持续发展、节能环保理念的一种能源（沈义，2014）。

相较于世界其他国家，我国太阳能发电的技术较为领先，我国的光伏产量已达到世界领先水平。我国政府于 1998 年开始关注太阳能发电，并拟建了第一套 3 兆瓦多晶硅电池及应用系统示范项目，但因其前景不明，并未形成规模发电。[2] 直到 20 世纪末期，在节能减排、可持续发展的压力下，我国使用了财政

---

① 中国电力企业联合会. 中国电力统计年鉴. 2020[DB/OL]. (2021-03-29)[2023-09-01]. http://www.stats.gov.cn/zs/tjwh/tjkw/tjzl/202302/t20230215_1907967.html.

② 北极星电力网. 中国光伏发电发展简史 [EB/OL]. (2012-09-28)[2023-09-01]. https://guangfu.bjx.com.cn/news/20120928/392015.shtml.

补贴和政策支持等手段支持和推动光伏产业发展。[①] 在 2009 年我国政府制订了"金太阳奖励发展计划",该计划强力推动我国太阳能工业和技术发展,由于政策推动,在 2010 年我国光伏发电量达 7 亿千瓦时,同比增速高达 133.33%,2011 年我国光伏发电量达 26 亿千瓦时,同比增速 271.43%,光伏发电产业得到大力发展。[②] 据《BP 世界能源统计年鉴 2020》记载,截至 2019 年,我国光伏发电量达 2243 亿千瓦时,同比增速 26.37%。[③]

5. 核能发电情况

核能作为一种清洁能源,是我国能源结构中的重要组成部分。核能发电不会产生二氧化碳、氮氧化物、二氧化硫和粉尘等物质,只要合理处理核废料,核电基本不会产生环境污染(叶奇蓁,2010)。《核电中长期发展规划(2005—2020 年)》明确了核电的重要地位,标志着我国核电产业步入了规模化发展的新阶段。[④]

二、多种能源电源建设情况分析

(一)电源建设总体情况

"十二五"期间我国电力建设发展迅猛,维持较高水平电源建设增速,该时期内,全国电力工业投资达到 3.9 万亿元,其中,电源投资为 1.9 万亿元。从环境保护和大气污染防治角度来看,我国向国际社会承诺 2020 年非化石能源消费比例在 15% 左右,加快清洁能源的开发利用和化石能源的清洁化利用已成为必然趋势。[⑤]"十三五"期间,我国加快了能源结构调整的步伐,向清洁低碳、安全高效的能源结构转型升级。该时期内,在大气污染治理和节能减排的政策引导下,全国总装机容量稳定增长,火电电源建设放缓,新增电源基本为非化

---

① 中央财经大学绿色金融国际研究院. 中国光伏产业发展及投融资(下篇一)[EB/OL]. (2021-11-27)[2023-09-01]. https://iigf.cufe.edu.cn/info/1012/4372.htm.

② 中华人民共和国财政部. 财政部 科技部 国家能源局 关于实施金太阳示范工程的通知:财建[2009]397 号[EB/OL]. (2009-11-18)[2023-09-01]. http://www.mof.gov.cn/gkml/caizhengwengao/2009niancaizhengbuwengao/caizhengwengao200907/200911/t20091118_233416.htm.

③ BP 中国. BP 世界能源统计年鉴 2020 年版[DB/OL]. (2020-06-17)[2023-09-01]. https://www.bp.com.cn/zh_cn/china/home/news/press-releases/news-06-17.html.

④ 国家发展和改革委员会. 核电中长期发展规划(2005-2020 年)[EB/OL]. (2007-11-02)[2023-09-01]. http://www.nea.gov.cn/2007-11/02/c_131053228.htm.

⑤ 中国政府网. 强化应对气候变化行动 ——中国国家自主贡献(全文)[EB/OL]. (2015-06-30)[2023-09-01]. https://www.gov.cn/xinwen/2015-06/30/content_2887330.htm.

石能源装机。

《中共中央关于制定国民经济和社会发展第十四个五年规划和二〇三五年远景目标的建议》提出到 2035 年基本实现社会主义现代化远景目标。在此期间，我国电气化进程将继续保持加速发展，继续加快建设能源互联网，提高电网互济能力。在这个时期内，水电、核电、风电、光伏等新能源发电装机占比会继续增加，全国总装机容量也会持续稳定增长，到 2035 年实现我国非化石能源发电装机比例超过 60% 的目标，电源结构更加优化，电力系统更加安全。[①]

（二）主要发电能源装机情况分析

中国在全球可再生能源发电的发展中发挥着主导作用，水电、风电、光伏发电装机容量与发电量均稳居世界第一。随着可再生能源装机规模持续扩大，可再生能源的清洁能源替代作用日益突显。提升可再生能源装机占比，需要进一步优化我国电力系统的调度，充分发挥电力系统的灵活性和大电网的统筹协调作用（潘尔生，田雪沁，徐彤，等，2020）。在我国依然以火力发电为主的电源结构背景下，需要继续调整发电端能源结构，加强调峰电源管理和调峰电源建设，持续推进煤电机组灵活性改造，提升电力系统的调峰能力，为可再生能源消纳创造空间，为电网稳定安全运行保驾护航。

1. 火电装机情况

未来我国电力总装机容量将继续保持增长状态，受国家煤电停缓建政策影响，火力发电装机容量增速受到明显遏制，我国发电装机增长的带动因素将由之前的火电装机规模的增长转换为非化石能源装机容量的增长，火电装机增速将会呈持续下降的态势（孙昕，2017）。随着清洁能源的悄然崛起，为抢占部分火电市场，近年来我国火电建设投资呈现持续减少态势。目前，我国电力工业已由高速增长阶段转向高质量发展阶段，火电建设政策会进一步收紧，并加快推进老旧电力设备改造，淘汰低效机组，向清洁、高效的火力发电方向发展。

2. 水电装机情况

各类清洁能源中，水电的消费量仅次于天然气，水电在优化我国电力能源结构中占有重要地位。水电资源不同于煤、石油和天然气这些不可再生能源，

---

① 综合司. 中华人民共和国国民经济和社会发展第十四个五年规划和 2035 年远景目标纲要 [EB/OL]. (2021-07-15) [2023-09-01]. http://zhs.mofcom.gov.cn/article/zt_shisiwu/subjectcc/202107/20210703175933.shtml.

其主要依赖于河流和湖泊所提供的动能。我国的水电资源十分丰富，潜力巨大，但存在地理位置分布不均，受蒸发、降水等因素影响较大的缺点。我国的水电资源主要集中在经济和社会发展相对落后的西南地区，此地人口密度相对较低，经济发展速度较慢，且该地区山多地少，有一定的施工困难及昂贵的开发成本。同时，由于区域供需不均衡，水电消纳问题也较突出。

3. 风电装机情况

根据风电开发利用所处地域不同，可分为陆上风电和海上风电两大类，顾名思义就是在广阔的内陆土地上建造风电设备，将风能转换为电能。海上风电，主要指近海风电，与陆地相对应，它就是在海上尤其是近海地区利用风力发电设备将风能转化为电能，相比于陆地风电，海上风电成本更高，但具有风速高且稳定、不占陆地面积、无噪声和光影视觉污染等优点，因此海上风电也是国际风电发展的新方向。

我国具有得天独厚的风力资源，主要分布在东南沿海地区及西北、华北、东北等地区。按照"建设大基地、融入大电网"的战略规划，我国陆续于山东、河北、蒙西、蒙东、吉林、甘肃酒泉、江苏沿海及新疆哈密等地建设了数个"千万千瓦级风电基地"，极大地解决了我国部分地区的用电压力（兰忠成，2015）。随着国家能源互联网的建设，特高压输电技术的发展，风电并网兼容性问题的化解有效地缓解了我国电力供应紧张的局势。华北、西北、东北及华东区域也成为我国风电建设的主要区域。

4. 太阳能发电装机情况

国家能源局发布的《关于可再生能源发展"十三五"规划实施的指导意见》规定了各省和地区在"十三五"期间的光伏电站计划建设指标，提出了单晶技术和多晶技术突破式发展的要求，促使光伏生产和建设成本进一步下降、光伏发电装机持续增长。[1] 据《中国电力统计年鉴2020》数据显示，受政策影响，光伏装机增速放缓，但依然保持着强劲的发展势头。2019年太阳能发电新增装机3004.73万千瓦，装机容量累积达到20467.74万千瓦。[2]

---

[1]　国家能源局. 国家能源局关于可再生能源发展"十三五"规划实施的指导意见：国能发新能 [2017]31 号 [EB/OL]. (2017-07-19) [2023-09-01]. http://zfxxgk.nea.gov.cn/auto87/201707/t20170728_2835.htm.

[2]　中国电力企业联合会. 中国电力统计年鉴.2020[DB/OL]. (2021-03-29) [2023-09-01]. http://www.stats.gov.cn/zs/tjwh/tjkw/tjzl/202302/t20230215_1907967.html.

5.核能发电装机情况

近年来国家陆续发布了《能源发展战略行动计划（2014—2020年）》《电力发展"十三五"规划》及《"十三五"核工业发展规划》等文件，我国核电也迎来快速发展时代。[①] 根据《中国电力行业投资发展报告》数据显示，截至2019年年底，我国大陆地区核电装机主要分布在浙江、福建、广东、江苏、海南、山东等8个沿海地区的13个核电基地，共计运行机组47台。[②]

第二节　电力需求端分析

发电需求端即电力的消费端，电力需求分析可分为全社会电力消费分析、分产业电力消费分析和分省份电力消费分析三个部分。

一、全社会电力消费分析

全社会用电量是指全国范围内所有用电领域的电能消耗总量。电力消费量与宏观经济增长具有相关性，因此也是反映我国宏观经济发展的指标之一。自改革开放以来，我国经济一直保持较快增长趋势，取得了巨大进步，国内生产总值（GDP）由1978年的3679亿元增长至2019年的99万亿元。[③]

从《中国电力统计年鉴2020》来看，2015年至2018年全社会用电量同比增速分别为0.39%、4.00%、6.23%、8.13%，增速不断提升，2019年，全国用电量72255亿千瓦时，同比增长4.54%，增速为近年来首次下降，回落明显，下降3.59个百分点。[④]用电量增速回落的主要原因有两个：一是在全球经济贸易增速放缓

---

① 国务院办公厅.国务院办公厅关于印发能源发展战略行动计划（2014-2020年）的通知：国办发 [2014]31 号 [EB/OL]. (2014-06-07)[2023-09-01]. https://www.gov.cn/zhengce/content/2014-11/19/content_9222.htm；国家发展改革委，国家能源局.电力发展"十三五"规划（2016—2020年）[EB/OL]. (2017-06-05)[2023-09-01]. https://www.ndrc.gov.cn/fggz/fzzlgh/gjjzxgh/201706/t20170605_1196777.html；国家原子能机构."十三五"核工业发展规划宣贯会在京召开 [EB/OL]. (2017-02-09)[2023-09-01]. https://www.caea.gov.cn/n6760338/n6760342/c6830305/content.html.

② 南方电网能源发展研究院有限责任公司，2022. 中国电力行业投资发展报告 [M].北京：中国电力出版社.

③ 国家统计局.中国统计年鉴.2020[DB/OL]. (2020-09-23)[2023-09-01]. http://www.stats.gov.cn/zs/tjwh/tjkw/tjzl/202302/t20230215_1907951.html.

④ 中国电力企业联合会.中国电力统计年鉴.2020[DB/OL]. (2021-03-29)[2023-09-01]. http://www.stats.gov.cn/zs/tjwh/tjkw/tjzl/202302/t202302151907967.html.

背景下我国经济下行压力较大,经济由高速增长转向高质量发展,导致工业生产增长趋缓,特别是部分重化工业生产明显下滑,使得对电力的需求整体偏弱。二是中国经济结构调整取得积极进展,在一系列节能减排措施的实施下,产业结构继续优化,而产业结构优化会导致能耗水平降低。

二、分产业电力消费分析

根据我国对三次产业的分类,第一产业包括农业、林业、牧业和渔业。第二产业包括制造业、采掘业、建筑业和公共工程、水电油气生产、医药制造。第三产业即为服务业,包括商业、金融、交通运输、通讯、教育、服务业及其他非物质生产部门。第二产业是我国主要的能源消费部门,同时也是电力消费的主导产业(任志超,张全明,杜新伟,等,2014)。

根据前文的叙述可知,不同产业之间具有明显的差异,例如第一产业的生产资料直接来源于自然界,第二产业对初级产品进行再加工,第三产业为生产和消费提供服务。不同产业之间的差异也导致了其各自的能源消费情况存在明显的差别。因此,在分析多种能源发电供需演化情况之时不能简单的只分析全社会用电总量,还应该进一步对三大产业的具体用电量情况进行统计分析,才能够得出详细的分析结果,具体如图2-1和图2-2所示。

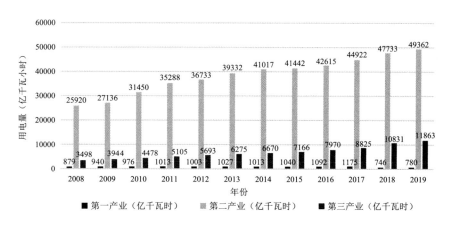

图2-1　2008—2019年三次产业用电量

数据来源:中国电力企业联合会.中国电力统计年鉴.2020[DB/OL].(2021-03-29)[2023-09-01]. http://www.stats.gov.cn/zs/tjwh/tjkw/tjzl/202302/t20230215_1907967.html.

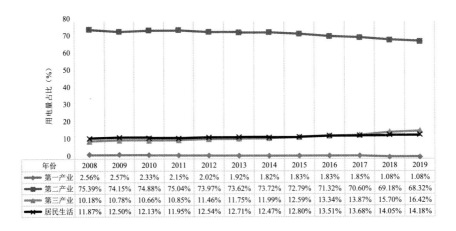

图 2-2　2008—2019 年三次产业和城乡居民生活用电量比例

数据来源：中国电力企业联合会．中国电力统计年鉴．2020[DB/OL]．(2021-03-29)
[2023-09-01]．http://www.stats.gov.cn/zs/tjwh/tjkw/tjzl/202302/t20230215_1907967.html.

具体分析如下：

其一，第一产业用电量有升有降，但变化幅度不大，其用电量占比整体呈现下降趋势。如图 2-1 所示，2008 年第一产业用电量 879 亿千瓦时，之后逐年增长到 2013 年的 1027 亿千瓦时，之后用电量在小幅度波动中平稳增长，直至 2017 年达到 1175 亿千瓦时。然而 2018 年第一产业的用电量降幅明显，低至 746 亿千瓦时，随后在 2019 年又有所回升，上涨至 780 亿千瓦时。

其二，第二产业用电量保持中低速增长，用电量占比整体上也呈现平稳下降趋势。如图 2-1 和 2-2 所示，2008 年第二产业用电量 25920 亿千瓦时，占该年总用电量的 75.39%，2009—2014 年的第二产业用电量增速较明显，2014—2016 年的第二产业用电量增速放缓。2019 年第二产业用电量增长到 49362 亿千瓦时，在总用电量中的占比下降到 68.32%，整体来看，2008 年至 2019 年第二产业的用电量呈逐年增长，但是在总用电量中的比重却经过小幅波动后略有下降。

其三，第三产业用电量保持较快增长，用电量占比自 2010 年以来保持中低速增长。如图 2-1 和 2-2 所示，2008 年第三产业用电量 3498 亿千瓦时，占总用电量的 10.18%，到 2019 年，第三产业用电量达到 11863 亿千瓦时，占总用电量的 16.42%。从历年增速来看，第三产业的用电量一直保持较快的增速，其中 2018 年的增速最大。

其四，从2008年到2019年，城乡居民生活用电总量持续增长（如图2-3），2008年城乡居民用电量合计为4082亿千瓦时，到2019年增长至10250亿千瓦时。从居民用电量在总用电量中的占比来看，除了2014年城镇居民和乡村居民的用电量占比的增速放缓，其他年份的增速均较快。

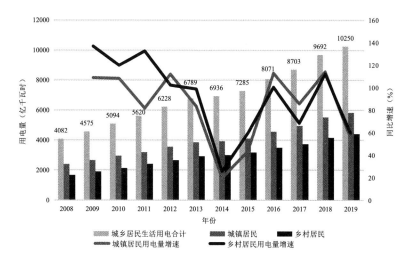

图 2-3　2008—2019 年城乡居民生活用电情况

数据来源：中国电力企业联合会．中国电力统计年鉴.2020[DB/OL]. (2021-03-29) [2023-09-01]. http://www.stats.gov.cn/zs/tjwh/tjkw/tjzl/202302/t20230215_1907967.html.

从产业结构的调整和优化可以看出，我国电力消费结构也发生了较大变化。自"十一五"开始，我国经济结构不断优化升级，第二产业用电占比在2007年达到最高点后逐年下降；第三产业和居民生活用电占比稳步增长。尤其是步入经济增长新常态后，我国产业用电结构优化更为显著。全社会用电量增长动力已经从传统的高耗能行业逐步转变为了服务业、生活用电、高技术及装备制造业，符合我国经济逐步从要素驱动、投资驱动转向服务业发展及创新驱动的大趋势。

根据第二产业用电量占比下降、第三产业和城乡居民生活用电占比上升的态势可知，国家经济结构调整不断深入，高新技术行业在国民生产总值中的比例持续上升。此外，节能节电技术和电能利用效率逐步提高，反映了实体经济节能降耗、绿色发展效果明显。在能源资源和生态环境约束日趋强化下，国家大力推动绿色能源发展，通过建设能源互联网不断实现传统产业的优化升级。

三、分省份电力消费分析

用电量是经济的晴雨表，是经济运行的先行指数，也是贴近实体经济发展的一项重要指标。我国各省份用电量差异明显，各省间的电力消费增长趋势差别也很大，具体见表2-1、如图2-4所示。

表2-1　全国各省（自治区、直辖市）电力消费量（单位：亿千瓦时）

地区	2000年	2005年	2010年	2015年	2016年	2017年	2018年	2019年
北京	384.43	570.54	809.9	952.72	1020.27	1066.89	1142.38	1166.4
天津	234.05	384.84	645.74	800.6	807.93	805.59	855.14	878.43
河北	809.34	1501.92	2691.52	3175.66	3264.52	3441.74	3665.66	3856.06
山西	501.99	946.33	1460	1737.21	1797.18	1990.61	2160.53	2261.9
内蒙古	254.21	667.72	1536.83	2542.87	2605.03	2891.87	3353.44	3653.02
辽宁	748.89	1110.56	1715.26	1984.89	2037.4	2135.5	2302.38	2401.47
吉林	291.37	378.23	576.98	651.96	667.63	702.98	750.57	780.37
黑龙江	442.28	555.85	747.84	868.97	896.62	928.57	973.88	995.63
上海	559.45	921.97	1295.87	1405.55	1486.02	1526.77	1566.66	1568.58
江苏	971.34	2193.45	3864.37	5114.7	5458.95	5807.89	6128.27	6264.36
浙江	738.05	1642.31	2820.93	3553.9	3873.19	4192.63	4532.82	4706.22
安徽	338.93	582.16	1077.91	1639.79	1794.98	1921.48	2135.07	2300.68
福建	401.51	756.59	1315.09	1851.86	1968.58	2112.72	2313.82	2402.34
江西	208.15	391.98	700.51	1087.26	1182.5	1293.98	1428.77	1535.7
山东	1000.71	1911.61	3298.46	5117.05	5390.75	5430.16	6083.87	6218.72
河南	718.52	1352.74	2353.96	2879.62	2989.15	3166.17	3417.68	3364.17
湖北	503.02	788.91	1330.44	1665.16	1763.11	1869	2071.43	2214.3
湖南	406.12	674.43	1171.91	1447.63	1495.65	1581.51	1745.24	1864.32
广东	1334.58	2673.56	4060.13	5310.69	5610.13	5958.97	6323.35	6695.85
广西	314.44	510.15	993.24	1334.32	1359.65	1444.95	1703.04	1907.17
海南	38.37	81.61	159.02	272.36	287.31	304.95	326.78	354.58
重庆	307.61	347.68	626.44	875.37	924.89	996.55	1118.79	1160.19
四川	521.23	942.59	1549.03	1992.4	2101.02	2205.18	2459.49	2635.83
贵州	287.78	486.97	835.38	1174.21	1241.78	1384.89	1482.12	1540.68
云南	273.58	557.25	1004.07	1438.61	1410.52	1538.1	1679.08	1812.04
西藏	/	/	20.41	40.53	49.22	58.19	69.02	77.6
陕西	292.76	516.43	859.22	1221.73	1357.06	1494.75	1594.17	1912
甘肃	295.33	489.48	804.43	1098.72	1065.15	1164.37	1289.52	1288.05
青海	109.1	206.56	465.18	658	637.51	687.01	738.34	716.47
宁夏	136.17	302.88	546.77	878.33	886.91	978.3	1064.85	1083.9

地区	2000 年	2005 年	2010 年	2015 年	2016 年	2017 年	2018 年	2019 年
新疆	182.98	310.14	661.96	2160.34	2316.46	2542.85	2686.48	2867.55

数据来源：中国电力企业联合会．中国电力统计年鉴.2020[DB/OL].（2021-03-29）[2023-09-01]. http://www.stats.gov.cn/zs/tjwh/tjkw/tjzl/202302/t20230215_1907967.html.

从表 2-1 中可以看出，2019 年全国用电量排行前十的省（自治区）是广东、江苏、山东、浙江、河北、内蒙古、河南、新疆、四川、福建。与 2018 年相比，除青海、河南、甘肃三个省级电网用电量呈现负增长外，其余 28 省、自治区、市的用电量均呈现正增长，其中西藏、广西用电量正增长较明显。

2000 年东北、华北、华东、华南、华中、西北区域用电量分别为 1482.54 亿千瓦时、3184.73 亿千瓦时、3009.28 亿千瓦时、2248.75 亿千瓦时、2664.65 亿千瓦时、1016.34 亿千瓦时。到 2019 年，东北、华北、华东、华南、华中、西北区域用电量分别为 4177.47 亿千瓦时、18034.53 亿千瓦时、17242.18 亿千瓦时、12310.32 亿千瓦时、12774.51 亿千瓦时、7716.39 亿千瓦时，同比分别增长 3.74%、4.48%、3.39%、6.92%、4.35%、3.68%，但增速有所下降（如图 2-4）。

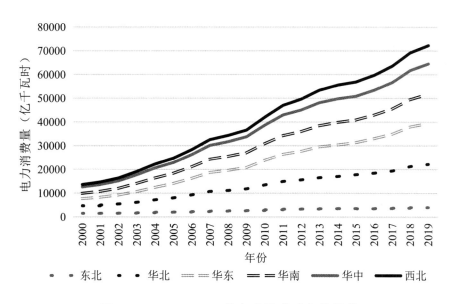

图 2-4　2000—2019 年我国区域用电量趋势

数据来源：中国电力企业联合会．中国电力统计年鉴.2020[DB/OL].（2021-03-29）[2023-09-01]. http://www.stats.gov.cn/zs/tjwh/tjkw/tjzl/202302/t20230215_1907967.html.

我国地区用电结构持续调整，从用电增速来看，各区域增速由大到小排列依次为：西北地区、华中地区、华南地区、华东地区、华北地区、东北地区。

第三节　能源互联网下区域能源供需特点

安全、可持续的能源供给一直是国家能源政策的目标之一。电力能源具有质量高、用途广的特性，既是主要能源载体，也是低碳化能源供应的核心媒介。随着电力系统的不断进步，用电需求量和供给量的不断增加，电网之间在跨区域、跨国层面的互联更加密切。能源互联网的建成，为区域能源供需均衡、区域电能替代提供了强有力的技术支撑，使得能源供给更加可持续、安全、绿色（刘振亚，2015）。能源互联网下区域能源供需有如下特点。

（一）对化石能源的依赖降低

我国各省的电力消费需求与其资源禀赋结构是互相矛盾的（王春亮，宋艺航，2015）。由于我国是煤炭资源大国，电源结构中火力发电机组占比超 60%，因此我国生产的电能大多都是由煤炭转化而来的。然而，我国煤炭资源禀赋存在区域差异，煤炭资源在各省间的分布与各省电力消费需求极不匹配。从煤炭分布和能源需求的区域差异来看，我国东部沿海地区经济发达，对各类能源的需求量极大，但能源资源储备相对贫乏；而我国中西部地区经济水平较低，能源需求也较低，但各类自然能源资源储备丰富，这使得我国能源生产与能源消费在空间上呈逆向分布。

随着社会经济的快速发展，对能源的需求也在不断地提高，电能综合供给能力面临着严峻挑战。从低碳和可持续发展的角度来看，为缓解区域能源供需不均衡的情况，我国将继续建设坚强电网，支撑电力远距离、跨区域输送，实现供电侧以清洁能源替代化石能源和从消费端以电能替代其他能源的目标，提高电能在终端能源消费的比重，促进新能源消纳，保障能源供给安全，降低电力行业环境污染。

（二）区域性电网互联加强

在过去的几十年时间里，从孤立的电网到大型地区型电网，再到能源互联网的提出，我国的电力网络在互联规模和电压等级上有着巨大的发展。2009 年，随着第一条 1000 千伏特高压交流输电线的建成，华北电网与华中电网合并为一个同步电网。截至 2020 年 9 月，我国建成投运"十三交十一直"24 项特高压工程，核准、在建"一交三直"4 项特高压工程，已投运特高压工程累计线路长度 35583 公里、累计变电（换流）容量 39667 万千伏安（千瓦）。伴随着更多陆续建设和规划的特高压骨干输电线路的投入使用，区域性电网在未来会有更强的互联性（孙秋野，2015）。

区域性电网互联性增强有以下优点。第一，使得电网能够承受较大的冲击负荷，各地区电网之间互供电力、互通有无、互为备用，能够减少事故备用容量，增强电网抵御事故能力，提高电网安全水平和供电可靠性。第二，电网区域性互联增加，支撑电源端安装大容量、高效能的火电机组、水电机组和核电机组，有利于降低电厂造价和改善电能质量，提高清洁能源的占比。第三，跨区域电源的就近接入和分散消纳更容易，电网能够负荷需求端与电源接入的需求，使得运行和调度更加灵活。

（三）可再生能源消纳增加

由于社会的进步，能源的生产、消费、传输环节都在发生转变，近年来，大量的分布式电源接入电网，但由于风能、太阳能等清洁能源有间歇性、波动性、随机性的特点，导致可再生能源的发电也具有间歇性、波动性、随机性的特点。新能源大规模接入电网，会有调频调压、削峰填谷的需求，而大规模新能源并网会给电网的运行与控制带来巨大的挑战，如系统惯量、频率调节能力降低，系统电压调控能力减弱，故障与震荡特性发生重大变化等。

可再生能源发电具有明显的季节性和时段性，但是可再生能源发电之间具有一定的互补特性，如水力发电之间的跨流域水电互补、风电光电跨区域互补及区域内水电、风电、光电互补。因此，通过建设和发展能源互联网能够实现电网的安全稳定运行，同时保障全网发电、供电、用电，实现多能互补、时空互济的目标，从而提升电网的安全性。

第四节　能源互联网下能源供需分布格局及演化分析

本节首先通过最优分割法，选取电力供给量和需求量的特征时点；再通过重心法得出历年电力供需的重心、电力生产和消费的重心、二氧化碳排放的重心，并得出重心的迁移路径；最后，使用标准差椭圆分析电力供需空间分布格局的离散趋势。通过分析发现，电力供需的重心、电力生产和消费的重心、二氧化碳排放的重心均呈现向西移动趋势，这说明西部已成为电力供需、二氧化碳排放的强力拉动区域，需要给予政策支持和关注。在提出能源互联网战略后，电力供需的空间分布更为分散，同时电力供需空间格局尚不稳定，需进一步推动能源互联网建设，并提升电力跨区域传输能力。

一、相关理论与方法

（一）最优分割法

聚类分析是依照某种原则将样本或数据集合划分成有意义或有用的组（簇）。划分后同一子集内的样本或数据有着较大的"相似性"，不同的子集之间有着较大的"差异性"。样本或数据之间的相似性则是通过定义一个距离或相似性系数来进行判别的（孙吉贵，刘杰，赵连宇，2008）。现有的主要聚类算法主要分为两类：无序样本分析和有序样本分析。无序样本分析是指在进行样品聚类时，将样品混在一起进行聚类分析，即样品之间是彼此平等的，样品之间也并无不同，可以打乱其顺序进行分类，如基于网格的聚类方法和基于模型的聚类方法（周涛，陆惠玲，2012）。但在实际数据和实际问题中，有些样品有一定的排列顺序，如人类随年龄变化可进行身高、体重的聚类分析等，如果打乱样品之间的前后次序，就不能得到正确的结果（武琳琳，2013）。

最优分割法是对有序样品的一种聚类方法。这种聚类方法适用于样品之间按顺序排列，在进行聚类分析时，不允许打破样品之间的顺序。即，对 k_1，k_2，k_3，$\cdots$，k_n 等 n 个有序样品进行分割，在所有的这些分割方法中，找到一种分割法，这种分割法使得各段内样品之间的差异最小，而各段之间的差异最大。这种对各个样品分段并使组内离差平方和最小的分割方法，被称为最优分割法。其原理如下：

假设有 n 个样品，每个样品有 m 个观测值，观测值用向量 X_1，X_2，X_3，$\cdots$，X_n 表示。此样本用矩阵表示如式（2-1），现在将此样本按顺序进行分割，不改变其原有顺序，所有可能分割的方法共有 $C_{n-1}^1 + C_{n-1}^2 + \cdots + C_{n-1}^{n-1} = 2^{n-1} - 1$ 种方法。在这些分割方法中，找到一种分割方法使得各段内样品的差异最小，各段之间的差异最大。

$$X = \begin{bmatrix} x_{11} & x_{12} & \cdots & x_{1n} \\ x_{21} & x_{22} & \cdots & x_{2n} \\ \vdots & \vdots & & \vdots \\ x_{m1} & x_{m2} & \cdots & x_{mn} \end{bmatrix} \qquad (2-1)$$

其中，x_{ij} 表示第 j 个样品的第 i 个观测值的取值；X 表示 n 个样品的 m 个观测值形成的矩阵。

具体步骤如下：

假设某种分割形成的第 G 类中有样品 $\{X_{(i)}, X_{(i+1)}, \cdots, X_{(j)}\}(j > i)$，记为 $G = \{i, i+1, \cdots, j\}$。计算均值向量：

$$X_G = \frac{1}{j-i+1} \sum_{t=i}^{j} X_{(t)} \qquad (2-2)$$

在式（2-2）中，X_G 为第 G 类的均值向量。

计算该类分割的直径：

$$D(i, j) = \sum_{t=i}^{j} (X_{(t)} - X_G)^2 \qquad (2-3)$$

在式（2-3）中，$D(i, j)$ 表示这类分割的直径。

$D(i, j)$ 越小表示段内各样品间的差异性越小；反之，$D(i, j)$ 越大表示段内各样品之间的差异性越大。使得各段内部差异性越小，即段内离差平方和越小，也即段间离差平方和越大。故可将所有类直径之和定义为分类目标函数，其中，最小的目标函数值对应的分类为最优分割。

（二）重心法

在空间重心指标中,重心反映了考察点的集中趋势,重心模型可用重心坐标,重心移动方向和角度,重心偏移距离来衡量(ZHANG Y, ZHANG J, YANG Z F, et al, 2012；牛海玲，2011；谢品杰，潘仙友，林美秀，2017)。

假设一个大区域中有若干小区域，$P_i(x_i, y_i)$ 是第 i 个小区域的中心坐标，$P_j(x_j, y_j)$ 是该区域第 j 年的重心坐标。在属性意义下的区域重心坐标参考文献 (WONG W S, LEE J, 2008) 如式（2-4）所示：

$$x_j = \frac{\sum w_i x_i}{\sum w_i}, y_j = \frac{\sum w_i y_i}{\sum w_i} \qquad (2-4)$$

在式（2-4）中，w_i 为第 i 个小区域的某种属性值，为源地的电力输入量或汇地的电力输出量；x_i 是第 i 个小区域中心坐标的横坐标，y_i 是第 i 个小区域中心坐标的纵坐标，x_j 是该区域第 j 年重心坐标的横坐标，y_j 是该区域第 j 年重心坐标的纵坐标。

假设第 k 年，$k+m$ 年区域重心坐标分别为 $P_k(x_k, y_k)$，$P_{k+m}(x_{k+m}, y_{k+m})$，则重心 P_k 向 P_{k+m} 的移动方向角模型如下：

$$\theta_m = \arctan \frac{y_{k+m} - y_k}{x_{k+m} - x_k} \qquad (2-5)$$

在式（2-5）中，θ_m 代表重心从第 k 年移动到 $k+m$ 年的方向角度。

（三）标准差椭圆

标准差椭圆是能够同时对点的方向和分布进行分析的一种经典算法，该算法最早由美国南加州大学社会学教授韦尔蒂—利菲弗在 1926 年提出。该算法能够较好地观察考察点分布的离散趋势，由转角、沿主轴（长轴）的标准差和沿辅轴（短轴）的标准差三个要素组成。标准差椭圆的计算公式见参考文献（WONG W S，LEE J，2008）。具体计算如式（2-6）~式（2-10）所示：

$$x_i' = x_i - x_j \qquad (2-6)$$

$$y_i' = y_i - y_j \qquad (2-7)$$

$$\tan\theta = \frac{\left(\sum\limits_{i=1}^{n} w_i^2 x_i'^2 - \sum\limits_{i=1}^{n} w_i^2 y_i'^2\right) + \sqrt{\left(\sum\limits_{i=1}^{n} w_i^2 x_i'^2 - \sum\limits_{i=1}^{n} w_i^2 y_i'^2\right)^2 + 4\left(\sum\limits_{i=1}^{n} w_i^2 x_i'^2 y_i'^2\right)^2}}{2\sum\limits_{i=1}^{n} w_i^2 x_i' y_i'} \qquad (2-8)$$

$$\delta_x = \sqrt{\frac{\sum\limits_{i=1}^{n}\left(w_i x_i'\cos\theta - w_i y_i'\sin\theta\right)^2}{\sum\limits_{i=1}^{n} w_i^2}} \qquad (2-9)$$

$$\delta_y = \sqrt{\frac{\sum\limits_{i=1}^{n}\left(w_i x_i'\sin\theta - w_i y_i'\cos\theta\right)^2}{\sum\limits_{i=1}^{n} w_i^2}} \qquad (2-10)$$

在式（2-6）~式（2-10）中，x_i' 和 y_i' 是各点距离重心的坐标，即各点以重心为参照的坐标。x_j 是重心坐标的横坐标，y_j 是重心坐标的纵坐标。θ 是点集分布格局的转角，如果 $\tan\theta$ 为正数，则转角为 θ；如果 $\tan\theta$ 为负数，则转角为 $90°+\theta$。δ_x、δ_y 分别是沿 x 轴和 y 轴方向的标准差，即标准差椭圆的短半轴长和长半轴长，标准差的作用是确定椭圆的方程，将其带入椭圆方程即得标准差椭圆方程。

二、电力供需的特征时点选取

使用 2000 年至 2019 年的数据，依据各省发电量与电力消费量的特征，根据我国各电力资源流动节点的电力资源输出量和输入量将各节点划分为输流节点和汇流节点（武琳琳，2013)。划分依据为：将有电力资源输出的节点定义为输流节点，输流节点的数据为该省发电量减去消费量；将有电力资源输入的节点定义为汇流节点，汇流节点的数据为该省的消费量减去发电量。通过计算可得到输流节点 23 个，汇流节点 23 个。

使用 DPS 数据处理系统 V9.01 版，对 2000 年至 2019 年我国 23 个输流节点和 23 个汇流节点的数据进行有序样本最优分割，各个结点的变量均标准化，得到结果见表 2-2、表 2-3。

表 2-2　输流直径计算结果

输流直径 D(i, j)	1	2	3	4	5	6	7	8	9	10	11	12	13	14	15	16	17	18	19
1	0.10																		
2	0.17	0.08																	
3	0.30	0.20	0.06																
4	0.58	0.45	0.27	0.12															
5	1.14	0.97	0.76	0.55	0.29														
6	1.77	1.53	1.27	0.97	0.58	0.11													
7	2.83	2.50	2.14	1.69	1.07	0.36	0.13												
8	5.20	4.69	4.17	3.46	2.53	1.46	0.95	0.43											
9	7.22	6.54	5.83	4.87	3.67	2.34	1.57	0.84	0.28										
10	8.85	7.98	7.11	5.95	4.56	3.10	2.19	1.34	0.64	0.23									
11	11.06	10.02	9.01	7.67	6.13	4.60	3.63	2.70	1.84	1.12	0.53								
12	14.07	12.83	11.62	10.07	8.29	6.59	5.41	4.25	3.08	1.99	1.20	0.38							
13	16.73	15.29	13.91	12.12	10.10	8.17	6.79	5.42	4.08	2.97	2.13	1.34	0.93						
14	20.24	18.53	16.90	14.83	12.50	10.29	8.64	6.99	5.37	4.05	3.02	2.03	1.41	0.36					
15	23.11	21.18	19.34	17.02	14.44	12.02	10.15	8.29	6.44	4.93	3.74	2.60	1.83	0.68	0.16				
16	25.87	23.73	21.71	19.19	16.40	13.79	11.75	9.74	7.79	6.20	4.96	3.75	2.78	1.27	0.67	0.36			
17	29.26	26.89	24.67	21.90	18.87	16.05	13.77	11.53	9.36	7.54	6.10	4.67	3.51	1.82	1.06	0.66	0.31		
18	33.55	30.93	28.49	25.48	22.19	19.09	16.58	14.12	11.74	9.78	8.20	6.61	5.22	3.30	2.45	1.85	1.26	0.58	
19	40.49	37.53	34.81	31.46	27.79	24.31	21.49	18.72	16.01	13.73	11.82	9.88	8.18	5.94	4.79	3.86	2.97	1.75	0.70

表 2 - 3　汇流直径计算结果

汇流直径 D(i, j)	1	2	3	4	5	6	7	8	9	10	11	12	13	14	15	16	17	18	19
1	0.09																		
2	0.17	0.08																	
3	0.28	0.18	0.05																
4	0.48	0.34	0.20	0.13															
5	0.85	0.70	0.57	0.47	0.26														
6	1.39	1.20	1.02	0.85	0.52	0.10													
7	2.20	1.95	1.70	1.43	0.94	0.34	0.14												
8	4.06	3.70	3.35	2.89	2.17	1.30	0.85	0.38											
9	5.57	5.09	4.62	3.98	3.04	2.01	1.34	0.71	0.27										
10	7.14	6.52	5.91	5.11	3.99	2.84	2.05	1.30	0.73	0.27									
11	9.50	8.74	7.97	6.99	5.69	4.47	3.60	2.75	1.99	1.17	0.52								
12	13.01	12.04	11.06	9.83	8.24	6.81	5.69	4.56	3.45	2.19	1.27	0.44							
13	15.56	14.41	13.26	11.81	9.96	8.33	7.01	5.67	4.40	3.10	2.12	1.31	0.84						
14	18.93	17.55	16.16	14.44	12.30	10.40	8.81	7.20	5.66	4.15	2.96	1.95	1.25	0.32					
15	21.67	20.09	18.51	16.57	14.20	12.12	10.32	8.51	6.76	5.06	3.71	2.54	1.68	0.68	0.15				
16	24.39	22.64	20.90	18.77	16.22	13.97	12.02	10.07	8.24	6.46	5.04	3.79	2.69	1.34	0.69	0.38			
17	28.04	26.07	24.10	21.74	18.93	16.45	14.26	12.07	10.00	7.98	6.33	4.82	3.47	1.95	1.09	0.68	0.28		
18	32.34	30.14	27.93	25.33	22.25	19.49	17.06	14.63	12.37	10.16	8.32	6.62	4.97	3.24	2.22	1.64	1.02	0.47	
19	39.27	36.78	34.27	31.34	27.89	24.77	22.03	19.28	16.68	14.13	11.92	9.83	7.83	5.82	4.44	3.57	2.64	1.58	0.67

依据结果，可将电力的输流分割为三个阶段：2000 年至 2007 年、2008 年至 2013 年、2014 年至 2019 年。电力的汇流同样分割为三个阶段：2000 年至 2007 年、2008 年至 2013 年、2014 年至 2019 年。由此看出，通过最优分割法得出的电力输流阶段与电力汇流阶段划分相同。这是因为电能作为一种商品，它的生产、输送、分配和使用与其他的能源产品不同，即电能的生产、传输及消费几乎同时进行，发电设备任何时刻生产的电能必须与消耗的电能相平衡。故发电量输出端和电力的消费端必然有着同步性。

与此同时，通过划分的时间段可发现，时间段划分年份往往与电网重大改革的提出年份存在一年到两年的时间差。这是因为电力区域性生产和消费之间的传输离不开电网的支撑，而电网建设发展与国家政策、电网改革息息相关，政策的提出到落地实现之间需要时间。尤其是电网电厂等电力相关设施的改造和建设存在所需时间长、金额大等特点，而数据反映的是现状，因此与政策提出时间存在一定的时间差。依据电网发展和改革历史，刘振亚（2012）提出：应坚持现有输配一体化、调度和电网一体化格局[①]，2015 年国家电网有限公司提出促进全球清洁能源大规模开发利用的全球能源互联网计划。[②] 在进行数据优化分割时，国内电能供需的数据表现为：2013 年之前的电能供需与 2014 年之后的电能供需有着明显的阶段划分，到 2016 年后又出现了新的电能供需格局。

综合考虑政策和电能资源供需量的演化阶段，以反映各阶段电能供需变化为原则，选定 2000 年、2006 年、2011 年、2015 年、2019 年五个时间节点。其中，以 2000 年和 2019 年作为研究的起始和结束时点，2006 年为第一阶段最优分割的代表点，2011 年为第二阶段最优分割的代表点，也是全部时间段的中间时点，2015 年为第三阶段的最优分割代表点，也是能源互联网建设的关键时点。

三、电能输入量与输出量的变化特征分析

电能的输出量和输入量分布在空间上的组织规律符合一定的层次分布模式，可利用位序－规模分布模型对其进行探讨，明确我国电能的输出量和输入量的规模分布规律（牛海玲，2011）。本文选择了齐夫分布模型分析电能输入量和

---

① 刘振亚.2012.中国电力与能源 [M].北京：中国电力出版社.
② 陆茜.构建全球能源互联网，推动实现全球清洁绿色电力供应——访国家电网公司董事长刘振亚 [N/OL].新华社，2015-10-08[2023-09-01]. https://www.gov.cn/xinwen/2015-10/08/content_2943362.htm.

输出量的位序－规模分布，并探索电能分布规律，具体分为以下两大步骤。

首先，判断电能的输出量和输入量的位序－规模分布是否符合齐夫法则。其次，若电能的输出量或输入量的位序－规模分布符合齐夫法则，具体判断的三个步骤如下。

第一步：将电能的输出量和输入量分别按照 2019 年的数据降序排列，见表 2-4、表 2-5。

表 2-4　按 2019 年降序排列的各特征时点汇流节点的
电能输入量（单位：亿千瓦时）

地区	2000 年	2006 年	2011 年	2015 年	2019 年
四川省	−20.99	167.14	229.25	1137.6	1288.05
新疆维吾尔自治区	−0.86	0.94	36.08	318.66	802.94
宁夏回族自治区	0.44	10.57	214.76	276.67	682.07
陕西省	−20.48	3.97	240	401.27	510.38
甘肃省	−41.81	−6.2	104.45	143.28	342.45
青海省	24.69	37.21	−97.55	−92	169.67
吉林省	22.13	30.74	79.72	79.04	166.01
黑龙江省	−15.55	49.54	32.68	5.03	116.28
海南省	0.68	−0.7	−12.37	−11.36	−8.9
广西壮族自治区	−25.35	−56.12	−73.14	−34.32	−60.9
天津市	−22.56	−74.41	−74.09	−177.6	−145.45
江西省	−4.8	−6.3	−105.18	−105.26	−159.8
湖南省	−51.7	−13.87	53.16	−133.63	−304.9
山东省	4.55	42.46	−466.4	−432.05	−321.5
辽宁省	−103.31	−213.73	−491.6	−319.89	−328.53
重庆市	−139.71	−113.9	−134.86	−195.37	−348.64
河南省	−23.59	77	−74.57	−254.62	−475.86
河北省	35.08	−273.83	−657.92	−677.66	−558.4
北京市	−239.17	−396.72	−558.73	−531.72	−702.31
上海市	−6.36	−269.4	−390.38	−612.55	−746.45
江苏省	−61.64	−34.23	−519.12	−753.7	−1097.93
浙江省	−113.22	−142.87	−339.51	−542.9	−1168.57
广东省	−41.89	−538.21	−596.53	−1275.69	−1644.83

表 2-5 按 2019 年降序排列的各特征时点汇流节点的
电能输出量（单位：亿千瓦时）

地区	2000 年	2006 年	2011 年	2015 年	2019 年
内蒙古自治区	185.01	527.63	1108.76	1386.13	1842.06
云南省	24.26	108.02	351.01	1114.39	1653.59
四川省	−20.99	167.14	229.25	1137.6	1288.05
山西省	118.32	428.69	693.56	711.79	1099.77
新疆维吾尔自治区	−0.86	0.94	36.08	318.66	802.94
湖北省	56.1	429.91	635.55	675.84	743.2
宁夏回族自治区	0.44	10.57	214.76	276.67	682.07
贵州省	116.92	404.38	435.13	640.79	665.87
安徽省	16.51	72.21	414.16	422.21	585.99
陕西省	−20.48	3.97	240	401.27	510.38
甘肃省	−41.81	−6.2	104.45	143.28	342.45
福建省	2.22	37.41	64.59	49.14	175.62
青海省	24.69	37.21	−97.55	−92	169.67
吉林省	22.13	30.74	79.72	79.04	166.01
黑龙江省	−15.55	49.54	32.68	5.03	116.28
海南省	0.68	−0.7	−12.37	−11.36	−8.9
广西壮族自治区	−25.35	−56.12	−73.14	−34.32	−60.9
天津市	−22.56	−74.41	−74.09	−177.6	−145.45
江西省	−4.8	−6.3	−105.18	−105.26	−159.8
湖南省	−51.7	−13.87	53.16	−133.63	−304.9
山东省	4.55	42.46	−466.4	−432.05	−321.5
河南省	−23.59	77	−74.57	−254.62	−475.86
河北省	35.08	−273.83	−657.92	−677.66	−558.4

第二步：按照电能的输出量和输入量的规模序号与电能的输出量和输入量的数据绘制双对数坐标图，如图 2-5 和图 2-6 所示。

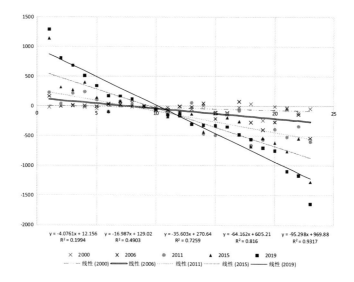

$y = -4.0761x + 12.156$　　$y = -16.987x + 129.02$　　$y = -35.603x + 270.64$　　$y = -64.162x + 605.21$　　$y = -95.298x + 969.88$
$R^2 = 0.1994$　　　　　$R^2 = 0.4903$　　　　　$R^2 = 0.7259$　　　　　$R^2 = 0.816$　　　　　$R^2 = 0.9317$

图 2-5　特征时点电能输入位序 – 规模分布双对数图

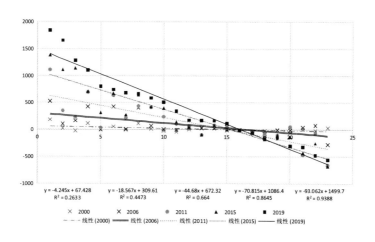

$y = -4.245x + 67.428$　　$y = -18.567x + 309.61$　　$y = -44.68x + 672.32$　　$y = -70.815x + 1086.4$　　$y = -93.062x + 1499.7$
$R^2 = 0.2633$　　　　　$R^2 = 0.4473$　　　　　$R^2 = 0.664$　　　　　$R^2 = 0.8645$　　　　　$R^2 = 0.9388$

图 2-6　特征时点电能输出位序 – 规模分布双对数图

无标度区间是描述齐夫分布特征的一个重要指标，它表明了满足齐夫分布的汇流节点存在于齐夫分布的涵盖范围之内（赵媛，牛海玲，杨足膺，2010）。由图 2-5 和图 2-6 可知，五个特征时点各输流节点的输入量、输出量通过位序 – 规模点列经过回归拟合后在双对数坐标图上具有单分形的分布特征，并且反映拟合优度的判定系数逐年增加。这表明电能的输入量和输出量的分布符合齐夫法则。取通过相关系数检验并且拟合剩余标准差较小的一段作为"无标度区间"，从电能的无标度区间量来看，电能输入量和输出量的无标度区间均仅有一个，无标度区间内电能输流节点数目和电能汇流节点数维持在

18～20 个，空间上各个年份的无标度区间也大体一致，从统计分形维数的角度来看，这是一种表现较好的单分形。

第三步：观察其拟合态势，若位序和规模这二者存在回归拟合关系，则表明电能输出量（输入量）的位序－规模分布符合齐夫法则。可得到特征时点电能输入（输出）位序和规模分布的拟合方程和齐夫参数（见表 2-6、表 2-7）。

表 2-6　特征时点电能输入位序－规模分布无标度区间与齐夫参数

年份	标度区分段	无标度区范围	拟合方程	齐夫参数 q	判定系数 R^2
2000	无分段	$k = 1 \sim 20$	$y = -4.0761x + 12.156$	4.0761	0.1994
2006	无分段	$k = 1 \sim 20$	$y = -16.987x + 129.020$	16.987	0.4903
2011	无分段	$k = 1 \sim 20$	$y = -35.603x + 270.640$	35.603	0.7259
2015	无分段	$k = 2 \sim 19$	$y = -64.162x + 605.210$	64.162	0.8160
2019	无分段	$k = 2 \sim 19$	$y = -95.298x + 969.880$	95.298	0.9317

表 2-7　特征时点电能输出位序－规模分布无标度区间与齐夫参数

年份	标度区分段	无标度区范围	拟合方程	齐夫参数 q	判定系数 R^2
2000	无分段	$k = 2 \sim 19$	$y = -4.245x + 67.428$	4.245	0.2633
2006	无分段	$k = 2 \sim 19$	$y = -18.567x + 309.610$	18.567	0.4473
2011	无分段	$k = 2 \sim 19$	$y = -44.68x + 672.320$	44.680	0.6640
2015	无分段	$k = 2 \sim 19$	$y = -70.815x + 1086.400$	70.815	0.8645
2019	无分段	$k = 3 \sim 20$	$y = -93.062x + 1499.700$	93.062	0.9388

除了无标度区间，齐夫参数 q 也是描述齐夫分布的一个重要指标。齐夫参数的变化反映了电能输入量和输出量的空间分布形态的变化（赵媛，牛海玲，杨足膺，2010）。齐夫参数 q 等于 1 或大于 1 时，规模等级结构呈帕累托分布模式，规模等级结构的差异随着齐夫参数 q 的缩小同步减小，当 q 逐渐变为小于 1 时，其空间分布模式转化为对数正态分布。由表 2-6 和表 2-7 的数据可知，各年电能的输入量和输出量的齐夫参数均大于 1，这表明电能的输入量和输出量的规模等级结构均呈现出帕累托分布模式的特点，即各汇流节点的电能输入量规模与各输流节点的电能输出量规模相差较大。这是因为随着能源互联网的建成，区域间电能调配有了电网支撑的基础，变得更为快捷，故在区域内电能

供应不足情况下，为保证区域内电力的供应，更可能选择区域间电力调配。

四、电力供需空间格局演变

电能在满足该地电力需求的基础上，多余电力可进行跨区域电力传输，满足其他地区电力需求。电力资源的供需关系是动态平衡的过程。电力资源的跨区域流动作为一种资源流动现象，必然存在空间统计特征（刘自敏，崔志伟，朱朋虎，等，2019）。电力输出重心迁移路径和电力输入重心迁移路径的计算步骤如下：第一步，计算各省的几何重心；第二步，依次计算各年电力输入量和输出量的重心；第三步，将各年重心依次连线，得到电力重心迁移路径。计算得出的电力输入重心迁移路径和电力输出重心迁移路径按自西向东的方位来看的话皆呈现 W 型。即在南北方向表现出不确定性，但在东西方向呈现明显西移的态势，这表示在东西方向电力区域间的输入量和输出量不断收敛。

通过对电能流动的空间重心分析，可以考察源地系统和汇地系统重心的移动规律，并分析其驱动因素。能源重心是在二维平面中各个方向保持能源属性均衡的一个质点。根据计算可知，在各特征时点的电力输入重心和电力输出重心都落在我国中部地区河南省内，但各点均偏离我国的几何重心，且重心逐年向西移动。

从三方面考虑造成这种空间移动规律的原因。首先，随着我国区域性电网的互通、互联以及能源互联网的建设，电力越来越成为工业经济发展必不可少的要素之一，我国南部等对电力需求量较大的经济发达地区，能够将西部等对电力需求量较小但煤炭储备较多的省份的电力进行电力区域间调配。其次，电力输入重心和电力输出重心均向西移动，说明西部地区将是未来影响我国电力供需格局的主要力量。在资源就地转化的地缘限制下，通过调整电力基础设施的布局能够优化电力资源配置、保障用电需求。最后，输入重心向西移动说明西部地区对电力的需求逐渐增加，西部的工业经济正在逐步发展，我国地区用电结构持续调整，东中部负荷中心的地位仍将保持。

五、电力供需空间分布格局的离散趋势分析

本节做出各特征时点下电力输入系统和电力输出系统的标准差椭圆，并分析各系统的标准差离散趋势。本文使用 1_STANDARD_DEVIATION 的标准差级别，故形成的标准差椭圆并不会将所有数据囊括其中。随着时间的推移，电力输出系统的标准差椭圆短轴逐渐增长，变化较大，长轴则随时间推移逐渐变短，

变化较小，即电力输出系统的标准差椭圆逐渐变圆（见表2-8）。这说明随着时间的推移，数据的方向性和向心力都逐渐降低。

表2-8　特征时点下电力输入和输出系统的标准差椭圆参数

年份	电力输出标准差椭圆参数			电力输入标准差椭圆参数		
	沿 X 轴的标准差（km）	沿 Y 轴的标准差（km）	椭圆的方向角度（°）	沿 X 轴的标准差（km）	沿 Y 轴的标准差（km）	椭圆的方向角度（°）
2000	530.46	1058.15	35.38	1409.96	361.58	68.53
2006	488.29	982.98	36.77	1435.56	496.09	50.18
2011	634.61	912.39	42.19	1045.82	643.88	55.42
2015	923.85	818.67	71.03	974.81	701.40	110.19
2019	1071.13	946.33	95.46	1174.29	806.45	97.1

电力输入系统沿 X 轴的标准差几乎逐渐减小，直到2015后又逐渐增加，但标准差的变化值并不大，沿 Y 轴的标准差逐渐增加，从361.58 km增加到806.45 km，变化值较大。这代表着电力输入系统的标准差椭圆越来越圆，长轴不断增加。这说明随着时间的推移，电力输入量数据的向心力逐渐增加，数据的方向性逐渐降低。

方向性越来越分散则表示电力输入和电力输出的空间分布越来越分散（赵春升，2012）。这是因为随着电力基础设施的建设，尤其在提出"电网一体化""能源互联网战略"后，2015年到2019年的标准差椭圆长轴与短轴不断接近。这说明，电网互联性增强使得区域内的电力短缺、电力供给过剩等现象大大缓解，区域间的电力调配逐渐增加。随着能源互联网的发展，电力输出和电力输入的空间分布会进一步分散。

从椭圆的方向角度可以发现，电力输出系统的方向角度逐渐增加，而电力输入系统的方向角度呈现倒"N"曲线，即方向角先减小后增加又减小，角度的变化可得出标准差椭圆越来越向东西方向倾斜。椭圆的转角差值不稳定，说明电力输出系统和电力输入系统的空间分布模式都尚未达到稳定状态。随着能源互联网的建设，电力的输入和输出的空间分布会逐步趋于稳定。

六、电力生产、消费和二氧化碳排放空间格局演变

电力是我国最主要的二次能源，可以通过其他一次能源如煤炭、天然气、

水力等一次能源进行生产，电能也是人类生活生产中最重要的能源，电力的生产和消费过程中会产生二氧化碳排放。

我国二氧化碳排放量的重心整体向西北方向迁移。二氧化碳排放重心向西迁移起主要作用省份为新疆、黑龙江、上海、辽宁和宁夏。对重心向北迁移起主要作用省份为内蒙古、新疆、广东、上海、山东。二氧化碳排放重心向西移动是由西部拉动为主、东北地区推动为辅。迁移路径也呈现坚定向西移动的趋势，可以判断，2018年、2019年我国二氧化碳排放的重心依然会持续向西移动。从图中可以看出，我国电力生产重心和电力消费重心也呈现明显先向南移动，后向西移动的趋势。电力的生产和消费都与二氧化碳排放息息相关。可以发现我国省级区域能源相关的二氧化碳排放存在较强的空间自相关性，可通过莫兰指数进行进一步验证。

七、模型结果与分析

深入分析不同年度重心迁移的空间分布情况，能够有针对性地改善落后地区电力资源利用水平，调节区域之间的电力强度，对分析现有电力分布非均衡现状具有一定的现实意义。通过对电力供需空间格局演变和离散趋势的分析，对电力生产和消费与我国二氧化碳排放空间格局演变的分析，得到如下结论。

电能源地系统和汇地系统的空间分布格局尚未达到稳定状态，分布范围总体上有所扩大，无论从标准差椭圆的整体演变还是从主轴的演变来看，电力能源区域间的供给和需求将会越来越分散。这是因为在能源互联网的建设下，电能资源的跨区域、远距离传输的经济可行性越来越强。

我国电力供需的重心、电力生产和消费的重心总体分布于中部偏东区域，总体移动趋势为自东向西。重心位置朝某一方向移动，则表明在这一方向上碳减排贡献较大。二氧化碳排放重心向西移动是由西部拉动为主、东北地区推动为辅，迁移路径也呈现明显向西移动的趋势。

基于重心理论可以分析电力供需和电力生产消费重心迁移及区域差异特征，并得出其空间格局演变。结合二氧化碳排放的重心迁移路径，可以发现三者之间具有强烈的空间相关性，具体相关分析可由莫兰指数、空间向量自回归模型等进一步测算。

通过模型分析，为缓解碳减排压力，对能源互联网下能源供需格局提出如下政策建议：要继续加大对能源互联网建设的投入力度，提升电力清洁性，提高陆上电能效率，实现经济、能源、环境之间的良性循环，构建低碳电力发展的新模式。政府应提升对西部地区的电力供需、电力生产和消费及二氧化碳排放的关注度。政府在制定和落实相关区域政策时应适当偏向于中西部落后地区，以支持关键环节功能性政策为主、结构性政策为辅的协同方式转变现有的能源分布情况。地区之间也应积极发挥协同效应，西部落后地区应借鉴经济发达地区的历史经验，以生产清洁电、高效电为目标，提升新能源的消纳水平。

第五节　以京津冀地区为例的低碳约束下
区域多种能源发电协同发展模型

本章前四个小节通过分析电力供需的分布格局、特征和演变趋势，发现在能源互联网背景下，电力能源区域间的供给和需求越来越分散，电能的跨区域、远距离传输的经济可行性越来越强，区域间多种能源协同发展的趋势越来越显著。为了更好地研究区域间多种能源发电低碳化协同发展的相关问题，有必要构建专门的模型进行深入研究。

考虑到京津冀地区是我国重要的发电、负荷和二氧化碳排放中心且该地区发电形式多样、区域间的互联互通特征明显，具有很好的代表性，选择京津冀地区为对象开展分析，其建模过程和分析思路能够为其他地区提供很好的参考。因此，本节选取以京津冀地区为例构建低碳发展约束下多种能源发电的协同发展模型，以期为区域多能源协同发展研究提供理论和方法支持。

一、京津冀地区发展政策分析

（一）京津冀协同发展规划

京津冀协同发展战略已成为一项国家重大发展战略。京津冀协同发展战略的目标是有序疏解北京非首都功能，优化产业结构与空间布局，探索出一种人口经济密集地区优化开发的模式（李国平，2020）。《京津冀协同发展规划纲要》（以下简称纲要）指出北京、天津、河北三地区在发展中既要体现区域整体协同，还要突出三省市各自发展特色。根据纲要中的京津冀协同发展目标，北京市应有序的疏散非首都功能，到 2020 年，力争将常住人口控制在 2300 万人以内。北京市应着力发展高新技术产业和生产性服务业，最终发展成为全国的政治中心、文化中心、国际交往中心、科技创新中心。天津应发挥其在制造业、国际航运业的优势，将天津市打造为先进的制造研发基地和国际航运核心区。河北省在承接北京市非首都功能转移的同时，优先发展其现代工业和现代农业，为京津冀的生态环境提供保障。京津冀地区在建设以首都为核心的世界级城市群的过程中，各地区功能作用互补，产业发展重点突出，协同发展效果十分显著。[1]

（二）大气污染防治与低碳发展政策

京津冀地区是我国的政治和文化中心，但是却一直面临着严重的大气污染问题。政府于 2013 年 9 月印发的《大气污染防治行动计划》指出京津冀及其周边地区是我国空气污染最为严重的地区。[2]规划明确要求京津冀地区要经过五年努力，实现空气质量的明显好转，使重污染天气较大幅度减少。力争再用五年或更长时间，逐步消除重污染天气，使空气质量得到全面改善。《能源发展战略行动规划 2014—2020》要求调整能源结构，加快清洁能源的供应，压减煤炭的消费量。计划中明确要求削减京津冀鲁地区的煤炭使用量，计划到 2020 年时煤炭的使用量比 2012 年时减少 1 亿吨标准煤，全国煤炭消费比例降至 58%。[3]并且根据我国与联合国气候变化协会签订的减排目标：使二氧化碳排放量在 2030 年左右达到峰值并争取尽早达峰，单位国内生产总值二氧化碳排放量比 2005 年下降 60% ~ 65%。这对我国能源、电力的发展都提出了较高的要求。在这种内在需求与外在要求的共同作用下，京津冀地区的风力发电发展具有重要的意义，所以本文的研究具有很强的现实性。

（三）新能源发展政策

政府已经出台了大量政策促进新能源的发展。政府对新能源发电项目建设实行贷款减息政策，在新能源发电项目并网时实行电价补贴和优先上网政策，对新能源发电企业实行第一个三年免税，第二个三年减半的税收政策。尤其是

① 京津冀协同发展领导小组 . 京津冀协同发展规划纲要 [EB/OL]. (2020-03-13)[2023-09-01].https://www.beijing.gov.cn/renwen/bjgk/jjj/ghgy/202007/t20200723_1956512.html.

② 中华人民共和国中央人民政府 . 国务院关于印发大气污染防治行动计划的通知：国发 [2013]37 号 [EB/OL]. (2013-09-10) [2023-09-01]. https://www.gov.cn/gongbao/content/2013/content_2496394.htm.

③ 中华人民共和国中央人民政府 . 国务院办公厅关于印发能源发展战略行动计划（2014—2020 年）的通知：国办发 [2014]31 号 [EB/OL]. (2014-11-09) [2023-09-01].https://www.gov.cn/zhengce/content/2014-11/19/content_9222.htm.

在 2015 年出台的《关于进一步深化电力体制改革的若干意见》及其相关配套文件，明确要求建立优先发电制度，优先安排风能、太阳能等可再生能源的保障性发电，保障清洁能源发电、调节性电源发电优先上网，建立电力现货市场，通过市场手段最大程度消纳风电、光伏发电等波动性发电，并在市场基础上对可再生能源给予发电补贴。[①] 通过这些手段的持续激励，新能源在我国取得了初步的发展，但也产生了一系列问题。因此，中国能源局在详细总结新能源发电发展成果的基础上，结合 2020 年和 2030 年实现非化石能源分别占一次能源消费比例 15% 和 20% 的目标，按照《中华人民共和国可再生能源法》要求，制定了"十三五"期间新能源发展规划。在风力发电方面，规划中规定，到 2020 年年底，风电累计并网装机容量占到全国总发电量的 6% 左右，明确要求到 2020 年北京地区达到累计并网装机容量 50 万千瓦，天津地区累计并网容量达到 100 万千瓦，河北省累计并网装机容量 1800 万千瓦。[②]

（四）京津冀地区的外购电政策

在外购电方面，北京地区所占比重较大。外购电占北京地区总用电量的 65% 左右。在《北京市"十三五"时期新能源和再生能源发展规划》中提出要大力发展北京市外购电，计划到 2020 年北京市外购绿电增加到 100 亿千瓦时。[③] 天津地区部分电能输送到北京地区的同时，也购入大量的电力，天津市的外购电量呈逐年增加的趋势。在《天津市国民经济和社会发展第十三个五年规划纲要》中明确指出，要积极推进特高压输电通道建设，到 2020 年外购电比例达到三分之一以上。并且根据天津市规划，该市正在建设蒙西－天津南特高压等一系列输电工程。[④] 这些工程的建设会给天津市外购电产生积极的影响。河北省在保证

---

① 中共中央 国务院. 中共中央 国务院关于进一步深化电力体制改革的若干意见：中发 [2015]9 号 [EB/OL]. (2015-03-15)[2023-09-01]. https://www.ndrc.gov.cn/fggz/tzgg/ggkx/201504/t20150409_1077736.html.

② 全国人民代表大会常务委员会. 中华人民共和国可再生能源法 [EB/OL].（2009-12-26）[2023-09-01]. https://flk.npc.gov.cn/detail2.html?MmM5MDlmZGQ2NzhiZjE3OTATxNjc4YmY3MDhhNjA1NzM.

③ 北京市发展和改革委员会. 北京市发展和改革委员会关于印发北京市"十三五"时期新能源和可再生能源发展规划的通知：京政发 [2016]1516 号 [EB/OL]. (2016-09-05)[2023-09-01].https://www.beijing.gov.cn/gongkai/guihua/wngh/ybzxgh/202105/t20210510_2385203.html.

④ 天津市人民政府. 天津市国民经济和社会发展第十三个五年规划纲要：津政发 [2016]2 号 [EB/OL]. (2016-02-27)[2023-09-01]. https://www.tj.gov.cn/sy/tjxw/202005/t20200520_2541656.html.

北京市和天津市供电稳定的同时，也有部分电量外购。其外购电量占比相对北京市与天津市较少，但是数量较大。根据《电力发展十三五规划》，在"十二五"期间，西电东送项目年送电量增量为每年 6.97%，"十三五"期间政府将大力扶持高压输电线的建设，计划送电量年增量为 14.04%。京津冀地区是西电东送中的重要受电点，"十三五"期间其外购电将会有较大的发展。[1] 该地区内部与外部的电力交换显著，是多区域能源系统协调发展的典型研究目标。

二、低碳约束下多种能源发电低碳协同发展因果分析回路构建

能源的协同发展受多种因素影响，以风电、火电和外购电的协同发展为例，风电的发展受经济增长、低碳发展政策、总用电量、火力发电、购电、风电发展政策和风电装机等诸多因素的影响。例如，随着经济增长，生活水平的提高和人口的增加必将导致用电量的增长。低碳发展政策会抑制经济增长和火力发电，促进新能源发电和购电增长。电力消耗的增加和火力发电的减少将导致可容纳的风电装机容量上升。如果增加风电装机容量，则在政策作用下的风电装机容量和可容纳的风力发电装机容量之差也会增加，该差异将进一步影响政策下的风电装机容量。根据因素之间的关系，建立了如图 2-7 所示的因果关系图。

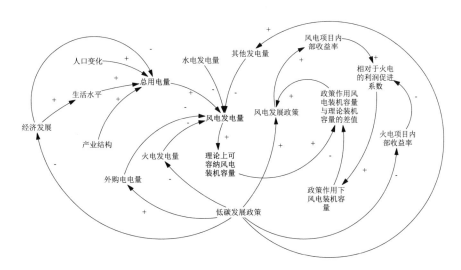

图 2-7　风电 - 火电 - 外购电协同发展因果关系图

①　国家发展和改革委员会，国家能源局.电力发展"十三五"规划 2016-2020 [EB/OL].(2016-11-07)[2023-09-01].http://big5.www.gov.cn/gate/big5/www.gov.cn/ xinwen/2016-12/22/5151549/files/696e98c57ecd49c289968ae2d77ed583.pdf.

通过图 2-7 的因果关系图，可以看到该模型主要由三个模块组成，分别是总用电量、风电的理论装机容量和政策作用下风电装机容量。

（一）京津冀地区总用电量

用电量与经济发展和产业结构密切相关。通过面板数据模型能够对能源消耗与经济发展之间的关系进行研究。结果表明,区域用电量与经济增长是一致的。电力消耗与产业结构之间存在很强的相关性。产业结构（葛斐，石雪梅，荣秀婷，等，2015；刘玲，马晓青，2015）、经济增长和居民用电（单葆国，孙祥栋，李江涛，等，2017）是用电需求预测的重要指标，本节从经济发展、产业结构和居民用电量等方面对京津冀地区的用电量进行了预测。

（二）风电的理论装机容量

该模块首先分析碳减排目标，并在低碳政策的限制下预测了火电和外购电的发展。其次，根据装机容量和发电小时数，确定了水力和光伏的发电量。最后，根据电力供需平衡得到了理论上的风力发电容量。

（三）政策作用下风电装机容量

该模块分析了现有政策下风电装机容量的变化。除风电项目建设补贴和上网电价补贴外，项目成本、弃风弃电的风险等因素也对风电装机容量造成影响。另外，脱硫脱硝补贴、煤炭价格、项目建设成本和上网电价也会影响火电项目的经济效益。本模块以风电项目和火电项目的内部收益率的比值作为促进系数，计算政策对风电装机的影响情况。内部收益率将项目全生命周期中的收益与投资联系起来，更能表明项目整个生命周期的收益情况。

三、数据收集与模型构建

在确定了主要模块和因素之后，对京津冀地区的风电 - 火电 - 外购电协同发展模型进行构建，具体模型如图 2-8 所示。

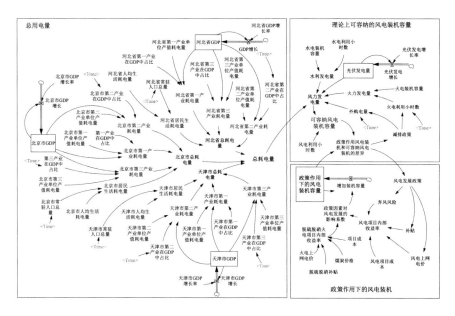

图 2-8　京津冀地区火电风电协同发展的存量流量图

根据构建模型的因素特征，设置状态变量（以方框显示），速率变量（以双三角形显示）和辅助变量的具体参数。

（一）关键模型参数和初始值设计

根据京津冀地区的发展政策和历史数据，对人口和人均家庭用电量等参数进行了设计，关键模型参数及其初始值（2011 年至 2017 年的数据用于设计模型参数，2018 年的数据用于测试模型运行效果）。下面对变量设计及选择原因进行说明。

1.GDP 增长率

根据 2011 年至 2017 年历年《中国统计年鉴》三个地区的 GDP 数据，分析其年度增长率（国家统计局，2011—2017）。在过去几年中，北京、天津和河北的 GDP 年增长率分别为 6.8％、7.1％和 6.6％。结合"十三五"发展规划，假设北京、天津、河北从 2018 年到 2025 年的年增长率分别为 6.8％、7.1％和 6.6％。

2. 各产业占 GDP 的比重

计算过去几年三大产业的生产总值在地区 GDP 中的占比会发现各地区行业的比例已发生改变。在京津冀协同发展下，三个地区的产业结构呈现出不同的特征 (CHEN H X，LI G P，2011；王海涛，徐刚，恽晓方，2013)。根据区域发展特征，我们确定 2018 年至 2025 年各个行业的比例（见表 2-9 中 a、b、d、e、g、h、i）。

3. 风电利用小时数

由表 2-8，从 2010 年至 2015 年，三地区的风电发电小时数在逐年下降，导致风电利用小时数下降的原因主要有以下三个方面。首先，从国家的角度来看，从 2010 年到 2015 年，我国的弃风现象严重，这是由于经济发展进入了新常态，从高速增长向中高速增长转变，经济增长率的下降导致电力消费增长率下降，新能源发电受到抑制。其次，在此期间，低碳发展政策尚未得到充分实施，对新能源发电的重视不足。最后，2010 年到 2015 年的煤炭价格急剧下跌，火力发电的经济效益要比其他时期更好，这进一步压缩了风力发电的利用时间。受风电政策影响，2015 年至 2017 年风电发电小时数逐渐增加，结合风电利用小时变化趋势及风电发展政策，最终将风力发电的小时数设置为每年 2225 小时。由于笔者主要从宏观角度研究了风电的发展，因此不再考虑风能的随机性和影响风能发电的自然因素。

表 2-8　风电利用小时数（单位：小时）

年份	北京	天津	河北
2010	2672	1993	2540
2012	2091	2078	2255
2013	2100	2458	2052
2014	1929	2250	1913
2015	1703	2227	1808
2016	1750	2075	2077
2017	1854	2095	2250

数据来源：中国电力企业联合会. 中国电力统计年鉴.2018[DB/OL]. (2019-07-10)[2023-09-01]. http://cnki.nbsti.net/CSYDMirror/Trade/yearbook/single/N2019060101?z=Z025.

4. 京津冀地区外购电量

笔者使用 2010 年至 2017 年京津冀地区的总用电量减去总发电量计算外购电量。通过比较年度数据发现该地区外购电的年增长率约 6%。此外，京津冀地区十分重视外购电的发展。因此，预测该地区的外购电量将持续增加，并假设该地区的购电增长率为 6%，具体数据见表 2-9。

表 2-9　关键参数设计

变量	单位	初始值
北京市 GDP 增长率	%	6.8
天津市 GDP 增长率	%	7.1
河北省 GDP 增长率	%	6.6
北京市 GDP	亿元	28014.9
天津市 GDP	亿元	18549
河北省 GDP	亿元	34016
北京市第一产业产值在 GDP 中的占比	%	0.5
北京市第二产业产值在 GDP 中的占比	%	a
北京市第三产业产值在 GDP 中的占比	%	b
北京市第一产业单位产值耗电量	kW·h/ 万元	1665.65
北京市第二产业单位产值耗电量	kW·h/ 万元	623
北京市第三产业单位产值耗电量	kW·h/ 万元	220
北京市常驻人口总量	万人	c
北京市居民生活耗电量	kW·h/ 人	1004
天津市第一产业产值在 GDP 中的占比	%	0.9
天津市第二产业产值在 GDP 中的占比	%	d
天津市第三产业产值在 GDP 中的占比	%	e
天津市第一产业单位产值耗电量	kW·h/ 万元	1022
天津市第二产业单位产值耗电量	kW·h/ 万元	749
天津市第三产业单位产值耗电量	kW·h/ 万元	158
天津市常驻人口总量	万人	f
天津市居民生活耗电量	kW·h/ 人	639
河北省第一产业产值在 GDP 中的占比	%	g
河北省第二产业产值在 GDP 中的占比	%	h
河北省第三产业产值在 GDP 中的占比	%	l
河北省第一产业单位产值耗电量	kW·h/ 万元	238
河北省第二产业单位产值耗电量	kW·h/ 万元	1430

续表 2-9

变量	单位	初始值
河北省第三产业单位产值耗电量	kW·h/ 万元	312
河北省常驻人口总量	万人	m
河北省居民生活耗电量	kW·h	551
水电装机容量	104 kW	285
水电利用小时数	小时	570
光伏发电量	108 kW·h	85
光伏发电增长率	%	50
外购电量	108 kW·h	n
火电利用小时数	小时	p
风电利用小时数	小时	2225
政策作用下风电装机容量	万千瓦	1236

注 1：下列字母分别代表其对应的表格中的变量初始值。此处采取了"键值对"的表达方式，括号内的逗号左侧表示年份，右侧则是对应年份的具体取值。

a：(2017—2019，19)，(2020—2025，16)

b：(2017—2019，80.5)，(2020—2025，83.5)

c：(2017，2171)，(2018，2154)，(2019，2170)，(2020，2186)，(2021，2202)，(2022，2218)，(2023，2234)，(2024，2250)，(2025，2300)

d：(2017—2019，40.9)，(2020—2025，58.2)

e：(2017—2019，32.9)，(2020—2025，66.2)

f：(2017，1557)，(2018，1560)，(2019，1612)，(2020，1635)，(2021，1659)，(2022，1682)，(2023，1705)，(2024，1729)，(2025，1752)

g：(2017—2019，9.21)，(2020—2025，7.21)

h：(2017—2019，46.58)，(2020—2025，40.8)

l：(2017—2019，44.21)，(2020—2025，52.1)

m：(2017，7520)，(2018，7556)，(2019，7603)，(2020，7647)，(2021，7691)，(2022，7734)，(2023，7778)，(2024，7822)，(2025，7861)

n：(2017，1657.89)，(2018，1763)，(2019，1868)，(2020，1980)，(2021，2099)，(2022，2225)，(2023，2359)，(2024，2500)，(2025，2650)

p：(2017，4904)，(2018，4874)，(2019，4844)，(2020，4814)，(2021，4784)，(2022，4754)，(2023，4724)，(2024，4694)，(2025，4664)

数据来源：国家统计局. 中国统计年鉴.2020[DB/OL]. (2020-09-23)[2023-09-01]. http://www.stats.gov.cn/zs/tjwh/tjkw/tjzl/202302/t20230215_1907951.html；北京市统计局.

北京市 2020 年国民经济和社会发展统计公报 [DB/OL]. (2021-03-12)[2023-09-01].https://www.beijing.gov.cn/zhengce/gfxwj/sj/202103/t20210312_2305538.html；天津市统计局．2020 年天津市国民经济和社会发展统计公报 [DB/OL]. (2021-03-15)[2023-09-01].https://www.tj.gov.cn/sq/tjgb/202103/t20210315_5384328.html；河北省统计局．河北省 2020 年国民经济和社会发展统计公报 [DB/OL]. (2021-02-25)[2023-09-01]. http://info.hebei.gov.cn/hbs zfxxgk/6806024/6810698/6810701/6961011/index.html；中国电力企业联合会．中国电力统 计 年 鉴 .2020[DB/OL]. (2021-03-29)[2023-09-01]. http://www.stats.gov.cn/zs/tjwh/tjkw/tjzl/202302/t20230215_1907967.html.

5. 光伏发电的增长率

我国光伏发电迅速增长，根据《中国电力统计年鉴（2018 年）》数据计算可知 2017 年我国光伏发电的增长率约为 75%；2018 年，我国光伏发电的总增长率和京津冀地区的增长率都在 50% 左右。但是，由于光伏发电起步较晚，发电量较少，并且受到资源和市场的限制，光伏发电的增长率呈下降趋势。结合过去的光伏发电量，笔者假设光伏发电的增长率为 50%。

（二）公式设计

模型采用了多个控制方程式用来表示因素之间的关系，本部分将对模型中具有重要意义的控制公式进行介绍。

1. 三个地区的用电量

由于地区的行业结构和经济发展水平的不同，需要分别分析每个地区的用电量。地区的用电量的计算公式如式（2-11）所示。京津冀地区的总用电量等于三个地区的用电量之和，计算公式如式（2-12）所示。

地区的电力消耗 = 第一产业的 GDP × 第一产业的单位产值电力消耗量 + 第二产业的 GDP × 第二产业的单位产值电力消耗量 + 第三产业的 GDP × 第三产业的单位产值电力消耗量 + 人均家庭用电量 × 居民人口

（2-11）

总用电量 = 北京的总用电量 + 天津的总用电量 + 河北的总用电量　　（2-12）

2. 风电和水电的利用小时数

北京、天津和河北的风电和水电的发电利用小时数存在一定的差距，因此我们使用加权平均法来计算风电和水电的发电利用小时数，具体的计算公式如式（2-13）。

$$平均利用小时数 = \left(\sum \frac{地区装机容量}{总的装机} \times 地区利用小时数 \right) \quad (2-13)$$

3. 水电发电量

根据发电量，装机容量和发电小时数之间的关系，如式（2-14）所示，计算出水力发电的理论发电量。

$$水电发电量 = 发电利用小时数 \times 装机容量 \quad (2-14)$$

4. 低碳发展政策限制下的火电发电量

政府出台了许多控制二氧化碳排放的政策，这些政策对火电的发展产生了抑制作用。根据《能源发展战略行动计划2014—2020》，到2020年，北京、天津、河北、山东的煤炭消费总量应比2012年减少1亿吨，其中京津冀地区需减少约75.9%的煤炭。[①]此外，根据煤炭收支表，用于发电的煤炭占总量的45%，以此为依据量化低碳发展的约束，并计算2020年京津冀地区的煤炭发电量，如式（2-15）所示。假设从2020年到2025年，火力发电将保持平稳下降趋势。

$$2020年用于发电的煤炭数量 = (2012年的煤炭使用量 - 1 \times 10^8) \times 75.9\% \times 45\%$$

$$(2-15)$$

5. 风电发电量

根据电能的供需平衡，计算风电发电量，如式（2-16）所示。

风电发电=总电力消耗-火力发电-水力发电-光伏发电-外购电量

$$(2-16)$$

6. 政策作用下的风电装机容量

基于我国现有的风电激励政策以及风电项目的成本和风险，本部分根据文献（谭忠富，吴恩琦，鞠立伟，等，2013）计算得到的四类区域风电投资内部收益率，假设京津冀地区风电项目的内部收益率为17.46%；根据文献（刘源，

---

① 国务院办公厅.国务院办公厅关于印发能源发展战略行动计划（2014—2020年）的通知：国办发[2014]31号[EB/OL].(2014-06-07)[2023-09-01].https://www.gov.cn/zhengce/content/2014-11/19/content_9222.htm.

2015）计算得到的火电投资项目经济评价结果，假设京津冀地区的火电项目内部收益率为15.03％。政策因素对风电发展的影响计算如式（2-17）所示。

政策因素对风电发展的影响＝风电项目内部收益率÷火电项目内部收益率－1

$$（2-17）$$

根据政策作用下的风电装机容量与理论上的风电装机容量之间的差异，设置风电装机容量控制参数。假设当两者的差异大于3亿千瓦时，促进系数为0.161。当差异大于0时，促进系数为0.0808。当差异大于－300且小于0时，促进系数为－0.0808。当差异小于－300时，促进系数为－0.161，具体公式如式（2-18）所示。

IF THEN ELSE [（政策效果与理论容纳量之间的装机容量差异 > 300，0.161，IF THEN ELSE（政策效果与理论容纳量之间的装机容量差异 > 0，0.0808，IF THEN ELSE（安装量政策效果与理论容纳的差异 > －300，－0.0808，－0.161）））]

$$（2-18）$$

（三）模型检验

在模型建立后，需要对变量之间的关系进行检验。对资料进一步分析，检验模型与系统内部机制是否一致，因果关系是否合理；检查模型的语法是否存在问题，模型中变量的单位是否合理，变量之间的计算关系是否正确；验证模型在极端情况下的仿真结果与实际结果是否一致。

四、多种能源发电协同发展的结果分析与探讨

笔者分析了现行政策下2017年至2025年京津冀地区风电装机容量的发展情况。根据仿真结果对理论上可容纳的风电装机容量、政策作用下的风电装机容量及影响因素变化情况下风电装机容量进行了分析。

（一）京津冀地区可容纳风电装机容量分析

研究结果显示在2018年到2025年国内生产总值逐年平稳增加，国内生产总值的增加导致了京津冀地区总用电量的增加。又由于《大气污染防治计划》等政策对该地区大气污染的严格要求，所以该地区不得不对火力发电的发展进行严格的控制。这就造成了京津冀地区的新增火电装机项目减少，火电装机利用小时数减少。表现最为明显的就是北京市，北京市努力推进煤改电项目，努力实现北京地区的无煤化。再加上京津冀地区水电、光伏发电发展较晚，所占发电比例较小，对风力发电量的影响较小。在根据政策控制京津冀地区外购电

量发展的情况下，借助构建的模型计算得到该地区总用电量、风电发电量以及可容纳风电装机容量的变化情况如图 2-9、2-10、2-11 所示。

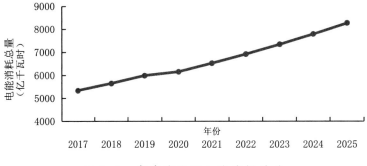

图 2-9　京津冀地区电能消耗总量

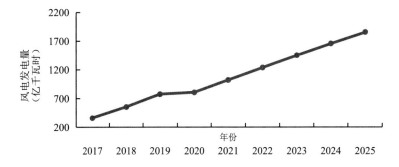

图 2-10　京津冀地区风电发电量

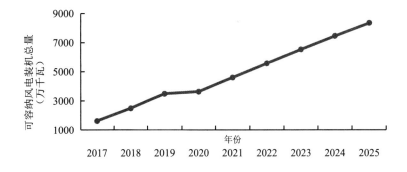

图 2-11　京津冀地区可容纳风电装机总量

图 2-11 显示，京津冀地区可容纳风电装机容量从 2020 年的 3623 万千瓦增加到 2025 年的 8335 万千瓦。可容纳风电装机容量超过了《电力发展"十三五"规划 2016—2020》中计划的装机容量。其原因是京津冀地区总用电量的增加额与火电发电的减少额的总和大于外购电量的年增加额，这说明经济增长，外购电量和火力发电量减少可以增加该地区可容纳的风电装机量。

（二）政策作用下风电装机容量分析

综合分析现有风电项目的促进政策、京津冀地区风电项目装机及脱硫脱硝火电项目的补贴政策，确定政策对风电装机的影响。由于可容纳的风电装机量远远大于在政策作用下的风电装机容量，所以政策每年的促进系数都不为零。通过计算得到在政策作用下的风电装机容量，其具体的变化情况如图 2-12 所示。

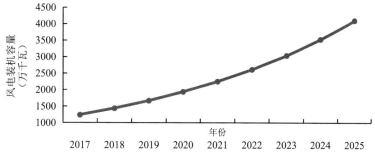

图 2-12 在政策作用下的风电装机容量

从图 2-12 中可以看出，风电装机容量从 2017 年的 1236 万千瓦稳步增长到 2020 年的 1937 万千瓦，非常接近《电力发展"十三五"规划（2016—2020）》中计划 2020 年京津冀地区风电装机容量达到 1950 万千瓦的装机目标；到 2025 年，风电装机容量将达到 4099 万千瓦的峰值。需要注意的是，从 2020 年到 2025 年，风电装机容量将急剧增长，尤其是从 2023 年到 2025 年。[①] 为避免风电过快发展，在"十四五"期间需要控制风电的增长。

（三）敏感性分析

分析发现对政策作用下风电装机影响较大的有外购电量、火力发电量及政策影响下的风电上网电价，所以对这三因素变化下政策作用的风电装机容量进行敏感性分析。

1. 风电装机对外购电量的敏感性分析

由于京津冀地区外购电量大幅增加，根据政策的发展趋势，在上文中假定该地区每年的外购电量从 6% 开始增加，结合 2011 年至 2017 年的购电变化，假设外购电的年增量分别变为 +5%、+10%、−2% 和 −5%。在其他因素仍然不变的情况下，对风电装机容量进行敏感性分析，见表 2-10。

---

① 国家发展改革委员会，国家能源局. 电力发展"十三五"规划（2016—2020 年）[EB/OL]. （2016-12-22）[2023-09-01].http://big5.www.gov.cn/gate/big5/www.gov.cn/xinwen/2016-12/22/5151549/files/696e98c57ecd49c289968ae2d77ed583.pdf.

表 2-10 风电装机对外购电量的敏感性分析（单位：万千瓦）

年份	不同购电量变化幅度下的风电装机容量				
	+10%	+5%	0	−2%	−5%
2018	1435	1435	1435	1435	1435
2019	1551	1667	1667	1667	1667
2020	1802	1937	1937	1937	1937
2021	2094	2250	2250	2250	2250
2022	2432	2614	2614	2614	2614
2023	2826	3037	3037	3037	3037
2024	3283	3528	3528	3528	3528
2025	3813	4099	4099	4099	4099

通过上述分析结果可以看出，当外购电量减少时风电的装机量并没有发生变化。分析原因，当外购电量减少时虽然加大了可容纳装机与政策作用装机的差值，但是并没有导致当年的促进系数发生改变，从而造成外购电减少但风电装机不发生变化的情况。而当外购电量增加时则导致了风力发电量的减少，这就使得风电装机容量的减少。在外购电量增加 5% 时，风电装机容量没有发生变化。因为在该变化下每年的促进系数没有发生变化，导致风电装机容量不变。

2. 风电装机容量对火电利用小时数的敏感性分析

由于京津冀地区不存在核能发电并且水电和光伏发电量非常少且火力发电量最大，其在未来五年会成为限制风电发展的重要因素。因此本部分笔者分析了风电装机容量对火电利用小时数的敏感性，分别取火电发电的利用小时数增加 +2%、+5%、−2%、−5% 的情况进行风电装机的敏感性分析，得到风电装机量见表 2-11。

表 2-11 风电装机容量对火电利用小时数的敏感性分析（单位：万千瓦）

年份	不同火电利用小时数变化幅度下的风电装机容量				
	+5%	+2%	0	−2%	−5%
2018	1136	1335	1435	1435	1435
2019	1319	1551	1667	1667	1667
2020	1533	1802	1937	1937	1937

年份	不同火电利用小时数变化幅度下的风电装机容量				
	+5%	+2%	0	−2%	−5%
2021	1781	2094	2250	2250	2250
2022	2068	2432	2614	2614	2614
2023	2403	2826	3037	3037	3037
2024	2792	3283	3528	3528	3528
2025	3243	3813	4099	4099	4099

分析结果发现当火电利用小时数减少时，风力发电的装机容量和促进系数保持不变。随着火力发电小时数的增加，风力发电的装机容量开始显著下降。此外，若设定火力发电小时数增幅为 5%，到 2020 年风电的装机容量仅为 1533 万千瓦，这与"十三五"风电发展计划中的目标相去甚远。

3. 风电装机容量对风电上网电价的敏感性分析

国家能源局计划到 2020 年实现风电平价上网，与火电同平台竞争。并且在 2016 年政府对风电的上网电价进行了下调。根据实际情况并结合当风电Ⅳ类资源区风电上网电价发生变化时内部收益的变化情况（谭忠富，吴恩琦，鞠立伟，等，2013），选取风电上网电价在当前基础上 +1%，−1%、−2%、−3% 的情况进行敏感性分析（见表 2-12）。

表 2-12　风电装机容量对风电上网电价的敏感性分析（单位：万千瓦）

年份	不同风电上网电价变化幅度下的风电装机容量				
	+1%	0	−1%	−2%	−3%
2018	1493	1435	1379	1323	1269
2019	1803	1667	1538	1416	1302
2020	2178	1937	1717	1516	1337
2021	2632	2250	1915	1623	1373
2022	3179	2614	2137	1737	1410
2023	3840	3037	2385	1860	1447
2024	4639	3528	2661	1991	1486
2025	5604	4099	2969	2131	1526

改变风电上网电价将严重影响装机容量。当风电上网电价增加时，装机容量大大增加。根据我国目前的风电政策，提高风电上网电价的可能性很小。若设定风电上网电价降幅为1%，2020年风电装机容量将减少约200万千瓦；到2025年，风电装机容量将降至2969万千瓦。当降幅为3%时，到2020年装机容量仅为1337万千瓦，到2025年风电装机容量仅为1526万千瓦。如果风电上网电价显著下降，则无法达到2020年的装机容量目标。通过对上网电价的敏感性分析，在当前上网电价的情况下，可以实现"十三五风电发展计划"中的装机目标。考虑到不同上网电价下2020年至2025年风电的发展情况，建议在"十四五"规划中降低风电上网电价以控制风电发展。

通过以上敏感性分析，发现风电上网电价对风电装机容量的影响最大。原因是外购电和火电利用小时数通过影响理论上的风电装机容量来影响政策作用下的风电装机容量。而风电上网电价则直接影响政策作用下的风电装机容量，因此风电上网电价的影响最大。

五、京津冀地区多种能源发电协同发展建议

本部分采用系统动力学方法研究了京津冀地区风电装机在火电和外购电影响下的变化。根据结果，我们提出了一些有关风电、火电和外购电的发展政策建议。

（一）关于风电上网电价的建议

我国风电发展迅速，成为仅次于火电和水电的第三大电源。结果表明，风电上网电价是影响风电发展的主要因素。上网电价直接影响风电项目的内部收益率，显著影响风电项目的投资。通过敏感性分析，发现降低风电上网电价将导致风电装机容量减少。但是，根据现有政策，从2023年到2025年，风电装机容量将快速增长，建议合理降低"十四五"期间风电上网电价，以防止风电增长过快。

（二）关于协调外购电和风电的发展建议

京津冀地区是华北电网的负荷中心。从2017年到2025年，该地区的外购电量持续增长。根据低碳发展政策，京津冀地区的火力发电量将逐步减少。尽管外购电发展迅速，但仍不能满足该地区的总电力增长需求，使得京津冀地区需要大力发展风电满足电能消耗。计算结果表明：到2020年，该地区的风力发电装机容量将增加到1900万千瓦；到2025年，该地区的风力发电装机容量将

增加到 4099 万千瓦。[①]考虑到电能供应的稳定性，建议当外购电不足时，增加风电发电小时数，确保外购电和风电的协同发展。

（三）京津冀电力一体化发展建议

为实现京津冀的协调发展，政府建立了北京电力交易中心，协调电能分配。建议根据地区职能合理分配电力资源，北京的经济增长最快，人口密度最大，发电量较少，这意味着天津市和河北省必须优先考虑北京的电力需求（李国平，2020）。同时，三个地区应加强对地区用电需求的预测，为京津冀的合作与发展提供安全、经济和可靠的电力供应。

第六节　本章小结

首先，本章采用定性分析的方法对我国电力供需情况进行了研究。从多种能源的发电情况和电源建设情况出发，分析了多种能源发电供给端情况；从全社会电力消费、分产业电力消费、分省份电力消费的角度出发，分析了电力需求端情况；综合分析了我国能源互联网下区域能源供需的特点。

其次，本章使用定量分析的方法研究了我国电力供需的空间格局演化情况，主要使用最优分割法、重心法、标准差椭圆法等多种方法，分析了电力供需的特征时点、供需重心迁移及电力供需空间分布格局的离散趋势。

最后，本章应用系统动力学的建模方法构建了区域多种能源发电的低碳化协同发展仿真模型。该模型以京津冀地区为例，综合考虑了风电、火电、外购电、低碳环保政策等主要变量和约束条件，通过仿真分析对京津冀能源协同发展提出政策和建议。我国各地区的资源禀赋差异较大，各类能源发展情况差异明显，因此很难构建全国范围内的协同发展模型。本章所构建的区域层面的多种能源发电协同发展模型，其参数选择、约束条件设置、建模流程和仿真分析思路具有一定的普适性，可供国内其他区域借鉴参考，有助于因地制宜地制定各地的能源低碳化协同发展政策。

---

① 国家统计局. 中国统计年鉴 .2019［DB/OL］.（2019-09-01）［2023-09-01］.http://www.stats.gov.cn/sj/ndsj/2019/indexch.htm.

第三章　多种能源发电协同发展的投入产出效率分析

能源互联网更加重视可再生能源的大规模接入。考虑到风电、光伏等可再生能源的不稳定性等问题，这些可再生能源的投入产出效率分析值得进一步关注，这有助于探究经济发展与绿色低碳等约束对可再生能源发展的影响，进而有助于寻求多种能源发电的协同发展方式。

我国经济持续快速增长，工业化和城市化进程不断加快，能源消费大幅度提升，一些地区严重依赖资本、劳动力和能源的投入，过分追求 GDP 总量，忽略了资源和环境的约束，粗放型的经济发展与节能减排的矛盾日益显著。根据国家统计局及国际能源署 (International Energy Agency，IEA) 提供的数据，2019年，GDP 现价总量为 986515 亿元，占全世界的比例超过 16%，全球二氧化碳排放量 364 亿吨，其中，中国二氧化碳排放量 102 亿吨，占全球二氧化碳排放量的 28%，是全球最大的二氧化碳排放国。[1] 为应对温室气体排放等环境问题，近年来我国致力于从能源结构调整及新能源体系的建立角度，分析减少二氧化碳排放量、提高能源效率等问题的方案。

---

① 国家统计局. 中国统计年鉴.2019[DB/OL]. (2019-09-01)[2023-09-01].http://www.stats.gov.cn/sj/ndsj/2019/indexch.htm.

党的十九大提出以"绿色低碳循环发展的经济体系"为高质量发展的方向[①]，《国务院关于加快建立健全绿色低碳循环发展经济体系的指导意见》进一步说明了相应的建设趋势，推进工业绿色升级、加快农业绿色发展、提高服务业绿色发展水平等。[②] 各个地区、各大企业应将粗放型的经济发展方式转变为绿色低碳循环的方式，合理协调经济发展与节能环保、可持续发展的相互关系。从 2020 年年底的气候雄心峰会提出提高国家绿色低碳贡献力度的目标，到 2021 年人民代表大会和中国人民政治协商会议正式提出"双碳目标"，进一步说明了我国对绿色生产、低碳发展的决心和力度。[③] 对于实现这些绿色目标，能源结构转型是重中之重，本章拟从能源投入产出的角度，分析能源结构调整的落实情况，从而分析我国实现绿色目标的能力。

在低碳发展、能源结构调整的大背景下，发展不可能只追求 GDP 总量，本章以发电能源作为主要的研究对象，以二氧化碳排放量作为主要的环境制约因素，进行能源投入产出分析。此前虽然有（杨龙，胡晓珍，2010）将综合环境污染指数引入经济效率测度模型，提出了绿色经济效率的概念，但是并没有给出绿色经济效率的具体解释。参考钱争鸣、刘晓晨（2013）对绿色经济效率的定义，本章根据研究需要提出适应性修改，定义绿色发电效率为受 CO_2 制约的中国发电行业投入产出情况。具体含义为绿色发电效率是在考虑资源和环境代价的基础上，评价一个国家或地区发电行业经济效率的指标。该指标能够反映两个方面内容：其一，从投入产出角度来看，绿色发电效率能衡量该地区在单位投入成本上获得期望产出的能力；其二，绿色发电效率将资源的利用及环境付出的代价全部纳入到了生产中，是在综合考虑资源利用和环境损失值之后获得的绿色经济效率值。其中，资源主要包括能源、财力、人力，环境代价主要包括二氧化碳排放。

① 陈金霞.建设绿色低碳循环发展经济体系 [N/OL].红旗文稿，2020-09-10[2023-09-01].http://www.qstheory.cn/dukan/hqwg/2020-09/10/c_1126477396.htm.
② 国务院办公厅.国务院关于加快建立健全绿色低碳循环发展经济体系的指导意见：国发 [2021]4 号 [EB/OL].（2021-02-02）[2023-09-01].https://www.gov.cn/zhengce/content/2021-02/22/content_5588274.htm.
③ 吴楠.习近平在气候雄心峰会上发表重要讲话　倡议开创合作共赢的气候治理新局面，形成各尽所能的气候治理新体系，坚持绿色复苏的气候治理新思路　宣布中国国家自主贡献一系列新举措 [N/OL].人民日报，2020-12-13[2023-09-01]. http://jhsjk.people.cn/article/31964462.

绿色发电效率的值越高，表明综合能源经济越高，反之亦然。本章的研究不仅结合了实际能源结构调整的政策，而且紧密贴合了碳减排和大气污染防治的政策动态，研究成果一能对目前二氧化碳排放情况做出评价，二可以评估能源结构调整政策是否有效，三可以对未来的能源结构调整政策做出建议。

第一节　投入产出效率分析的研究现状

一、投入产出分析概述

投入产出分析是指在经济体系（如国民经济、地区经济、部门经济、公司或企业经济单位）中，研究各个部分之间投入与产出相互依存关系的数量分析方法。一般而言，投入产出分析是指 1936 年美国经济学家里昂惕夫提出的投入产出模型及其衍生模型。

目前，投入产出模型应用的重要发展趋势是与其他模型和方法的结合应用，特别是与计量经济学方法、最优规划方法和经济控制论日益紧密地结合在一起。例如，曹俊文、祁垒、李真（2012）将情景分析法与投入产出分析方法相结合，对我国的能源消耗情况做出情景预测分析，研究了我国节能降耗的影响因素。投入产出分析与因素分解法两个方法结合即是结构分解法，陈琳（2013）利用结构分解法分析了我国能源消费二氧化碳排放投入产出情况，得到直接二氧化碳排放强度和完全需求系数是影响二氧化碳排放变化的主要因素。刘宇菲（2020）结合投入产出表和生态网络方法，研究了能源－水耦合网络机制和耦合系统的影响因素。

综上所述，关于投入产出模型的研究主要解决的是投入产出过程中的影响因素分析问题，但对于投入产出效率评价的研究相对缺乏。

二、能源效率与数据包络分析概述

能源领域的投入产出效率，通常包括单要素效率和全要素效率。两类研究的区别在于全要素能源效率类测度研究更好地考虑了生产过程中投入要素之间的替代关系。

（一）单要素能源效率

在单要素能源效率研究方面，过去的学者通常以能源强度作为效率评价指标。例如，SHI X H、CHU J H、ZHAO C Y (2021) 以 2003—2018 年我国各省能源强度为主要研究对象，利用地理信息系统分析各省能源强度的空间演化情况，结果表明我国形成了以西部地区为主的高能量强度集群和以东部沿海地区为主的低能强度集群。林伯强、杜克锐（2014）基于指数分解法和生产理论分解法提出综合分解法，对我国各地区 2003—2010 年能源强度变化的驱动因素进行了经验分析，并评价了各地区的能源效率情况。单要素能源效率计算便捷，对宏观评价能源资源投入产出情况具有重要意义。

（二）全要素生产率

全要素生产率作为宏观经济学的重要研究对象，是研究经济增长因素的重要工具之一。目前，测算全要素生产率的方法主要有两种，它们分别是参数方法、非参数方法，其差别在于参数方法需要设定显示的生产函数形式，具体来说参数方法主要包括索洛余值法、随机前沿生产函数法 (Stochastic Frontier Analysis , SFA)，非参数方法则主要包括数据包络分析法 (Data Envelopment Analysis , DEA)、指数法。

参数方法先假定生产函数的显示形式（董莹，2016；史云鹏，2013），再用已知数据去进行拟合，这可能会对估计结果产生不一致性 (PETER S，ROBIN C S，2012)。非参数法中最典型的是 DEA，它可以评价复杂系统的多投入、多产出情况且无须任何权重假设，同时，该方法假定每个输入都关联到一个或多个输出，但不必确定这种关系的生产函数表达式。因此，DEA 具有很强的客观性。

全要素能源评价体系是基于全要素生产理论，并结合 DEA 来评价能源效率，其本质在于确定能源效率前沿，通过实际效率与前沿效率的比值确定能源效率。该评价法基于多种生产投入产出要素，从而弥补了只考虑能源投入要素的单要素能源效率评价法的缺陷。

目前，利用 DEA 测度全要素能源效率的研究主要集中在两个方面：一是部分文献主要考虑以资本、劳动力、能源为投入要素，以 GDP 为产出，利用 DEA 模型测度全要素能源效率，但是这类研究忽略了非期望产出（如 CO_2）存在下的全要素能源效率（蔡海霞，2012；段文斌，余泳泽，2011）；二是将污染物作为投入指标或作为非期望产出，从期望产出的增加及非期望产出减少的角度考察全要素能源效率 (WANG X M，DING H，LING L，2019；BAI Y P，DENG X Z，ZHANG Q，et al 2016；REN S G，LI X L，YUAN B L，et al 2018；陈星星，2019；陈莹文，2019；刘笑，2014)。

不同行业如农业、工业、居民生活的能源效率计算方式和考虑的因素存在差异,以经济效益最大化或以绿色生产为目标的 DEA 的选择也存在差异。利用 DEA 分析不同的问题,应根据实际需要选择合适的方法与参数。

第二节 投入产出效率模型构建

本章构建了考虑松弛变量的数据包络模型 (Slack Based Model,SBM)(范丹,2013),然后在此基础上构建了能够对有效生产决策单元 (Decision Making Units,DMU) 之间的差距进行比较的超效率 SBM 模型 (钱争鸣,刘晓晨,2013)来分析二氧化碳排放约束下全中国 2008—2019 年间的绿色发电效率。

一、考虑非期望产出的 SBM 模型

本章将二氧化碳作为主要考量对象,衡量在二氧化碳排放量约束下的绿色发电效率。传统 DEA 模型不能考虑非期望产出且由于缺乏松弛变量而衡量效率低下 (SONG M L,ZHENG W P,WANG Z Y,2016;MEI G P,GAN J Y,ZHANG N,2015),所以此处采用考虑非期望产出的 SBM 模型。SBM 模型是考虑松弛变量的经典模型,许多学者从不同的角度都讨论过 (SONG M L,PENG J,WANG J L,et al,2018;BAI Y P,DENG X Z,ZHANG Q,et al,2016;ZHANG J R,ZENG W H,SHI H,2016),参考 (SONG M L,ZHENG W P,WANG Z Y,2016)的模型,加入对非期望产出的考量,构建非径向、非角度的 SBM 模型。具体模型如式(3-1):

$$\min \frac{\sum\limits_{i=1}^{m}\theta_i + \sum\limits_{p=1}^{k}\alpha_p}{m+k} = E$$

$$\text{s.t.} \begin{cases} \sum\limits_{j=1}^{n}\lambda_j y_{rj} - s_r^+ = y_{r0} \\ \sum\limits_{j=1}^{n}\lambda_j z_{pj} + s_p^- = \alpha_p z_{p0} \\ \sum\limits_{j=0}^{n}\lambda_j x_{ij} + s_i^- = \theta_i x_{i0} \\ 0 \leq \theta_i \leq 1; 0 \leq \alpha_p \leq 1; \lambda_j \geq 0; i = 1,2,3,\cdots,m; r = 1,2,3,\cdots,s; \\ p = 1,2,3,\cdots,k; j = 1,2,3,\cdots,n \end{cases} \quad (3-1)$$

假设有 n 个决策单元，每个决策单元都有 m 项投入，s 项期望产出，k 项非期望产出，其中第 j 个被评价决策单元 DMU_j ($j = 1$，2，3，$\cdots$，n) 的投入量为 x_j，期望产出量为 y_j，非期望产出量为 z_j。

E 为决策单元的效率评价指数，$(\theta_i^*, \alpha_p^*, s^*, \lambda_j^*)$ 为模型的最优解，该模型结果在 $0 \sim 1$ 之间，1 表示该决策单元处于有效状态。

二、考虑非期望产出的超效率 SBM 模型

当效率值大于 1 时，SBM 模型无法得到有区分度的结果，根据（钱争鸣，刘晓晨，2013），将 SBM 模型经过 Charnes-Cooper 变换，架起了 DEA 模型与 linprog 函数的桥梁，得到超效率 SBM(Super-SBM) 模型，具体如式（3-2）：

$$\tau^* = \min\left(t - \frac{1}{m}\sum_{i=1}^{m}\frac{s_i^-}{x_{i0}}\right)$$

$$\text{s.t.}\begin{cases} 1 = t + \dfrac{1}{S_1 + S_2}\left(\sum_{r=1}^{S_1}\dfrac{s_r^g}{y_{r0}^g} + \sum_{r=1}^{S_2}\dfrac{s_r^b}{y_{r0}^b}\right) \\ x_0 t = X\lambda + s^- \\ y_0^g t = Y^g\lambda - s^g \\ y_0^b t = Y^b\lambda + s^b \\ s^- \geqslant 0, s^g \geqslant 0, s^b \geqslant 0, \lambda \geqslant 0 \\ t > 0 \end{cases} \tag{3-2}$$

其中，投入、期望产出和非期望产出，其元素可表示成 $x \in \mathbf{R}^m$，$y^g \in \mathbf{R}^{s_1}$ 及 $y^b \in \mathbf{R}^{s_2}$，定义矩阵 X，Y^g，Y^b 如下：$X = [x_1, x_2, x_3, \cdots, x_n] \in \mathbf{R}^{m \times n}$，$Y^g = [y_1^g, y_2^g, y_3^g, \cdots, y_n^g] \in \mathbf{R}^{s_1 \times n}$，$Y^b = [y_1^b, \cdots, y_n^b] \in \mathbf{R}^{s_2 \times n}$，向量 x_i, y_i^g, y_i^b 的分量坐标均大于 0。生产可能性集合为 $P = \{(x, y^g, y^b)\}$，s 表示投入、产出的松弛量；λ 是权重向量，λ_i 为其分量坐标，若其和为 1 表示生产技术是规模报酬可变的，否则，表示为规模报酬不变的。

本章采用数据包络模型来评估我国 2000 年至 2019 年的绿色发电效率。本章中的绿色发电效率 i^* 用来衡量二氧化碳排放效率的优劣，i^* 小于 1 即为未达到有效状态，大于等于 1 皆表明有效 (ZHANG J R，ZENG W H，SHI H，2016)，数值越大，效果越好；同时也采用其他统计分析指标来辅助分析在能源结构调整情况下的绿色全要素生产率。

第三节　投入产出效率模型数据说明与结果分析

一、投入指标的说明与分析

以 2008—2019 年全国的投入产出数据为主要样本，同时参考 2000—2007 的数据。数据的主要来源有《中国能源统计年鉴》《中国统计年鉴》中国能源局和中国统计局数据库及英国石油公司发布的《BP 世界能源统计年鉴》。

目前关于全要素能源效率的研究中，主要以人力、资本和能源作为投入指标。在本章的研究中人力以劳动力数量为代表，资本以固定资本存量为代表，能源以多种能源发电量为代表。以下是对投入指标的说明与测算。

资本存量：Goldsmith 在 1951 年提出"永续盘存法"（PIM）对固定资本存量进行估算，"永续盘存法"的计算公式如式（3-3）所示：

$$K_{i,t} = K_{i,t-1}(1-\delta) + I_{i,t} \qquad (3-3)$$

在式（3-3）中，$K_{i,t}$ 为第 i 个省份当年的资本存量，$K_{i,t-1}$ 为第 i 个省份上一年的资本存量，δ 固定资产折旧率，$I_{i,t}$ 为第 i 个省份当年的实际固定资产投资。本文采用文献 ZHANG Z B，YE J L，2015 的估算方法，以 2005 年为基期，补充测算了 2000 年至 2019 年我国各省份的资本存量，并将测算的结果换算成 2005 年不变价。

据国家统计局数据显示，2019 年固定资产投入较 2018 年同比减少约 13%，这不符合该指标在 1978—2018 年呈对数型上升的趋势。回顾 2019 年的经济市场情况，不难发现中美贸易争端对整体经济形势有一定的影响[①]。2019 年 2 月，中美双方在北京完成第六轮高级别贸易磋商，至同年 10 月中美经贸高级别磋商双方牵头人通话。2019 年间美国对中国商品多次调整关税，双方贸易摩擦不断。[②] 经济市场受国际大型经济体的贸易摩擦的影响，为去除目前尚不明

---

①　国家统计局 . 中国统计年鉴 .2019[DB/OL]. (2019-09-01) [2023-09-01].http://www.stats.gov.cn/sj/ndsj/2019/indexch.htm.

②　包芳鸣 . 中美经贸高级别磋商在北京落幕：双方就主要问题达成原则共识，下周将在华盛顿继续磋商 [N/OL]. 和讯新闻，2019-02-18[2023-09-01].http://news.hexun.com/2019-02-18/196159249.html.

朗的经济体摩擦的影响，对数据做出如下处理，在预测固定资产投资发展趋势时，只采用 2000—2018 年的数据，把 2018—2019 年经济变动情况作为扰动因子，对预测结果进行二次处理，使之更符合实际。

劳动力：以往研究多采用工作小时数或人均教育水平等指标表示劳动力的投入，人力资本在一定程度上会通过生产过程转化为物质资本，因此采用当年就业人员数作为劳动力投入指标，单位为万人。具体测算公式如下：

$$L_i = \frac{L'_i + L'_{i-1}}{2} \qquad （3-4）$$

在式（3-4）中，L_i 为第 i 年的当年就业人数，L'_i、L'_{i-1} 分别为当年年末就业人数和上一年年末就业人数。据国家统计局数据显示，2017—2019 年劳动力人数均在 77500 万人左右。

能源：本节主要讨论多种能源发电协同发展的情况，故以发电量作为主要的能源输出，以中国统计局的数据库为主要参考对象，单位为亿千瓦时。从国民经济投入产出的情况来看，经济产出的直接能源消费以耗电量为主，这里依据中国统计局的 2000—2019 年的数据，分析发电量和电力终端消费量之间的差距。发用电量差额如公式（3-5）所示，单位均为亿千瓦时：

$$\Delta E = E_g - E_c - E_{in} + E_{out} \qquad （3-5）$$

在式（3-5）中 ΔE 为发用电量差额，E_g、E_c 分别为电力生产量和电力终端消费量，E_{in}、E_{out} 分别为电力出口量和电力进口量，输配电损失量。

考虑到电能消费经过各大电网的调控上网，各种能源所发电量的用电量评估较为困难，数据获取不易，同时通过统计分析可知发电量用电量偏差值占总发电量的比例极小，对总体发电量用电量的投入产出并无较大的影响，故在本章中以各大能源发电量作为主要的能源投入量。

我国目前主要的发电方式为火力发电、水力发电、风力发电、光伏发电、核能发电。据国家统计局、国家能源局数据库数据显示，火力发电仍然是我国主要的发电方式（见表 3-1），火力发电量占总发电量的比例从 2008 年的 80.48% 降到 2019 年的 71.25%，虽然在此期间比例有所波动，但是整体呈下降趋势。水力发电总体发展较为平稳，发电总量稳步增长（见表 3-1），发电占比在 16% 左右波动，2015—2016 年占比较高，达到 19% 以上；随着新能源发电和核电的发展，水电占非化石能源发电比例逐年下降，从 87.75% 降到 55.35%（见表 3-2）。风力发电量和光伏发电量的变化趋势类似，2008 年占总发电量比例极低，到 2019 年分别达到 5%、3% 左右，发电量也在 3000 亿千瓦时上下，且光伏发电量的增速略快于风力发电量。核能发电在 2008—2014 年发展稳定，其发电量占总发电量的比例在 2% 上下，其浮动在 0.3% 以内；自 2014 年后核电发展增速加快，但风力发电和光伏发电的发展速度明显更快，风力发电量从 2013 年开始已超过核能发电量。

表 3-1　各种发电方式发电量占总发电量的比例（单位：%）

年份	火力发电量	水力发电量	核能发电量	风力发电量	光伏发电量	其他
2008	80.48	16.88	1.97	0.38	0.01	0.29
2009	80.30	16.57	1.89	0.74	0.01	0.49
2010	79.20	17.17	1.76	1.06	0.02	0.80
2011	81.34	14.83	1.83	1.49	0.06	0.45
2012	78.05	17.49	1.95	1.92	0.07	0.51
2013	78.19	16.94	2.05	2.60	0.15	0.06
2014	75.94	18.52	2.29	2.76	0.41	0.09
2015	73.68	19.44	2.94	3.19	0.75	0.00
2016	72.35	19.31	3.48	3.87	1.01	0.00
2017	71.99	18.14	3.76	4.50	1.62	0.00
2018	71.12	17.19	4.11	5.11	2.48	0.00
2019	71.25	15.91	4.80	4.93	3.09	0.01

数据来源：国家统计局. 中国统计年鉴.2019[DB/OL]. (2019-09-01)[2023-09-01]. http://www.stats.gov.cn/sj/ndsj/2019/indexch.htm; 国家能源局. 国家能源局发布 2019 年全国电力工业统计数据 [EB/OL]. (2020-01-20)[2023-09-01]. http://www.nea.gov.cn/2020-01/20/ c_138720881.htm.

表 3-2 各种非化石能源发电方式发电量占比（单位：%）

年份	水力发电占非化石能源发电量比例	核能发电占非化石能源发电量比例	风力发电占非化石能源发电量比例	光伏发电占非化石能源发电量比例
2008	87.75	10.26	1.96	0.03
2009	86.26	9.83	3.87	0.04
2010	85.83	8.78	5.30	0.08
2011	81.44	10.06	8.19	0.30
2012	81.58	9.11	8.98	0.34
2013	77.89	9.45	11.95	0.71
2014	77.25	9.54	11.52	1.69
2015	73.86	11.16	12.14	2.85
2016	69.81	12.58	13.98	3.64
2017	64.75	13.41	16.07	5.77
2018	59.52	14.22	17.68	8.58
2019	55.35	16.72	17.17	10.76

数据来源：国家统计局. 中国统计年鉴.2019[DB/OL]. (2019-09-01)[2023-09-01]. http://www.stats.gov.cn/sj/ndsj/2019/indexch.htm; 国家能源局. 国家能源局发布 2019 年全国电力工业统计数据[EB/OL]. (2020-01-20)[2023-09-01]. http://www.nea.gov.cn/2020-01/20/c_138720881.htm.

除上述主要发电方式外，2008—2019 年间其他发电量占总发电量的比例的平均值仅有 0.23%，且与二氧化碳排放量、国民生产总值的相关系数约为 −0.6，相关性不强，故本章不将其纳入总体绿色全要素生产率的考核范围。

二、产出指标的说明与分析

产出指标包括期望产出与非期望产出，对其进行数据来源说明与数据分析如下文。

期望产出：用各地区的实际 GDP 表示，考虑到资本存量是以 2005 年不变价测算，为了保持指标统计口径的一致，本章将 2000—2019 年名义 GDP 折算为 2005 年不变价 GDP。

非期望产出：非期望产出通常表示为在经济生产过程中，实际产生并不符合人们意愿的部分。在低碳减排的大环境下，对电力生产的二氧化碳排放的控制尤为重要，故将二氧化碳排放量作为绿色发电效率的非期望产出因素。以往研究二氧化碳排放的文献大多以煤炭、天然气、石油三种一次能源为基准来测算二氧化碳排放 (ZHOU P，ANG B W，HAN J Y，2010)，但由于样本量较少导致测算结果不够准确，现在常以六种能源（煤炭、煤油、汽油、柴油、天然气、燃料油）消耗量为基准，通过各种能源单位能耗的二氧化碳排放参数测算各地区的二氧化碳排放量，通常根据《2006 年 IPCC 国家温室气体清单指南》进行折算，该方式适用于缺乏直接二氧化碳排放量数据的情况（IPCC 国家温室气体清单特别工作组，2006）。但是本章不涉及地区的精确二氧化碳排放数据，主要的考察目标是全中国的投入产出情况，主要参考英国石油公司（BP）发布的全中国的二氧化碳排放数据[①]。

本章采用 Pearson 相关性检验法对各投入和产出指标进行检验，检验结果见表 3-3。

表 3-3　投入和产出指标相关系数表

指标	风电	光伏	火电	水电	核电	固定资产总额	就业人口	二氧化碳排放量	国民生产总值
风电	1	0.92	0.95	0.92	0.98	0.92	0.89	0.84	0.99
光伏	0.92	1	0.81	0.72	0.97	0.70	0.66	0.66	0.90
火电	0.95	0.81	1	0.93	0.89	0.94	0.95	0.96	0.98
水电	0.92	0.72	0.93	1	0.85	0.99	0.98	0.87	0.93
核电	0.98	0.97	0.89	0.85	1	0.84	0.80	0.78	0.96
固定资产总额	0.92	0.70	0.94	0.99	0.84	1	0.99	0.88	0.93
就业人口	0.89	0.66	0.95	0.98	0.80	0.99	1	0.92	0.92
二氧化碳排放量	0.84	0.66	0.96	0.87	0.76	0.88	0.92	1	0.89
国民生产总值	0.99	0.90	0.98	0.93	0.96	0.93	0.92	0.89	1

从总体上对各投入和产出指标数据进行相关系数分析，从非期望产出二氧化碳排放量与各种发电数据的相关系数来看，所有指标的相关系数均大于 0.6，除光伏发电量与固定资产总额、就业人口、二氧化碳排放量的相关系数较低，分别为 0.70、0.66、0.66，绝大多数指标的相关系数都大于 0.8。在利用数据包络算法进行效率研究时，一般需要剔除相关性较差的指标，但光伏发电量于非化石能源发电量中不可或缺的部分，考虑到所有指标的相关系数均大于 0.6，故

① BP 中国. BP 世界能源统计年鉴 2020 年版 [DB/OL]. (2020-06-17) [2023-09-01]. https://www.bp.com.cn/zh_cn/china/home/news/press-releases/news-06-17.html.

暂时保留光伏发电量这一指标,将在后文计算时,及时检验该假设的显著性水平,以保证该投入产出指标选取具有合理性。

三、投入产出效率模型结果分析

根据考虑非期望产出二氧化碳的 Super-SBM 模型以及不考虑非期望产出的传统 Super-SBM 模型,运用 MATLAB 对前文所列公式进行计算,同时参考 DEA solver pro 5.0 的计算结果。计算结果如图 3-1 所示,图中分别统计了非期望产出二氧化碳时的绿色全要素生产率、无非期望产出的绿色全要素生产率和考虑非期望产出的绿色全要素生产效率和传统效率的偏差量。

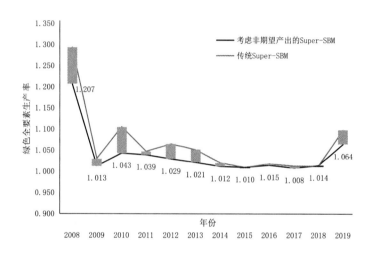

图 3-1 2008—2019 年中国绿色全要素生产率变化图

总体来看,我国 2008 年至 2019 年,绿色全要素生产率均为有效状态,考虑我国的国情,虽然高资源性的发展带动了 GDP 增长,但也带来了高污染,故根据全要素生产率的理论,资本、资源、资金、劳动力为投入,经济产值为产出,就不难理解我国 2008 年至 2019 年绿色发电效率均为有效的情况。从绿色发电效率和传统效率的变动趋势来看,二者的变动趋势基本一致,2008 年为最大值,2010 年至 2018 年的效率为波动式缓慢递减,2019 年则又达到一个小高峰。加上 2008 年北京奥运会的举办,国民对环境保护的重视程度急剧提升,以及 2008 年之前我国经济均保持在较高的增速,故当年的绿色发电效率和传统效率均在较高的水平,但受 2008 年金融危机的冲击,2009 年的绿色发电效率急剧下降。王瑞、诸大建(2018)的研究也表明一系列环境保护、大气污染防治的政策出台,对 2009 年效率下降有明显作用。

从绿色全要素生产率和传统效率的差额来看，不难看出考虑非期望产出的效率明显低于传统效率，经济发展受环境因素的制约，与此同时环境效果也影响效率。绿色生产效率和传统效率的计算上的差别主要在于是否考虑了非期望产出二氧化碳，故可以粗略地用二者的差值代表当年二氧化碳排放对绿色全要素生产率的制约情况。如图 3-1 所示，2008 年差额最大，2008—2013 年都处于差额较大的状态，2014—2018 年均处于差额较小的情况，说明这段时间二氧化碳排放对绿色生产效率制约较大。2014—2018 年，随着技术进步、环境政策制约，二氧化碳排放控制较好，绿色发电效率和传统效率的差额小，但同时效率值也略小于 2008—2013 年，据国家统计局、国家能源数据库显示，火力发电和水力发电量逐年稳步增长，而核能、风力、光伏发电增速缓慢，电耗量小。[1]同时，据国家统计局、《BP 世界能源统计年鉴 2020》显示，国民生产总值和二氧化碳排放量均稳步增长。[2]电耗量相对较小，GDP、二氧化碳排放量保持正常增速，综合作用下使得 2008—2013 年的绿色生产效率相对较高。[3]

雷泽坤（2014）中的研究表明，1999—2011 年经济增长和能源强度是影响二氧化碳排放量的主要驱动因素。随着第二产业的快速发展，2011 年能源结构影响占据总影响的 81%，同时 2011 年的我国经济增长速度从 10% 下降为 8.8%。而 2011 年的绿色生产效率下降也恰好印证了这些因素所带来的影响。

2019 年的绿色生产效率和传统效率突增，明显大于前几年的数值。从市场环境来看，导致变化的重要原因是中美贸易摩擦。中美贸易摩擦可能会导致美国失去中国这个最重要的能源消费市场（马杰，袁悦，2020），对天然气与太阳能产业造成明显的冲击。另外，王晓燕、李昕、鞠建东（2021）中提到我国在贸易战中受影响最严重的行业是大豆和汽车行业。其中，汽车行业会对能源消费和二氧化碳排放产生重要影响。据国家统计局、国家能源数据库统计，从发电量来看，2019 年全国发电量较上年增长 1.17%，远低于 2018 年 8.5% 的增幅。

---

① 国家统计局 . 中国统计年鉴 .2019[DB/OL]. (2019-09)[2023-09-01]. http://www.stats.gov.cn/sj/ndsj/2019/indexch.htm.

② 国家统计局 . 中国统计年鉴 .2020[DB/OL]. (2020-09-23)[2023-09-01]. http://www.stats.gov.cn/zs/tjwh/tjkw/tjzl/202302/t20230215_1907951.html；BP 中国 . BP 世界能源统计年鉴 2020 年版 [DB/OL]. (2020-06-17)[2023-09-01]. https://www.bp.com.cn/zh_cn/china/home/news/press-releases/news-06-17.html.

③ 国家统计局 . 中国统计年鉴 .2019[DB/OL]. (2019-09-01)[2023-09-01]. http://www.stats.gov.cn/sj/ndsj/2019/indexch.htm.

在综合因素的作用下，2019 年的绿色生产效率略高于前几年。[①]

第四节　多种能源发电协同发展的投入产出 效率趋势分析

为研究多种能源发电协同发展下投入产出效率的变化趋势，需先预测投入指标值和产出指标值的变化趋势。由于 2000 年以前多种能源发电量的数据难以获取，本节将主要考虑 2000 年后的数据。此外，虽然 2019 年的数据已经可以获取，但考虑到受中美贸易摩擦等宏观环境影响，初步分析发现 2019 年的数据比之往年有较大波动，因此主要利用 2000—2018 年的数据进行分析。

本节拟应用 BP 神经网络算法，预测 2019—2030 年的多种能源发电协同发展情况下的投入产出指标值。BP 神经网络首先采用某些规则进行学习，建立输入、输出初步映射关系；将映射关系效果反向传播，使网络各层的权重和阈值不断修正调整，最终使网络的映射关系达到在最佳（闻新，周露，李翔，等，2003）。BP 神经网络既可用于短期预测，也可用于长期预测，尤其是对于单调性趋势的时间序列有很好的预测效果，能够很好地适应本节的预测分析情景。

一、投入指标分析

对五种发电量的时间序列数据进行拟合，基于五组发电量数据，通过编写代码对指数函数、傅里叶函数、高斯函数、线性函数、多项式函数、幂函数等进行遍历，设定若函数的次数连续升三次，函数的误差和持续扩大，则放弃升次，根据已有拟合结果，选择误差和最小的为较优曲线拟合结果。

水力发电量、火力发电量时间序列较优拟合结果为二次多项式，水力发电量拟合结果的标准差为 3.489×10^6，R^2 为 0.9846；火力发电量拟合结果的标准差为 3.674×10^7，R^2 为 0.9880。核能发电量时间序列较优拟合结果为指数函数，拟合结果的标准差为 2.448×10^5，R^2 为 0.9782。风力发电量、太阳能发电量时间序列较优拟合结果为三次多项式，风力发电量拟合结果的标准差为 3.532×10^5，

① 国家统计局. 中国统计年鉴.2019[DB/OL]. (2019-09-01)[2023-09-01]. http://www.stats.gov.cn/sj/ndsj/2019/indexch.htm; 国家能源局. 国家能源局发布 2019 年全国电力工业统计数据 [EB/OL]. (2020-01-20)[2023-09-01]. http://www.nea.gov.cn/2020-01/20/c_138720881.htm.

R^2 为 0.9014；太阳能发电量拟合结果的标准差为 1.603×10^5，R^2 为 0.9971。五组时间序列数据的标准差均在合理范围内，拟合优度 R^2 均在 0.9 以上，曲线拟合结果较为合理。

根据曲线拟合结果，计算 2019—2030 年的水力发电量、火力发电量、核能发电量、风力发电量、太阳能发电量，计算结果如图 3-2 所示。

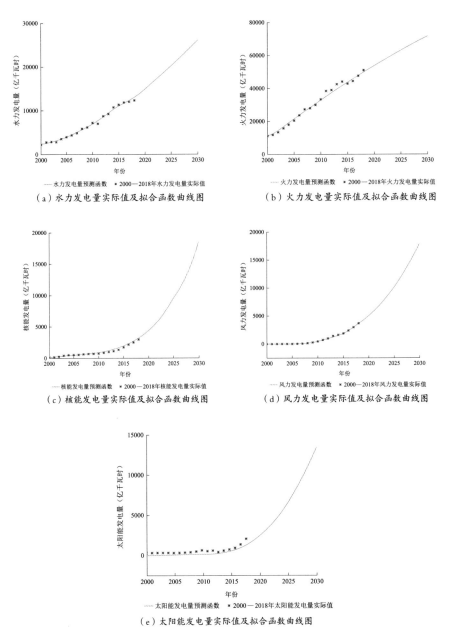

（a）水力发电量实际值及拟合函数曲线图　　　　（b）火力发电量实际值及拟合函数曲线图

（c）核能发电量实际值及拟合函数曲线图　　　　（d）风力发电量实际值及拟合函数曲线图

（e）太阳能发电量实际值及拟合函数曲线图

图 3-2　水力、火力、核能、风力、太阳能发电量实际值及拟合函数图

从图 3-2 中可以明显看出，2019—2030 年水力发电量和火力发电量的变化波动小，接近于直线。核能发电量、风力发电量、太阳能发电量的变化曲线均为先平缓后突起，在 2010 年后得到了较快的发展。这也符合我国目前发电量、装机容量的变化趋势，水力发电量平稳发展，火力发电量仍保持较高水平，但是有下降趋势，核能、风能、太阳能发电在近十年才快速发展起来，以风电装机容量为例，2010 年的风力发电装机总容量为 44.7 吉瓦，到 2019 年年底达到了 209.9 吉瓦。但目前的风电利用效率较低，尚未能充分利用目前的装机容量，亦存在部分弃风现象（林俐，邹兰青，周鹏，等，2017），随着技术水平的不断上升，能源消纳问题将得到更好地解决，发电量也必然迎来一个井喷式的增长。

继续用曲线拟合方法分析 2019—2030 年的固定资产投资值和就业人口总量，发现：固定资产投资值用拟合的结果较优，其标准差为 1.465×10^8，R^2 为 0.9552。就业人口总量用二次多项式拟合的结果较优，其标准差为 1.603×10^5，R^2 为 0.9971。两者的标准差均在合理范围内，拟合优度 R^2 均在 0.95 以上，曲线拟合结果较为合理，具体如图 3-3 和图 3-4 所示。

图 3-3 中，固定资产投资拟合函数曲线为波动式上涨型，虽然该拟合函数的标准差较大，实际值与拟合函数在图形上看有较大的距离，但总体上满足逐年增长，偶有波动的趋势，符合我国目前的经济发展情况。

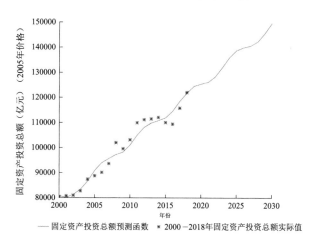

图 3-3　固定资产投资实际值及拟合函数图

图 3-4 中，就业人口总量的拟合函数在 2023 年达到峰值后有下降的趋势，观察 2000—2018 年就业人口实际值的变化情况，可以发现就业人口在 2000—2015 年间快速增长，2015 年后增速放缓，2018 年较 2017 年有下降趋势，曲线拟合结果与实际值的变动趋势基本吻合。

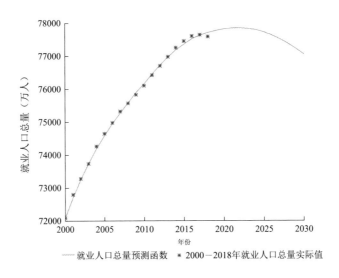

图 3-4　就业人口总量实际值及拟合函数图

二、产出指标分析

将基于曲线拟合获得的水力发电量、火力发电量、核能发电量、风力发电量、太阳能发电量、固定资产投入、就业人口总量数据作为输入变量，再根据 BP 神经网络算法即可预测 2019—2030 年的全国生产总值及二氧化碳排放量。

在 MATLAB(R2014a) 的 Command Window 中输入 >>nntool，调出神经网络工具箱 (Neural Network／Data Manager)，创建 BP 神经网络 (Feed-forward backprop) 及输入相应数据，设置训练参数如下：BP 神经网络结构为 100-20-20，即输入层节点数为 100，输出层节点数为 20，隐藏节点数为 20。设置训练次数为 5000，训练函数为 TRAINGDX，学习函数为 LEARNGDM，误差函数为 MSE，学习速率为 0.05，目标误差为 10 ～ 12，惯性系数为 0.9。

根据上述参数设定对神经网络模型进行训练，即可得到输入层到隐含层到输出层的连接权值 W，以及各层的阈值 b。设输出为 y，为了求得指标的权重，需要对各层之间的连接权和阈值进行处理，推出映射公式如式（3-6）所示：

$$y = W_3 \times \text{tansig}(W_2 \times \text{tansig}(W_1 \times I_{in} + b_1) + b_2) + b_3 \qquad （3-6）$$

tansig 函数是神经网络层传递函数，I_{in} 是输入矩阵，W_1 是第一层的连接权值矩阵，W_2 是第二层的连接权值矩阵，W_3 是第三层的连接权值矩阵，b_1、b_2、b_3 分别各层的阈值矩阵。

以 2019—2030 年的水力发电量、火力发电量、核能发电量、风力发电量、太阳能发电量、固定资产投入、就业人口总量作为输入，应用神经网络预测得到 2019—2030 年的全国国民生产总值和二氧化碳排放量，如图 3-5 和图 3-6 所示。

由图 3-5 中可以看出国民生产总值的变化趋势整体上延续了 2000—2018 年间的平缓增长趋势。在图 3-6 中，二氧化碳排放量在 2012 年前快速增长，2014—2016 年有所下降。从神经网络预测结果来看，全国二氧化碳排放量仍在增长，但是增速明显放缓，在 2030 年左右有一定的下降趋势。

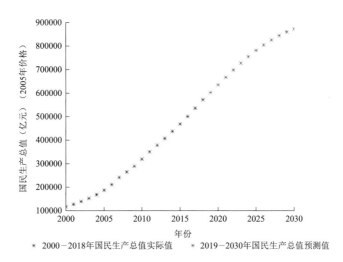

图 3-5　国民生产总值实际值及拟合函数图

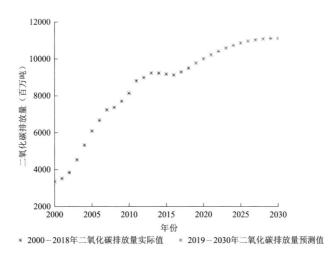

图 3-6　二氧化碳排放量实际值及拟合函数图

三、目标分析

本章以习近平总书记在 2020 年 12 月 12 日气候雄心峰会中的讲话内容"到 2030 年，中国单位国内生产总值二氧化碳排放将比 2005 年下降 65% 以上，非化石能源占一次能源消费比重将达到 25% 左右，森林蓄积量将比 2005 年增加 60 亿立方米，风电、太阳能发电总装机容量将达到 12 亿千瓦以上"① 为未来能源结构调整和气候管理的目标，并利用前文预测得到的 2019—2030 年的数据，分析预测的未来和目标的差距，进一步明确能源、环境管理的方向。

（一）二氧化碳方面

气候雄心峰会对二氧化碳减排提出了较为明确的目标，以单位国内生产总值二氧化碳排放量作为衡量的指标符合我国国情。不考虑人口、经济发展水平，单纯以二氧化碳排放量作为评价一个国家二氧化碳排放情况是不合理的。本章计算了 2000—2018 年的实际单位国内生产总值二氧化碳排放量和 2019—2030 年预测的单位国内生产总值二氧化碳排放量（如图 3-7 所示）。在图 3-7 中 2005 年和 2030 年的数据为排除通货膨胀的影响，GDP 的数据均转为 2005 年价格计算。从图 3-7 中可以清晰地看出，单位国内生产总值二氧化碳排放量 2001—2005 年间快速增长，2005 年后均为下降状态，下降速度逐渐变缓。2003—2011 年我国国内生产总值增速均大于 9%，处于高速增长状态，2012 年首次增速低于 8%，到 2020 年我国 GDP 增速降为 2.3%。从图 3-7 可以看出 2005 年前后二氧化碳处于高速增长状态，结合 GDP 高速增长的影响，综合导致了 2005 年我国单位国内生产总值二氧化碳排放量处于一个峰值状态，随着经济发展方式转型，大气治理逐渐被重视，单位国内生产总值二氧化碳排放量开始下降。2005 年的单位国内生产总值二氧化碳排放量为 0.0326 吨 / 万元，预测得到的 2030 年的值为 0.01273 吨 / 万元。以气候雄心峰会"中国单位国内生产总值二氧化碳排放将比 2005 年下降 65% 以上"的目标，进行计算，得到 2030 年的理想单位国内生产总值二氧化碳排放量为 0.01139 吨 / 万元。预测数据和理想值有 11.76% 的差距，但是相比于 2005 年的数据，已经下降了 62.06%。这

---

① 吴楠 . 习近平在气候雄心峰会上发表重要讲话 倡议开创合作共赢的气候治理新局面，形成各尽所能的气候治理新体系，坚持绿色复苏的气候治理新思路 宣布中国国家自主贡献一系列新举措 [N/OL]. 人民日报，2020-12-13[2023-09-01]. http://jhsjk.people.cn/article/31964462.

说明延续目前的能源结构、气候政策，可能无法达到预期的目标，需要做进一步的调整。[1]

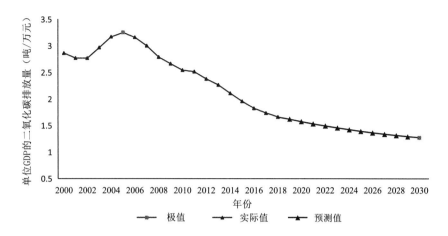

图 3-7　单位国内生产总值的二氧化碳排放量实际值及预测值

（二）非化石能源方面

到 2030 年，中国单位国内生产总值二氧化碳排放将比 2005 年下降 65% 以上，非化石能源占一次能源消费比重将达到 25% 左右，森林蓄积量将比 2005 年增加 60 亿立方米，风电、太阳能发电总装机容量将达到 12 亿千瓦以上[2]。根据《人民日报》2020 年 12 月 27 日报道，2019 年我国非化石能源占一次能源消费比重达 15.3%。假设化石能源消耗量稳定变化，距离 25% 的目标，非化石能源消耗比重增幅需要达到 63% 以上。[3]非化石能源消耗的主要来源是可再生能源发电，根据图 3-8 的结果进行计算，到 2030 年水力、风力、太阳能、核能发电量占总发电量的比例达到 51.53%，这一指标 2018 年的值为 28.83%，2030 年水力、风力、太阳能、核能发电量较 2018 年增长了 267%，占总发电量的比例增长了 78.73%，即使考虑到总体能耗的增长，仍有望达到 2020 年气候雄心峰会的目标。

---

①　国家统计局 . 中国统计年鉴 .2021[DB/OL]. (2021-09-01)[2023-09-01]. http://www.stats.gov.cn/sj/ndsj/2021/indexch.htm.

②　吴楠 . 习近平在气候雄心峰会上发表重要讲话　倡议开创合作共赢的气候治理新局面，形成各尽所能的气候治理新体系，坚持绿色复苏的气候治理新思路　宣布中国国家自主贡献一系列新举措 [N/OL]. 人民日报，2020-12-13[2023-09-01]. http://jhsjk.people.cn/article/31964462.

③　丁怡婷，寇江泽 . 非化石能源占一次能源消费比重超百分之十五 . 能源结构优化升级（"十三五"，我们这样走过）[N/OL]. 人民日报，2020-12-27[2023-09-01]. http://paper.people.com.cn/rmrb/html/2020-12/27/nw.D110000renmrb_20201227_1-01.htm.

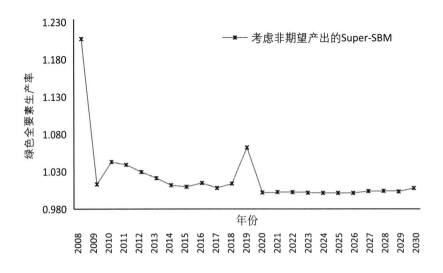

图 3-8 2008—2030 年的绿色发电效率

四、绿色发电效率分析

以绿色发电效率作为衡量我国在环境制约下经济产出的情况。仍然采用前文提及的绿色发电效率计算方法,计算 2019—2030 年预测数据的绿色发电效率。结合前文的计算结果,得到 2008—2030 年的绿色发电效率如图 3-8 所示。从数值上来看,2019—2030 年的绿色发电效率均处于有效状态。2019 年的效率值为 1.062,2020—2030 的效率值均处于 1.00 ~ 1.01 之间。2011 年、2019 年的绿色发电效率明显不同于前后几年的变化趋势。2011 年处于我国工业高速发展阶段,工业能耗大,二氧化碳排放量增速明显高于前后几年,同时 2011 年我国 GDP 增速首次低于 9%,综合导致 2011 年的绿色发电效率较低。2019 年中美之间发生了贸易摩擦,加上人民币贬值、能源进口受阻、汽车产业受限,导致了异常的绿色发电效率。

从趋势上来看,2019 年效率值突增,2020—2030 年效率值平缓变化,有缓慢增长的趋势。由预测数据计算得到的效率值略低于由真实数据计算得到的效率值。预测计算忽略了 2019 年的重大市场变动,是通过历史趋势预测出的结果,在一定程度上反映了 2019 年中美贸易摩擦对绿色发电效率有正向扰动的影响。2020—2030 年平缓的绿色发电效率,说明了在没有强烈外界扰动的情况下我国的经济产出,在考虑二氧化碳排放约束的情况下,依然保持稳定的有效状态,环境管理初见成果。

第五节　本章小结

多种能源发电的协同发展必须兼顾投入产出效率，而不能简单地将其等同为提升可再生能源发电的比例。因此，本章首先采用考虑非期望产出的数据包络方法，全面分析了我国的化石能源和非化石能源发电情况及相应的二氧化碳排放情况。随后考虑到"十三五"规划结束以来，国家已经对能源结构调整、环境治理提出了新的要求，本章对 2019—2030 年间的多种能源发电及二氧化碳排放情况进行预测，并以此为基础评估了能源环境政策的实施效果。结果表明，考虑非期望产出的效率明显低于传统效率，说明环境因素制约着经济发展。从绿色能源效率来看，2008—2019 年均处于有效状态，其中 2008—2013 年较高，2014—2018 年较低，波动也较小。通过对所有的投入产出指标进行分析，笔者发现 2008—2013 年效率较高的主要原因是可再生能源发电量较低，即能耗较小而经济产出、二氧化碳产出保持稳定。

综上所述，我国经济正处于由"外延型"向"内涵型"经济增长方式的转变时期。在经济持续增长的同时，能源消耗量、二氧化碳排放总量也不可避免地随之增加。本章的研究结论证明了在有效状态下，过高的绿色发电效率并不一定是绝对最优的结果，而平衡能源消耗量和经济产出才是最恰当的选择。这一结论具有很好的实践价值，并为能源互联网背景下的多种能发电协同发展提供了投入产出效率方面的理论支撑。

第四章 多种能源发电协同发展的空间关系分析

多种能源发电协同发展的区域差异性十分明显。为了更加全面的分析多种能源的协同发电情况,需要综合考虑不同地区间的经济发展水平、自然环境状况、资源分布情况、政策实施程度等因素,从空间区域分布的角度探讨我国多种能源如何进行协同发电,并将其空间分布关系进行系统的分析,从而为多种能源发电协同优化提供参考。因此本章拟对多种能源发电的空间关系进行具体的分析。首先,分别从研究现状、权重设置、模型分类及选择对能源结构调整的意义等方面对空间计量模型进行简要概述。其次,将本章涉及的区域相关性因素进行具体阐述并对数据进行整理。最后,建立模型并求解,通过对求解结果的详细分析进一步得出多种能源发电协同发展的应对措施。

第一节 空间计量模型概述

空间关系重点关注各个地区或者省份之间的地域分布情况,通常各地区之间存在某种相关性,尤其是距离越近的地区联系越密切,正如 Tobler 所说, "Everything is related to everything else , but near things are more related than distant things"（任何事物都与其他事物有关，但较近事物的关联性比较远事物的更强）。这被称为"First Law of Geography"（地理学第一定律，TOBLER W R，1970）。

空间计量广泛应用于经济学的研究中，如利用全国各省的生产总值、投资、贸易等数据分析地区间经济发展水平等，其空间关系的信息主要来自相邻、直线距离或运输距离，在考虑各省份间的变量数据和位置坐标信息后，即可得到带有空间坐标的"空间数据"(Spatial Data)。研究如何处理截面数据和面板数据的回归模型中空间数据的相互作用和结构的计量经济学分支，称为"空间计量经济学"(Spatial Econometrics)。空间计量经济学的最大特色在于充分考虑横截面单位之间的空间依赖性(Spatial Dependence)。更一般地，空间效应(Spatial Effects)主要包括"空间依赖性(Spatial Dependence)"与"空间异质性"(Spatial Heterogeneity)。标准的计量经济学主要考虑横截面单位之间的异质性（如异方差），故空间计量经济学重点分析横截面数据之间的空间依赖性。

研究多种能源发电协同发展的空间关系，涉及不同地区间多种能源的发电量与经济发展、人口数量、能源强度、产业结构、技术进步等因素之间的相关性。从空间角度分析多种能源发电地区的分布情况，能够为多种能源发电协同发展和能源结构优化提供更具参考价值的建议。

一、空间计量模型的研究现状

本部分将从空间计量经济学的发展历程及该学科和计算经济学(Computational Economics)、空间统计学(Spatial Statistics)的关系分析空间计量经济学的研究现状，从而为本章合理的运用空间计量经济学提供帮助。

（一）空间计量经济学的发展

空间计量经济学诞生于20世纪70年代。Paelinck(PAELINCK J，1978)定义了这个领域,包括空间模型中的空间相互依赖性的作用、空间关系的不对称性、解释因素位于其他空间的重要性以及过去和将来不同阶段的相互作用之间的区别等。ANSELIN L(2007、2010)对空间计量进行了更为系统的研究，并将空间计量经济学定义为在区域科学模型的统计分析中研究由空间引起的各种特征的一系列方法，即明确考虑空间效应（空间自相关和空间不均匀性）的方法。

对于空间计量经济学的研究主要涉及三个阶段：第一阶段是1979年年初至1980年年末为空间计量经济学的萌芽阶段，这一阶段的主要研究重点在于残差空间自相关、空间识别以及基本线性空间回归模型的估计问题（最大似然估计），空间计量经济学的萌芽阶段更多的是对空间模型的构建、方法及数据的分析进行研究，为空间计量经济学的发展奠定基础。

第二阶段主要是 1990 年至 2000 年，这一阶段空间计量经济学开始快速发展，有关空间计量经济学的各种汇编逐渐出现，并且关于这门学科的定义和界定更加的规范和科学，学者开始证明估计量和检验统计量更严格的统计性质，相应的大数定律和中心极限定理被开发、新的估计方法被引入（如 LM 统计量、GMM 估计和贝叶斯估计技术）、空间面板数据和离散数据模型等，空间问题开始吸引主流理论计量经济学家的关注。

第三阶段是 2000 年之后，这一阶段空间计量经济学已逐步发展壮大，处于稳定发展阶段，随之而来的是空间计量经济学的外延逐渐发展，又广泛应用于其他领域，如房地产经济学、环境经济学、公共经济学以及区域经济学等。这一时期的显著特点是加大了对计算机和软件的关注度，计算技术的发展进一步体现在各种算法上，从而减少了最大似然估计和相关方法的局限性，如 Smirnov 发展了网络空间相互作用模型，其优势为在各种环境下的计算效率均有提高（SMIRNOV O A，ANSELIN L E，2009；SMIRNOV O，ANSELIN L，2001）。

此外，Anselin 提出未来空间计量经济学的研究方向：研究空间和时空相关模型的基本过程；结合大数据的发展趋势，迎接空间计量经济学带来的挑战；应对大数据集、时空交互中计算所形成的挑战。由于地理信息系统 (Geographic Information System，GIS) 的发展，空间数据或包含地理信息的数据 (Georeferenced Data) 日益增多，人们对经济行为与人之间的互动关系越来越重视，在分析经济要素的同时需要考虑空间因素，即相邻效应 (Neighborhood Effect)、同伴效应 (Peer Effect)、溢出效应 (Spillover Effect) 和网络效应 (Network Effect) 等（陈强，2014）。

（二）空间计量经济学与相关学科的关系

空间计量经济学是利用经济理论、数学、空间统计推断等工具分析空间经济现象的一门社会科学，是空间经济理论、空间统计学和数学的有机结合，这些学科既相互交叉、相互关联，又各有侧重。对于计量经济学的研究要注意空间计量经济学与计算经济学 (Computational Economics)、空间统计学 (Spatial Statistics) 的联系与区别。

计算经济学起源于 20 世纪 90 年代中后期，是关于求解标准经济模型计算方法的科学，主要用于建立在计算机模拟实验环境中的一个由大量独立个体 (Agent) 组成的进化系统模型。而空间计量经济学的研究方法是一种自上而下的演绎推理过程，主要是在设定假设条件的前提下建立涵盖空间现象数学模型，并根据模型求解思路得出实证结果的过程。

空间统计学起源于 20 世纪 50 年代初，其作用是对地理空间中的地理对象进行统计分析，进而描述、解释、预测地理现象的状态、过程及其发展方向。最早的空间统计工作是采矿工程师 D.G. Krige (KRIGE D G，1953) 和统计学家 H.S. Sichel 在南非进行的，为了计算采矿业的矿藏量。随着计算机的普及以及运算速度的大幅提高，空间统计学已普遍应用于需要处理存在与空间相关的数据的科技领域中。

空间计量经济学可以看作是空间统计学的补充和扩展，主要体现在部分空间统计学的经典理论并不适用解决经济学问题，但计量经济学的部分理论具有更高的灵活性，如拓展权重矩阵能解决更多空间统计学的问题。正如 Anselin 所认为的，空间统计学是以数据为出发点的 (Data-driven)，而空间计量经济学是以模型为出发点的 (Model-driven)(ANSELIN L，1988a)。空间计量经济学从区域经济学理论出发，侧重研究与区域及城市经济发展有关的模型，这说明空间计量经济学的主要任务是以经济学为基础建立相关计量模型，并结合计量分析的估计、假设检验和预测方法进行相关性的研究。

由此可见，空间计量经济学不仅能够解决标准统计方法在处理空间数据时的失误问题，而且能够在建模时明确引入空间联系变量，为估算与检验其贡献提供了新的手段。

二、空间计量模型的权重

解决空间相关问题的重点在于研究多维函数，因此其研究难度大于时间相关研究。因此，在对空间自相关进行度量时，还需要解决地理空间结构的数学表达，定义空间对象的相互毗邻关系，这需要考虑空间权重矩阵 (GETIS A，2009)。空间权重的类型大致分为空间邻接权重矩阵、空间距离权重矩阵和空间经济社会网络结构矩阵三种，下面依次对三种权重进行简要介绍。

（一）空间邻接权重矩阵

空间邻接权重的确定方法主要是参照位置坐标对空间单位的邻近关系对其进行量化，这也是确立空间权重最常见的方式之一。根据研究区域在地图上的相对位置，决定哪些区域是相邻的，并用 0、1 表示，即 "1" 表示空间单元相邻，"0" 表示空间单元不相邻。对于一个具有 n 个空间单元的系统，基于邻近设定的空间权重矩阵是一个 $n \times n$ 稀疏的二元 0-1 矩阵，对角线元素为 0（空间单元不与自身相邻），相邻元素为 1。基于邻近的空间权重矩阵有一阶邻近矩阵和高阶邻近矩阵两种。

1. 一阶邻接矩阵

根据区域间共同边界分析其相邻关系，假定两个地区相邻时空间关联会发生，即如果区域 i 与区域 j 有共同的边界，则 $w_{ij} = 1$；反之，则 $w_{ij} = 0$，常见的相邻关系可分为如下三种：

第一，车相邻 (rook contiguity)：两个相邻的区域存在共同的边界。

第二，象相邻 (bishop contiguity)：两个相邻的区域存在共同的顶点，但没有共同的边界。

第三，后相邻 (queen contiguity)：两个相邻的区域有共同的边界或顶点。

具体使用哪种权重矩阵需要依据具体问题进行分析，如在图 4-1 上的 n 个区域中，如果区域 i 与区域 j 的边界 (boundary) 相邻，则定义 $w_{ij} = 1$；反之，则定义 $w_{ij} = 0$。

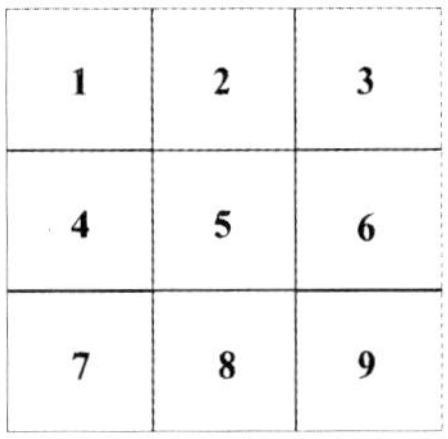

1	2	3
4	5	6
7	8	9

图 4-1　区域示意图

由图 4-1 可知，根据车相邻的规则，区域 5 的相邻区域为 2、4、6、8，则 $w_{52} = 1$，$w_{54} = 1$，$w_{56} = 1$，$w_{58} = 1$；根据象相邻规则，区域 5 的相邻区域为 1、3、7、9，则 $w_{51} = 1$，$w_{53} = 1$，$w_{57} = 1$，$w_{59} = 1$；根据后相邻规则，所有的其他区域均与区域 5 相邻。以车相邻为例，假设空间权重矩阵表示如下：

$$\begin{pmatrix} 0 & 1 & 0 & 1 & 0 & 0 & 0 & 0 & 0 \\ 1 & 0 & 1 & 0 & 1 & 0 & 0 & 0 & 0 \\ 0 & 1 & 0 & 0 & 0 & 1 & 0 & 0 & 0 \\ 1 & 0 & 0 & 0 & 1 & 0 & 1 & 0 & 0 \\ 0 & 1 & 0 & 1 & 0 & 1 & 0 & 1 & 0 \\ 0 & 0 & 1 & 0 & 1 & 0 & 0 & 0 & 1 \\ 0 & 0 & 0 & 1 & 0 & 0 & 0 & 1 & 0 \\ 0 & 0 & 0 & 0 & 1 & 0 & 1 & 0 & 1 \\ 0 & 0 & 0 & 0 & 0 & 1 & 0 & 1 & 0 \end{pmatrix}$$

该矩阵的缺点：一是根据以上定义，空间权重矩阵一直是一个对称阵，这种情况明显存在很大的局限性，并不适用于现实中存在的单向或非对称双向的情形（模仿效应）；二是 0-1 矩阵中元素的设置无法将空间作用的强弱以数值的方式表现出来，不能进一步判断空间作用的程度。为解决以上的缺点，可以进行行标准化即：

$$w_{ij}' = \frac{w_{ij}}{\sum_{j=1}^{n} w_{ij}} \tag{4-1}$$

根据这一定义所得的权重矩阵如下：

$$\begin{pmatrix} 0 & 1/2 & 0 & 1/2 & 0 & 0 & 0 & 0 & 0 \\ 1/3 & 0 & 1/3 & 0 & 1/3 & 0 & 0 & 0 & 0 \\ 0 & 1/2 & 0 & 0 & 0 & 1/2 & 0 & 0 & 0 \\ 1/3 & 0 & 0 & 0 & 1/3 & 0 & 1/3 & 0 & 0 \\ 0 & 1/4 & 0 & 1/4 & 0 & 1/4 & 0 & 1/4 & 0 \\ 0 & 0 & 1/3 & 0 & 1/3 & 0 & 0 & 0 & 1/3 \\ 0 & 0 & 0 & 1/2 & 0 & 0 & 0 & 1/2 & 0 \\ 0 & 0 & 0 & 0 & 1/3 & 0 & 1/3 & 0 & 1/3 \\ 0 & 0 & 0 & 0 & 0 & 1/2 & 0 & 1/2 & 0 \end{pmatrix}$$

以上权重矩阵定义的合理性在于，如果 i 与 j 同时与 k 相邻，由于 i 与 k 和 j 与 k 相邻的边界长度不同，使得 i 和 j 对 k 的空间作用不同。

2. 二阶邻近矩阵

为消除创建矩阵时出现的冗余及循环，空间矩阵逐渐由一阶邻近矩阵发展到了高阶邻近矩阵，最为常见的高阶邻近矩阵为二阶邻近空间权重矩阵 (the Second Order Contiguity Matrix) 和 K 值最邻近空间权重矩阵 (K-Nearest Neighbor Spatial Weights)。

二阶邻近矩阵是表示空间滞后的邻近矩阵，该矩阵能够表示相邻地区的相邻地区的空间信息和空间数据，这是利用"相邻之相邻"（包括一阶邻接和二阶邻接）关系定义的空间权重矩阵。这种定义方式主要是用来反映空间扩散的进程，即随着时间的推移，起初对相邻区域产生的影响会不断扩散到其他地区。这种不断扩散的影响可被视为从相邻地区不断向外扩散的过程。因此，空间权重的分析方法对研究随着时间推移所产生的空间溢出效应具有重要意义。

（二）空间距离权重矩阵

基于距离的空间权重矩阵 (Distance Based Spatial Weights) 假定空间相互作用的强度由区域间的质心距离或者区域行政中心位置之间的距离决定，是在实践应用中常用的一种空间权重矩阵。

由基于距离的空间权重矩阵的定义和地理学第一定律可知：区域间的距离越近，空间相互作用的程度越强，则设定的权值也就越大。在这种情况下，不同的权值指标随区域 i 和 j（两个区域不一定相邻）之间的距离 d_{ij} 的定义而变化，其取值取决于选定的函数形式。同样的，空间权重矩阵的对角线元素为 0。

关于空间距离的度量，如果输入的时空数据有经纬度坐标，则可以通过两点坐标（两个区域的质心）之间的距离来获得空间权重矩阵，通常有欧氏距离 (Euclidean Distance)（O'NEILL B，2006）和弧度距离 (Arc Distance) 两种方式表示坐标距离。但是，如果地理坐标经过了投影，其距离只能用欧氏距离进行测算，未经投影的地理坐标适用于弧度距离计算空间距离。

（三）空间经济社会网络结构矩阵

空间经济社会网络结构权重矩阵的确定因素更为复杂，例如可以根据地区间交通运输量、GDP 总额、投资总额、劳动力人口数量、人口迁移量等因素确定空间权重，进而计算两个变量之间的距离。这种距离的设置方法存在零距离的问题。例如，在研究收入差距时，两个地区间的经济距离是 $d_{ij} = |Z_i - Z_j|$，其中 Z_i、Z_j 是两个区域的居民收入。当 $Z_i = Z_j$ 时，$d_{ij} = 0$。

经济社会网络结构权重矩阵目前存在一定的不确定性，同时也没有明确的标准衡量其对空间计量分析的影响程度。但这种方式能够在很大程度上根据特定变量的影响因素进行研究，并在未来有待进行更深入、更准确的分析，从而提高这种确定权重方式的价值。

关于如何确定权重，在没有明确理论依据的情况下，一般可以考虑空间权重矩阵是否适用于所选的空间计量模型及检验估计结果对权重矩阵的敏感程度，最后依据结果是否客观和合理进行选择。

三、空间计量模型分类及模型选择

对空间计量模型的分类与选择，首先需要对空间相关性进行检验，在确定存在空间相关性的基础上通过多种检验选择正确的模型，本章主要分析三种模型，分别是空间滞后模型、空间误差模型和空间杜宾模型。

（一）空间自相关检验

建立考虑空间因素的模型之前，需要检验变量是否存在空间相关性，如果检验结果表示不相关，即可直接使用标准的计量方法进行后续的分析；如果检验结果表示相关，则可使用空间计量模型。如何表示空间自相关是研究的重要问题，其中最常用的方法是指定一个空间随机过程，即获得某一给定位置的某一随机变量与其他位置上同一变量之间的函数关系。相比时间序列，空间相关需要考虑多个方向的相关性，并且可以达到互相影响的效果。

空间自相关 (Spatial Autocorrelation) （ANSELIN L，1988b) 为具有相似变量值的邻近区域。高值与高值、低值与低值聚集在一起为正空间自相关 (Positive Spatial Autocorrelation); 反之，高值与低值相邻为负空间自相关 (negative spatial autocorrelation)，即随机分布，不存在空间自相关。对于空间自相关的分析，主要分析其全局和局部空间自相关两个方面。

1. 全局空间自相关分析

全局空间自相关分析是一种可以衡量区域间的整体空间差异变化和空间关联程度的分析方法。Global Moran's I 统计量 (MORAN P A P，1950) 是一种常用的全局空间自相关测量统计量，由 Pearson 相关系数计算得出的。Moran's I 指数实际上是标准化的空间自协方差，可以通过用加权函数代替滞后函数，用二维空间自相关系数代替一维空间自相关系数来获得。Moran's I 的表示方式如下：

$$I = \frac{\sum\limits_{i=1}^{n}\sum\limits_{j=1}^{n} w_{ij}(x_i - \bar{x})(x_j - \bar{x})}{S^2 \sum\limits_{i=1}^{n}\sum\limits_{j=1}^{n} w_{ij}} \qquad （4-2）$$

在式（4-2）中，$S^2 = \dfrac{\sum\limits_{i=1}^{n}(x_i - \bar{x})^2}{n}$ 为样本方差，w_{ij} 为空间权重矩阵的 (i, j) 元素（用来度量区域 i 与区域 j 之间的距离），$\sum\limits_{i=1}^{n}\sum\limits_{j=1}^{n} w_{ij}$ 为所有空间权重

之和。如果空间权重矩阵为行标准化，则 $\sum\limits_{i=1}^{n}\sum\limits_{j=1}^{n}w_{ij}=n$ 。此时，Moran's I 指数可表示为：

$$I=\frac{\sum\limits_{i=1}^{n}\sum\limits_{j=1}^{n}w_{ij}(x_i-\overline{x})(x_j-\overline{x})}{\sum\limits_{i=1}^{n}(x_i-\overline{x})^2} \qquad (4-3)$$

在式（4-3）中，Moran's I 指数的相关性表现分为三种情况：指数值处于 0 到 1 之间，表明具有较高的空间相关性（高值与高值相邻、低值与低值相邻），越接近 1 相关性越强，取值为 1 表示完全正相关；指数值处于 -1 到 0 之间，表明具有相异属性的值聚集（高值与低值相邻），越接近 -1 负相关性越强，取值为 -1 则表示完全负相关；指数值越接近 0，随机分布越明显，不存在空间相关性。

为了进行严格的检验，需要在 Moran's I 指数的显著性检验中纳入一个标准化的 Z 统计量。Z 统计量的具体形式如下：

$$Z=\frac{I-E(I)}{\sqrt{V(I)}} \qquad (4-4)$$

在式（4-4）中，$E(I)$ 是理论上的均值，$V(I)$ 是理论上的标准差。

在该过程中一般假设变量均服从正态分布，并且在这种大样本的情况下，正态统计量 Z 值也是服从标准正态分布，显著性水平也可以通过正态分布表来确定。

全局空间自相关分析只能反映整体区域经济的空间差异性，即从全局角度分析空间相关性，但对于局部地区之间是否存在相似或者相异的观测值，则需要引入局部空间自相关分析。

2. 局部空间自相关分析

局部空间自相关 (SEYA H，2020) 的主要衡量标准为局部 Moran's I 指数，其主要分析某区域 i 附近的空间聚集情况，其表示方式如下：

$$I_i=\frac{(x_i-\overline{x})}{S^2}\sum\limits_{j=1}^{n}w_{ij}(x_j-\overline{x}) \qquad (4-5)$$

在式（4-5）中，I_i 的含义表示区域 i 的高（低）值被周围的高（低）值包围；负的 I_i 则意味着区域 i 的高（低）值被周围的低（高）值包围。衡量空间自相关指标不仅仅只有 Moran's I 指数这一种方法，还存在另一种常用指标"吉尔里指数 C"（Geary's C），也称"吉尔里相邻比率"（Geary's Contiguity Ratio）。

除此之外，Moran 散点图也常用来研究空间的相关性，对空间滞后因子 W_z 和数据标准化后 z 变量进行可视化的二维图示。Moran 散点图用散点图的形式描述变量 z 与空间滞后 W_z（该观测值周围邻居的加权平均）向量间的相互关系，它提供了空间自相关影响的直观图。该图的纵轴与滞后向量 W_z 相对应，横轴与变量 z 相对应。其中散点图分为四个象限，四个象限中每一个象限都对应四个地区和其邻近地区之间的相互关系。四个象限的具体的相互关系如下（以经济发展水平为例）。

第一象限（High–High，标记为 HH）：它表示一个经济发展水平较高的区域和它周围区域的经济发展水平差异性较小，经济水平较高的地区被经济水平较高的地区包围，区域自身与其周边地区的经济与福利水平存在很强的空间正相关性，即热点区。

第二象限（Low–High，标记为 LH）：它表示经济发展水平较高的区域和它周围区域的经济发展水平差异性较大，经济水平较低的地区被经济水平较高的地区包围，区域自身与其周边地区的经济与福利水平存在很强的空间负相关性，即异质性突出。

第三象限（Low–Low，标记为 LL）：它表示一个经济发展水平较低的区域和它周围区域的经济发展水平差异性较小，经济水平较低的地区被经济水平较低的地区包围，区域自身和周边地区的福利水平均较低，二者的空间差异程度较小，存在较强的空间正相关，即为盲点区。

第四象限（High–Low，标记为 HL）：它表示经济发展水平较高的区域和它周围区域的经济发展水平差异性较大，经济水平较高的地区被经济水平较低的地区包围，区域自身与其周边地区的经济与福利水平存在很强的空间负相关性，即异质性突出。

第一象限和第三象限都是正的空间自相关，代表相似观测值之间的空间关联，表明相似值的集聚效应；第二象限和第四象限都是负的空间自相关，这种关系同样表示不同观测值区域之间的空间关联，也表明了地域间的空间异常性；如果观测值均匀分布在四个象限则表明各个地区之间不存在空间自相关性。

（二）空间滞后模型

空间滞后通常被假定为空间自回归过程，因此空间滞后模型 (Spatial Lag Model) (DARMPFAL D，2015) 又被称为空间自回归模型，其表达形式包括解释变量 X 和空间滞后项 WY，形式上可以表示为：

$$Y = \rho WY + X\beta + \varepsilon \qquad （4-6）$$

在式（4-6）中，Y 为 $n \times 1$ 维被解释变量矩阵；X 为 $n \times k$ 维的外生解释变量矩阵；ρ 为空间回归系数，它反映了空间单元之间的相互关系，也就是相邻空间单元对本空间单元的影响程度（该影响程度为矢量，具有一定的方向性）；W 为 $n \times n$ 维的空间权值矩阵，WY 为空间权值矩阵 W 的空间滞后因变量（被解释变量）；ε 为 $n \times 1$ 维随机误差向量。参数 β 为 $k \times 1$ 维回归系数向量，主要反映了自变量 X 对因变量 Y 的影响，空间滞后因变量 WY 是一内生变量，反映了空间距离对各空间单元之间的作用。

总之，如果研究目标的经济变量之间存在空间相关性，仅考虑经济变量不能准确估计和预测变量的变化趋势，此时将空间矩阵纳入模型中，可以有效地控制空间效应造成的影响。

（三）空间误差模型

空间误差模型 (ANSELIN L，GALLO J L，JAYET H，2008) 是具有相关性的随机干扰项回归的特殊案例，其中协方差矩阵的非对角线元素表示空间相关的结构。空间误差模型的常见表达形式为：

$$Y = X\beta + \varepsilon$$
$$\varepsilon = \lambda W\varepsilon + \mu \qquad （4-7）$$

在式（4-7）中，模型中的误差项 ε 由其空间自相关项 W 和正态独立同分布的随机扰动向量 μ 组成；λ 是空间误差自相关系数。空间误差模型能够分析出发生在一个截面上的冲击是否会以特殊的协方差的形式传递到相邻的个体上。

（四）空间杜宾模型

空间效应还存在另一建模方式，即假设区域 i 的被解释变量 y_i 依赖于其邻居的自变量：

$$Y = X\beta + WX\delta + \varepsilon \qquad (4-8)$$

在式（4-8）中，$WX\delta$ 表示来自邻居自变量的影响，而 δ 为相应的系数向量。由于上述方程不存在内生性，故可直接进行 OLS 估计；只是解释变量 X 与 WX 之间可能存在多重共线性。如果 $\delta = 0$，则可以简化为一般的线性回归模型。将空间杜宾模型 (Spatial Dubin model) 与空间自回归模型相结合，可得：

$$Y = \rho W_1 Y + X\beta + W_2 X\delta + \varepsilon \qquad (4-9)$$

模型中包含两个空间权重矩阵，其中，W_1 是因变量的空间相关关系，W_2 是自变量 X 的空间相关关系，二者可以设置为相同或不同的矩阵；δ 是外生变量的空间自相关系数向量；ε 是满足正态独立同分布的随机扰动项。

在 Moran's I 检验显著及存在空间相关性的基础上，进行最大似然 LMLag 检验和 LMErr 检验，如果 LMLag 检验显著性大于 LMErr 检验，且稳健估计 LR-LMLag 显著而 LR-LMErr 不显著，则优先选择空间滞后模型；反之如果 LMErr 检验显著性大于 LMLag 检验，且稳健估计 LR-LMLag 不显著而 LR-LMErr 显著，则选择空间误差模型 (ANSELIN L，1988b)。如果二者均不显著，则考虑空间杜宾模型能否退化成其中一种模型，进而做进一步的模型选择。在进行显著性诊断的过程中除了判断拟合优度还可以考虑以下方法： Log likelihood(LogL)、Likelihood Ratio(LR)、Akaike Information Criterion(AIC)、Schwartz Criterion(SC) 等。LogL 越大似然率越小，模型拟合效果越好（吴婷，2016）。

四、空间计量分析对能源结构调整的意义

在能源互联网的背景下，优化能源结构需要综合考虑能源供需端的发展情况、多种能源分布情况及能源效率情况等。从空间角度分析二氧化碳排放量和多种能源发电量的空间分布情况及其相关性，能为实现能源结构向绿色、经济、安全、高效的方向调整提供支持。空间计量分析对能源结构调整的意义可以从以下方面进行分析。

（一）能源供给端的电力供应能力

由于我国资源分布格局、经济发展水平、政策实施力度等存在地区之间的

差异性，所以能源供给端的电力供应能力的区域差异性较为明显。根据 2018 年《中国电源发展分析报告》显示，电源装机分布总体呈"东降西升、南北平稳"的发展趋势，2006 年至 2017 年，华东、华中地区装机占比大体上呈逐年上升的趋势，华北、东北、南方地区保持稳定状态，华北、华东、南方地区始终是我国装机容量最大的三个区域。具体来看，火电、水电建设均存在差别，此外，核电、风电、太阳能发电等受到自然条件的限制较大，其中分布式光伏增长速度较快，太阳能发电装机容量总体上延续快速发展趋势（国网能源研究院有限公司，2018）。由此可见，电源结构存在地区之间的差异性，从我国整体电源分布格局出发分析能源结构的调整具有实践意义。

（二）能源消费端的电力使用情况

2018 年，我国用电主要集中在经济发展水平和工业发展水平较高的省份，如江苏省、广东省、山东省、浙江省等。2019 年，华北、华中、西南电网区域用电量增速下降明显，28 个省级电网用电量呈正增长趋势发展（南方电网能源发展研究院有限责任公司，2023）。省份的高用电量一方面受经济发展水平的影响，另一方面受产业结构的影响。由于地区经济发展水平的不同，从我国能源消费端的宏观格局出发分析能源消费所产生的区域相关性，对能源结构的优化具有十分重要的意义。

（三）能源互联网的综合运用水平

基于能源互联网的背景，各种能源节点需运用先进的信息技术、智能管理技术实现互联互通和能源信息的共享，在此基础上能源节点间的关系在空间网络布局中才能更全面的展现。借助空间计量模型对我国现阶段能源供给端与需求端能源发展的空间相关性进行分析，能够更合理的对能源资源进行优化配置从而实现多种能源发电协同发展。

第二节　多种能源发电协同发展的区域相关性因素分析

构建多种能源发电协同发展的空间关系模型需要综合考虑不同指标。本节主要从经济、能源和其他三个方面来选取指标，其中经济因素包括人均生产总值、产业结构、固定资产投资总额、市场开放度，能源因素主要考虑二氧化碳排放量、火力发电量、水力发电量、风力发电量、太阳能发电量、核能发电量，其他因素主要考虑人口规模和技术水平。

一、经济因素说明与分析

能源发展与宏观经济形势存在很大的相关关系，据《2019 年中国电力供需分析报告》数据，我国经济运行呈现国民经济开局平稳，发展韧性进一步凸显；工业生产有所加快，高技术产业占比提高；投资稳步回升，高技术产业投资增长较快；市场销售增速上升，网上零售占比提高；进出口总额增长加快，贸易结构持续优化的态势。研究能源结构的空间关系同样需要衡量经济因素的影响程度，本章欲从以下几个方面建立经济指标。

（一）人均生产总值

人均生产总值是衡量地区宏观经济运行状况的有效工具，能够对人民生活水平进行较为客观的评价。据国家统计局数据显示，2019 年第一季度，我国 GDP 为 213433 亿元，按可比价格计算，同比增长 6.4%，与 2018 年的第四季度持平，比上年同期和全年分别下降 0.4% 和 0.2%。在外部环境更为复杂的情况下，经济发展呈现了更强的韧性，GDP 连续 14 个季度保持在 6.4% ~ 6.8% 区间。研究地区之间能源发展的空间关系，需要对不同地区之间的经济发展水平进行系统的分析。

地区之间的经济发展水平存在较大差异，数据显示东部地区增长放缓，华北地区经济下行压力明显，部分中西部地区受承接产业转移的影响，经济保持较快增长，东北地区经济有所恢复。根据国家统计局数据库数据发现，北京和上海的人均 GDP 水平较高，人民生活水平较高。经济发展水平不仅能反映地区之间的差异性，同样也会影响地区之间能源协同水平，因此研究多种能源发电的协同发展空间关系需要考虑地区间经济发展的差异性。

（二）产业结构

产业结构是指产业内部各生产要素之间、产业之间、时间、空间、层次的五位空间关系。本章所涉及的产业结构分类方法参照第一产业、第二产业和第三产业标准进行。其中，多种发电协同发展主要以第二产业为主，第二产业中工业战略性新兴产业增加值增长较快，据国家统计局 2019 年第一季度数据显示，工业战略性新兴产业增加值同比增长 6.7%，主要包括移动通信基站、城市轨道车辆、新能源汽车、太阳能电池。[①]能源结构调整要加快高新技术产业的发展，从技术上改变能源发展现状。

黑色金属、有色金属、化工和建材行业作为能源消费端的主要用电行业，在能源结构的调整中起着十分重要的作用。本章以第二产业为出发点，分析工业发展与地区能源的关系，并以第二产业产值占 GDP 的比重为指标进行研究。

（三）固定资产投资总额

固定资产投资总额是以货币表现建造和购置固定资产的工作量及与此相关的费用总称，是反映固定资产投资规模、速度和投资比例关系的综合性指标。据国家统计局相关数据，能源产业投资显著增长，能源保障持续加强。为保证能源供给，国家将能源工业发展放在首位，1953—1977 年，全民所有制单位能源工业基本建设投资累计达到 947 亿元；1982—2018 年，全国能源工业投资年均增长率超过 15.4%，亿吨煤炭生产基地、千万千瓦级风力电场、世界上最大的水电站等一批重大能源工程项目建成并投入使用。[②]

清洁能源领域的投资力度逐渐变大，为推动经济社会向绿色发展转变，据国家统计局数据显示，2013—2018 年，我国核电、太阳能、风电等新能源发电项目投资年均增长 13.8%，比全部电力生产投资增速快 7%。由于能源发展现状及投资回报程度不同，不同地区之间固定资产投资存在差异。此外，由于地区之间能源资源禀赋的差异，不同地区能源工业投资在固定资产投资总额中的比重不同。在多种能源发电协同发展空间关系的研究中，固定资产投资总额的影响同样不可小觑。

（四）市场开放度

近年来，我国进出口总额虽受国内外经济形势的影响，但依然呈较快发展趋势，贸易结构不断优化升级。据国家统计局数据显示，2019 年第一季度，进出口总额同比增长率达到了 3.7%，出口额达到了 37674 亿元，增长 6.7%；进口额达到了 32377 亿元，增长 0.3%。进出口相抵，贸易顺差为 5297 亿元，比上

---

① 国家统计局 . 中国统计年鉴 .2019[DB/OL]. (2019-09-01) [2023-09-01]. http://www.stats.gov.cn/sj/ndsj/2019/indexch.htm.

② 国家统计局 . 中国统计年鉴 .2019[DB/OL]. (2019-09-01) [2023-09-01]. http://www.stats.gov.cn/sj/ndsj/2019/indexch.htm.

年同期扩大 75.2%，贸易结构进一步优化。[①]能源方面，虽然煤炭进出口政策存在很大不确定性，但进口煤总量在我国煤炭供应总量中的比重一直保持相对稳定状态，随着我国煤矿逐步恢复生产，煤炭优质产能继续释放，预计煤矿、港口和用户的煤炭库存整体进一步提升；天然气进口量呈持续大幅增长的态势，主要原因在于城市用气量持续增长、主要用气行业转型升级等因素拉动天然气消费量的大幅增长，而国内天然气生产能力相对不足等情况。

我国能源煤炭、天然气等资源的进口量同样影响我国能源产业的发展，在能源供需平衡及结构优化中占据着十分重要的地位，因此研究不同地区多种能源发电协同发展需要重视进出口总额对整个经济及能源的影响。本章在此基础上选取进出口总额占 GDP 比重作为能源经济指标之一。

二、能源因素说明与分析

（一）二氧化碳排放量

近年来，我国致力于解决能源使用过程中引发的环境问题。据 2020 年《BP 世界能源统计年鉴》数据，随着能源需求增长放慢、燃料结构从煤炭转向天然气和可再生能源，二氧化碳排放量增长速度显著放缓。2020 年，二氧化碳排放量增长了 0.5%，尽管低于十年来的平均水平，但仅能部分抵消 2018 年 2.1% 的强劲增长。[②]发电与用电对环境的影响至关重要，国家为扎实做好全国二氧化碳排放控制与治理工作，逐渐完善全国二氧化碳排放权交易市场建设和配额分配方法等工作，逐步核查主要行业的排放情况。

多种能源发电协同发展的目标是控制二氧化碳和大气污染物的排放。考虑到二氧化碳排放对环境造成的影响越来越严重，此处选取二氧化碳排放量进行重点研究，并在此基础上分析地区之间二氧化碳排放量的空间相关性及不同能源发电量对二氧化碳排放量的影响程度，进而从宏观角度对二氧化碳排放与多种能源发电之间的空间内在联系进行研究。

（二）多种能源发电量

能源发电量近年来的发展情况值得我们关注，其也是本章的研究重点。据

①　国家统计局.中国统计年鉴.2019[DB/OL].(2019-09-01)[2023-09-01].http://www.stats.gov.cn/sj/ndsj/2019/indexch.htm.

②　BP 中国.BP 世界能源统计年鉴 2020 年版 [DB/OL].(2020-06-17)[2023-09-01].https://www.bp.com.cn/zh_cn/china/home/news/press-releases/news-06-17.html.

《2019 年中国电力供需分析报告》数据显示，新中国成立以来我国发电装机容量快速增长，发电装机规模屡上台阶，年均增量从万千瓦级增至亿千瓦级。同时，受经济政策的影响，我国装机容量增长情况出现政策性的波动。我国电源结构地区分布差异明显，其中，东北地区装机占比显著下降，华中地区、西北地区和南方地区装机占比显著提升；我国火电分布和增长情况与煤炭分布和负荷中心分布密切相关；水电、风电和太阳能发电装机分布和增长情况与地区资源禀赋密切相关。

据《中国能源统计年鉴 2020》中的地区发电量数据显示，我国发电量较高的地区主要分布在内蒙古自治区、江苏省、山东省、广东省、四川省和云南省等地，这些地区以火力发电与水力发电为主，由此可见，我国主要的发电方式是火力和水力。[①]

近年来，为解决环境污染问题，国家投入大量资金和科研人才加强新能源的建设。其中，在电源环节主要以风力、太阳能和核电的建设为主，风力发电量和太阳能发电量也出现了明显上升趋势。由于地区间资源禀赋差异及核能发电的环境限制，我国主要的核能发电主要集中在广东省、福建省、浙江省、辽宁省、江苏省和海南省等地。多种能源发电协同发展空间关系需要综合考虑不同地区火力发电、水力发电与新能源发电的整体发展情况，因此本章选取多种能源发电量数据作为能源指标之一。

（三）电力消费量

能源消费量是从能源需求端出发分析我国能源发展状况，主要指能源使用单位在报告期内实际消费的一次能源或二次能源的数量。自新中国成立以来，我国全社会用电量实现了快速增长，社会用电量的增速高于装机容量的增速，其中用电结构出现了很大变化，第二产业用电占比波动下降，第三产业和居民用电占比波动上升。其区域特征主要与经济发展状况保持一致，但东北地区用电量呈下降趋势。电力消费量是消费端用电情况的重要衡量指标，能够从侧面反映多种能源发电协同发展的优势。多种能源发电协同发展的能源结构调整不仅需要考虑能源供给端发电量的情况，同时还应考虑需求端的用电量的情况，才能实现整体能源结构的最优配置。综合分析能源供给端与需求端的用电情

① 国家统计局.中国统计年鉴.2020[DB/OL].(2020-09-23)[2023-09-01].http://www.stats.gov.cn/zs/tjwh/tjkw/tjzl/202302/t20230215_1907951.html.

况，在地区之间寻找平衡点有利于优化能源结构实现能源生产和消费价值的最大化，因此，本章选取不同地区间的电力消费量作为能源指标之一。

（四）能源强度

能源强度用于衡量不同经济体的能源综合利用效率，也可用于比较不同经济体对能源的依赖程度，本章选取单位国内生产总值（GDP）所需消耗的能源作为衡量标准。能源强度结合了经济因素，进一步强调了能源与经济之间的联系，降低生产过程中的能源强度是实现减排政策的重要目标，根据国际能源署（IEA）的预测，到2050年通过降低能源强度可以完成31%的减排目标（IEA，2020）。

此外，能源强度的下降有助于提升能源依赖型行业的竞争力，使其成为政府和生产者"双赢"的目标。据国家统计局以及《中国能源统计年鉴2020》记载，山西省、甘肃省、青海省、宁夏回族自治区和新疆维吾尔自治区等地的能源强度较高，其主要受当地经济发展水平和能源消费量的影响，部分地区经济发展水平较低，能源消费量相对较高，导致能源强度较高。[①]

最后，经济增长和能源使用的脱钩也有助于提高能源安全。从经济结构转型升级的角度降低能源强度才是优化能源结构的最终目标，而不仅仅是为实现部门内部的改进。降低能源强度需要每个人、每个部门、每个国家的共同努力。因此，这里将能源强度的变化作为能源指标之一。

三、其他因素说明与分析

（一）人口规模

我国作为人口大国，不同省份之间的人口规模也存在差异，人口规模越大对地区能源的消耗也越大。人口规模作为经济发展与能源发展的纽带，是连接地区与地区之间能源结构的关键因素。据国家统计局数据显示，近年来我国人口数量发展趋势处于一个相对平稳的状态，但地区之间的差异十分明显，这与经济发展水平和能源发展相关存在直接或间接的联系。因此，本章选取各省份的人口数量作为指标之一。

（二）技术水平

大力发展新能源是能源结构优化调整的重要方式，采用技术手段和方法解

---

① 国家统计局．中国统计年鉴．2020[DB/OL]．(2020-09-23)[2023-09-01]．http://www.stats.gov.cn/zs/tjwh/tjkw/tjzl/202302/t20230215_1907951.html.

决能源领域的问题，实现多种能源发电协同发展是未来能源领域发展的关键，因此，地方科技进步及投入是对多种能源发电协同发展的有力支持，本章选取地方科技支出占地方一般预算支出的比重作为衡量科技水平的指标。

第三节　多种能源发电协同发展的空间相关性数据整理

本章数据选取 2000—2019 年全国 30 个省、市、自治区的数据进行分析，并采用取对数的方式对数据进行无量纲化处理。本章所用到的指标和变量名称及其定义、符号、单位见表 4-1。

表 4-1　变量名称及其定义、符号、单位

指标	变量名称	定义	符号	单位
经济指标	人均生产总值	各省人均 GDP	PCG	元 / 人
	产业结构	第二产业产值占其 GDP 的比例	IS	%
	固定资产投资总额	固定资产投资总额占其 GDP 的比例	TIFA	%
	市场开放度	进出口总额占其 GDP 的比例	TIAE	%
能源指标	二氧化碳排放量	/	CDE	Mt
	多种能源发电量	各省区不同能源发电量	EG	亿千瓦时
	电力消费量	各省区电力消费量	EC	亿千瓦时
	能源强度	单位国内生产总值能源消费量	EI	吨标准煤 / 万元
其他指标	人口规模	各省区人口数量	PS	万人
	技术水平	地方科技支出占地方财政支出比重	TL	%

数据来源：国家统计局. 中国统计年鉴.2021[DB/OL]. (2021-09-01)[2023-09-01]. http://www.stats.gov.cn/sj/ndsj/2021/indexch.htm；中国电力企业联合会. 中国电力统计年鉴. 2020[DB/OL]. (2021-03-29)[2023-09-01]. http://www.stats.gov.cn/zs/tjwh/tjkw/tjzl/202302/ t20230215_1907967.html.

第四节　多种能源发电协同发展的 空间关系模型求解分析

本节主要分析了不同省份之间多种能源发电量、电力消费量与二氧化碳排放量之间的关系，考虑到不同地区之间存在的差异性会导致结果的不准确，因此笔者对分析变量之间的空间相关性进行了补充说明。在此之前，笔者需要对数据进行空间相关性检验，主要采用 Global Moran's I（空间自相关）和局部Moran's I（莫兰指数）的方法进行，并在已有的相关性的基础上对数据进行模型的选择进行进一步研究。

一、空间相关性检验

本节空间相关性主要对二氧化碳的排放量、火力发电量、水力发电量和电力消费量进行全局和局部的 Moran's I 检验，以此判断这些因素是否存在空间相关性，并为后续的分析奠定基础。其中，为有效体现其空间相关性，模型的权重选取邻接权重矩阵，具体操作可在 ArcGIS 软件中直接进行。

（一）Global Moran's I 检验

首先，分析 2000 年、2006 年、2012 年、2017 年和 2019 年的二氧化碳排放量是否存在空间相关性，结合公式（5-2）及 ArcGIS 软件对二氧化碳排放量进行 Global Moran's I 检验，结果表明二氧化碳排放量具有很强的空间聚集效应，即二氧化碳排放量高的地区，其邻近地区的二氧化碳排放量也处于较高水平。

其次，对火力发电量、水力发电量以及电力消费量同样进行 Global Moran's I 的检验，检验结果表明火力发电量存在空间相关性，但水力发电量与电力消费量随机分布的概率更高。其中，2017 年火力发电量、水力发电量及电力消费量的 Global Moran's I 结果分别为 0.25、0.10、0.14。2019 年的结果为 0.25、0.10、0.13，其整体变化较小，水力发电量与电力消费量分布图相同。

最后，根据结果分析得出二氧化碳排放量和火力发电量均存在较大的空间相关性。为进一步分析不同地区之间的聚集情况，通过局部 Moran's I 中明确的地区聚集性，能更直观的分析这种现象产生的原因，下面以 2006 年和 2019 年的 LISA 聚类表为例，进行局部空间相关性的分析。

（二）局部 Moran's I 检验

由表 4-2 可以看出 2006 年二氧化碳排放量的高 – 高聚集分布主要集中在河北、山西、河南、山东和黑龙江等地区，低 – 低聚集主要分布在新疆维吾尔自治区、甘肃和四川等地区。根据其分布趋势可以推断出，我国中东部地区受经济发展水平、能源发展状况的影响，产生了较多的二氧化碳排放量，其大气污染物排放量也相对较高。此外，东部地区的带动效应较强，东部沿海地区一些省份的经济发展使其邻近地区效仿该地区的经济发展模式和产业布局，进而对环境污染也造成了一定的影响。根据表 4-3 中 2019 年二氧化碳排放量聚集情况可以看出其空间相关地区出现了细微的变化，其高相关地区在原有基础上增加了安徽省和辽宁省，表明东部部分地区的二氧化碳排放量整体较高，并且区域之间的辐射带动作用也十分明显。

表 4-2　2006 年二氧化碳排放量聚集情况

聚集情况	地区
高 – 高聚集区	黑龙江省、河北省、山西省、山东省、河南省
高 – 低聚集区	无
低 – 高聚集区	安徽省
低 – 低聚集区	新疆维吾尔自治区、甘肃省、四川省

表 4-3　2019 年二氧化碳排放量聚集情况

聚集情况	地区
高 – 高聚集区	黑龙江省、河北省、山西省、山东省、河南省、辽宁省、安徽省
高 – 低聚集区	新疆维吾尔自治区
低 – 高聚集区	无
低 – 低聚集区	四川省

我国火力发电厂的密集区主要分布在珠三角地区、长三角地区、华中大部区域、山西省和内蒙古自治区等地形成的能源金三角地区和新疆维吾尔自治区部分地区。我国主要的火电厂密集区与火力发电量分布存在直接的关系。根据表 4-4 和表 4-5 的火力发电量聚集情况可以看出自 2006 年至 2019 年的火力发电量空间变化主要存在于西南地区和中东部地区，这与火电厂的发展情况紧密相关。近年来，受环境保护、电源结构改革等政策的影响，火力发电量市场占比呈逐年小幅下降态势，但同时由于我国能源结构、能源发展现状及历史电力

装机布局等因素的影响，未来一段时间我国的电源结构仍将以火电为主。

表 4-4　2006 年火力发电量聚集情况

聚集情况	地区
高 - 高聚集区	黑龙江省、河北省、山东省、江苏省
高 - 低聚集区	贵州省
低 - 高聚集区	安徽省
低 - 低聚集区	新疆维吾尔自治区、四川省

表 4-5　2019 年火力发电量聚集情况

聚集情况	地区
高 - 高聚集区	黑龙江省、河北省、山西省、山东省、河南省、安徽省、江苏省
高 - 低聚集区	新疆维吾尔自治区
低 - 高聚集区	无
低 - 低聚集区	贵州省、四川省

综合分析二氧化碳排放量与火力发电量的聚集情况可以发现，二氧化碳排放量的空间相关省份与火力发电量的空间相关省份较为契合。这充分证明火力发电量对环境污染的影响程度十分巨大，为减轻其污染排放力度，需要从能源互联网的角度对发电情况进行调整，其中需要着重考虑多种能源发电的协同发展的影响。

二、普通最小二乘法回归分析

普通最小二乘法（Ordinary Least Squares，OLS）主要是将误差平方和最小化后寻找数据的最优匹配函数，利用最小二乘法可以估计未知数据的值，是重要的线性回归估计方法。其基本形式如下：

$$y_{ij} = \sum_{i=1}^{m} \sum_{j=1}^{n} \beta_j x_{ij} + u_i + \varepsilon \qquad (4\text{-}10)$$

在式（4-10）中，i 代表个体，本节中表示省份（$N=30$），j 代表时间序列维度，即 2000—2017 年（$n=18$），x_{ij} 代表解释变量的观测值向量，β_j 为待定系数向量，u_i 为不能直接观察和量化的个体效应，ε 为扰动项。如果 u_i 与 x_{ij} 有关，则面板数据模型是固定效应模型；反之，则是随机效应模型。以 2000—2019 年 30 个省份的面板数据进行回归分析。

（一）二氧化碳排放量回归分析

首先对二氧化碳排放量、火力发电量、水力发电量和电力消费量的面板数据进行回归分析，具体结果如下：

根据表4-6二氧化碳回归结果可知，二氧化碳排放量的强度主要与火力发电量、能源强度和电力消费量相关，与水力发电量相关性较小。其中火力发电量作为我国能源发电量的主要来源，其二氧化碳排放量水平相对较高。水力发电量受地域影响具有很大的局限性，对环境污染的影响也较小。能源强度对二氧化碳排放量的影响程度相对较小，但其显著性较明显。

表 4-6 二氧化碳回归结果

变量	序号	
	1	2
二氧化碳排放量（CDE）	Fe	Re
火力发电量（EGh）	0.310***	0.326***
	（10.15）	（10.99）
水力发电量（EGs）	0.022**	0.015*
	（2.35）	（1.78）
能源强度（EI）	0.094***	−0.101***
	（4.19）	（4.6）
电力消费量（EC）	0.499***	0.497***
	（13.66）	（13.94）
常数（_cons）	−0.319***	−0.381***
	（−2.85）	（−3.28）
样本数量（N）	568	568

注：* 表示 $p < 0.10$，** 表示 $p < 0.05$，*** $p < 0.01$，t 为统计量。

（二）火力发电量回归分析

为进一步分析火力发电量、水力发电量和电力消费量的影响，综合考虑经济、能源和其他指标进行回归分析。由表4-7可知火力发电量主要与人均国内生产总值、产业结构和人口规模存在较大的相关性，均通过1%的显著性检验；由表4-8可知水力发电量主要与人均国内生产总值和技术水平存在较大相关性，其中人均生产总值通过1%的显著性检验，技术水平通过5%的显著性检验；由

表4-9可知电力消费量主要与人均国内生产总值、产业结构、人口规模和固定资产投资总额存在较大的相关性，除固定资产投资总额外其余均通过1%的显著性检验。

表4-7　火力发电量回归结果

变量	序号	
	1	2
火力发电量 （EGh）	Fe	Re
人均国民生产总值 （PCG）	0.608***	0.624***
	（20.37）	（22.31）
产业结构（IS）	0.543***	0.534***
	（6.28）	（6.52）
固定资产投资总额 （TIFA）	0.057	0.046
	（1.14）	（0.95）
市场开放度 （TIAE）	0.022	−0.005
	（1.14）	（0.16）
人口规模（PS）	1.119***	0.852***
	（5.37）	（7.78）
技术水平（TL）	−0.035	−0.023
	（−1.38）	（−0.93）
常数（_cons）	−10.919***	−8.841***
	（−6.09）	（−8.52）
样本数量（N）	600	600

注：* 表示 $p < 0.10$，** 表示 $p < 0.05$，*** $p < 0.01$，t 为统计量。

（三）水力发电量回归分析

据表4-8水力发电量回归结果可知，水力发电量的随机效应表现得更为明显，其主要与人均国内生产总值和技术水平等经济因素有关。一方面水力发电量主要利用天然河流、湖泊等水源进行发电，受地形的限制其单机容量为300兆瓦左右且易受自然灾害的影响，具有不稳定性，相比于火力发电量具有一定的局限性。另一方面，水力发电厂的基础建设投资大，为考虑发电、防洪、灌溉、通航、漂木、供水、水产养殖和旅游等各方面的需要，其综合开发、治理和利用需要统筹兼顾，进行统一的规划。水力发电作为可再生能源，对环境的影响相对较小。其主要作用除可提供廉价电力外，还能有效控制洪水泛滥的次数、提供农业及生活所需灌溉用水、改善河流航运情况，同时能够改善该地区的交通、电力供应和经济，特别可以发展旅游业及水产养殖。因此，合理有效的规划水力发电，对整个社会和经济的发展都至关重要。

表 4-8　水力发电量回归结果

变量	序号	
	1	2
水力发电（EGs）	Fe	Re
人均国民生产总值（PCG）	0.760***	0.711***
	（10.45）	（10.05）
产业结构（IS）	−0.246	−0.140
	（−1.17）	（−0.69）
固定资产投资总额（TIFA）	0.005	0.098
	（0.04）	（0.80）
市场开放度（TIAE）	0.110	0.068
	（1.42）	（0.89）
人口规模（PS）	−0.321	0.340
	（−0.57）	（0.98）
技术水平（TL）	−0.203**	−0.234***
	（−2.58）	（−2.99）
常数（_cons）	−0.727	−6.270**
	（−0.15）	（−1.99）
样本数量（N）	600	600

注：* 表示 $p < 0.10$，** 表示 $p < 0.05$，*** $p < 0.01$，t 为统计量。

（四）电力消费量回归分析

根据表 4-9 电力消费量的回归结果可以看出，地区电力消费量主要与人均生产总值、产业结构、人口规模和固定资产投资总额等影响因素有关，与市场开放度和技术水平关系较小。本章能源消费量主要参照电力消费量的数据。2019 年全球电力消费增速创自 2010 年以来新低，主要原因有两个方面：一是全球经济增长动力不足；二是欧洲、北美冬季气候温和，采暖用电增长乏力。在全球电能增长不显著的情况下，中国电力消费量平稳增长。中国已成了全球

最大的电力消费国，2019 年用电量同比增长 4.5%，增速虽较 2018 年的 8.5%
有明显下降，但仍约为全球用电量的 3.3 倍，占全球用电量的 28%（张春成，
2020）。电力消费量能够从需求端反映我国电力发展水平，虽然增速出现下降，
但受经济发展等多种因素的影响，电力消费量仍然处于较高水平，从可持续发
展的角度考虑如何实现多种能源发电的协同发展，能够实现电力消费结构优化。

表 4-9　电力消费量回归结果

变量	序号	
	1	2
电力消费量（EC）	Fe	Re
人均国民生产总值（PCG）	0.658***	0.685***
	（31.95）	（35.45）
产业结构（IS）	0.270***	0.229***
	（9.42）	（4.05）
固定资产投资总额（TIFA）	0.060*	0.040
	（1.71）	（1.99）
市场开放度（TIAE）	0.002	−0.021
	（0.09）	（−1.00）
人口规模（PS）	1.357***	0.866***
	（9.42）	（13.38）
技术水平（TL）	−0.024	−0.038**
	（−1.35）	（−2.21）
常数（_cons）	−12.115***	−8.183***
	（−9.78）	（−12.77）
样本数量（N）	600	600

注：* 表示 $p < 0.10$，** 表示 $p < 0.05$，*** $p < 0.01$，t 为统计量。

　　单纯从时间角度分析二氧化碳排放量和火力发电量的影响因素存在一定局
限性，根据前文空间相关性指数可知，二氧化碳排放量与火力发电量存在空间
聚集性，因此回归模型不能很好地判断各解释变量与被解释变量之间的关系，
需要从空间角度进行分析，进而引入空间计量模型进一步分析二氧化碳排放量
与火力发电量各自的影响因素。

三、空间模型求解结果及分析

在原有各项分析的基础上对二氧化碳排放量和火力发电量进行进一步研究，主要确定二者适用的模型有哪些及二氧化碳排放量和火力发电量所涉及的影响因素的显著性有哪些不同。

（一）二氧化碳排放量空间误差模型

在原有回归分析的基础上进行 Hausman 检验［在遗漏相关变量的情况下，往往会导致解释变量与随机扰动项出现同期相关性，即 $Cov(x，u) \neq 0$，外生性条件不满足，从而使得回归估计量有偏且非一致。因此，对模型遗漏相关变量的检验可以用模型是否出现解释变量与随机扰动项同期相关性的检验来替代］发现二氧化碳排放量 p 值为 0.09，通过 10% 的显著性水平，固定效应较为明显。为更好地分析空间因素对结果的影响，利用 MATLAB 软件对空间滞后模型、空间误差模型和空间杜宾模型进行深入求解分析，再进行空间检验，最终选择最优模型分析二氧化碳排放量和火力发电量的影响因素。

根据表 4-10 中二氧化碳排放量固定效应结果，二氧化碳排放量的空间固定效应中空间滞后模型的效果更为明显，时间固定效应中空间误差模型的效果更为明显。因此采用空间杜宾模型和 Wald 进行进一步分析和检验。

表 4-10　二氧化碳排放量固定效应结果

变量	序号		
	1	2	3
二氧化碳排放量（CDE）	空间固定效应	时间固定效应	时空固定效应
决定系数（R^2）	0.90	0.89	0.46
方差（σ^2）	0.02	0.06	0.02
对数拟然值（LogL）	314.93	—28.95	367.19
最大拟然 LMLag 检验显著性水平（LMLag）	36	1.64	2.64
	（0.000***）	（0.201）	（0.104）
最大拟然 LMErr 检验显著性水平（LMError）	6.19	50.28	1.13
	（0.013**）	（0.000***）	（0.29）
稳健估计 R–LMLag 显著性水平（R–LMLag）	33.99	3.64	2.37
	（0.000***）	（0.057*）	（0.124）
稳健估计 LR–LMError 显著性水平（R–LMError）	4.18	52.28	0.85
	（0.041**）	（0.000***）	（0.357）

注：* 表示 $p < 0.10$，** 表示 $p < 0.05$，*** $p < 0.01$。

通过 Wald 检验发现 Wald_spatial_lag = 4.85 (0.18)；Wald_spatial_error = 42.24(0.000***)，因此判断空间杜宾模型能够进一步退化为空间误差模型，二氧化碳排放量选择时间固定效应下的空间误差模型对各变量的影响程度进行分析更为合适。根据表 4-11 的数据可知，二氧化碳排放量与火力发电量、电力消费量存在很强的相关性，但能源强度的系数未通过显著性水平的检验。由此可见，考虑空间因素会导致数据结果存在一定的偏差。对比表 4-6 和表 4-11 可以发现在空间效应的影响下，二氧化碳排放量中不同变量的影响程度发生了变化，其中火力发电量的影响系数由 0.31 变为 0.46，电力消费系数由 0.50 变为 0.49，能源强度由原有的 0.09 转变为 0.06 并表现为低显著性。这种变化的出现表明二氧化碳排放易受空间地域因素的影响且在考虑空间因素的情况下，火力发电量对二氧化碳排放的影响显著增加，电力消费量影响程度变化较小，其空间关系的区域效应不可忽视（见表 4-11）。

表 4-11　CDE 时间固定效应空间误差模型结果

变量	系数	t 检验值	Z 值
火力发电量（EGh）	0.46	18.19	（0.000***）
电力消费量（EC）	0.49	16.71	（0.000***）
能源强度（EI）	0.06	2.19	（0.028**）
决定系数（R^2）	0.91		
对数拟然值（LogL）	−3.41		
方差（σ^2）	0.06		
空间自相关的残差值（Spat.aut.）	0.39（0.000***）		

注：* 表示 $p < 0.10$，** 表示 $p < 0.05$，***$p < 0.01$。

在考虑空间因素的影响下，火力发电量每增加 1 个单位，二氧化碳排放量将增加 0.46 个单位。为减少火力发电量对环境的污染，需要重点关注内蒙古自治区、江苏省、山东省和广东省等火力发电量较大的地区，适当情况下应综合运用现有环境条件和技术手段来加大对新能源的推广力度，进而实现多种能源发电协同发展。电力消费量每增加 1 个单位，二氧化碳排放量将增加 0.49 个单位，电力消费量对二氧化碳排放量的影响同样不能忽视，若各行业共同努力去采用更加低碳、绿色、高效的用电方式也将有助于减少电力消费对大气污染物的影响。

（二）火力发电量空间杜宾模型

在原有回归分析的基础上进行 Hausman 检验 (HAUSMAN J A，1978)，发现在原假设为固定效应的基础上，火力发电量的随机效应更为明显。考虑空间因素的影响，进一步分析空间模型的适用性，进行 LM 检验，结果见表 4-12。

表 4-12　火力发电量 LM 结果

变量	结果
火力发电量（EGh）	结果
决定系数（R^2）	0.72
方差（σ^2）	0.28
对数拟然值（LogL）	−470.81
最大拟然 LMLag 检验显著性水平（LMLag）	32.55 （0.000***）
最大拟然 LMErr 检验显著性水平（LMError）	39.21 （0.000***）
稳健估计 R-LMLag 显著性水平（LR-LMLag）	3.63 （0.057*）
稳健估计 LR-LMError 显著性水平（R-LMError）	10.30 （0.001***）

注：* 表示 $p < 0.10$，** 表示 $p < 0.05$，***$p < 0.01$。

通过 LM 数据结果可以看出，火力发电量的空间滞后与空间误差模型均存在较明显的结果，因此，进一步选择空间杜宾模型进行分析，具体结果见表 4-13。

表 4-13　火力发电量空间杜宾模型结果

变量	序号		
	1	2	3
火力发电量（EGh）	直接效应	间接效应	总效应
决定系数（R^2）	0.77		
方差（σ^2）	0.23		
对数拟然值（LogL）	−418.48		
固定资产投资总额（TIFA）	−0.22 （0.020**）	−0.64 （0.002***）	−0.85 （0.000***）

变量	序号		
	1	2	3
市场开放度（TIAE）	—0.06	—0.27	—0.33
	（0.124）	（0.002***）	（0.000**）
技术水平（TL）	0.05	—0.27	—0.21
	（0.242）	（0.033**）	（0.132）
人均国民生产总值（PCG）	0.44	0.74	1.18
	（0.000***）	（0.000***）	（0.000***）
人口规模（PS）	0.66	—0.10	0.57
	（0.000***）	（0.259）	（0.000***）
产业结构（IS）	1.43	0.93	2.36
	（0.000***）	（0.001***）	（0.000***）

注：* 表示 $p < 0.10$，** 表示 $p < 0.05$，***$p < 0.01$。

通过对比表 4-7 和表 4-13 不考虑空间因素的普通回归分析结果，可以发现在空间因素的影响下各变量对火力发电量的影响程度发生了变化，尤其是技术水平对火力发电量间接效应较为显著，系数由 —0.04 转变为 —0.27，表明随着技术水平的不断提高，火力发电量会相应减少。在空间效应的影响下人均国内生产总值、市场开放度和产业结构对火力发电量的影响较为显著，但系数变化相对较小，固定资产投资总额影响系数由正转变为负，说明在空间因素影响下，地区固定资产投资总额在 GDP 的比例越高，火力发电量越小，间接说明地区能源基础设施建设分布在除火电外的其他能源领域。此外，从表 4-13 中的直接效应系数来看，某一省份的人均国内生产总值、产业结构和人口规模与该省份的火力发电量均为正相关关系，系数分别为 0.44、1.43、0.66。从表 4-13 中的间接效应系数来看，某一省份的火力发电量同样受其邻近地区的固定资产投资总额、市场开放度、技术水平和产业结构等因素的影响，影响系数分别为 —0.64、—0.27、—0.27、0.93。综合影响因素与间接效应相似，这也印证了前文提及的空间聚集效应。

第五节　多种能源发电协同发展空间关系的政策分析与建议

根据模型求解结果，笔者对二氧化碳排放量和火力发电量的影响因素进行分析，并对其产生的影响及未来多种能源发电协同发展需要调整的空间结构做详细的政策分析并提出建议。

一、二氧化碳排放量空间关系政策分析与建议

根据模型结果可以看出火力发电量和电力消费量对二氧化碳排放量的影响较大，因此，从这两方面针对性的解决大气污染问题是重要的研究方向。近年来，各省份加大环境保护的力度，发电大省更加重视多种能源发电协同发展的优势。"十三五"期间，内蒙古自治区建成多个全国最大、最重要的煤炭供应保障基地和全国规模最大的新能源基地，内蒙古自治区超 1/3 的电力装机和 1/5 的全社会用电量来自新能源，新能源年发电量达 900 亿千瓦时，与等量火电相比，减排总量相当于造林 18 万公顷（梁亮，2020）。

江苏省为了扩大新能源应用规模，将坚持把调整能源结构作为推进能源生产和消费革命的主攻方向，大力发展光伏产业，推动异质结产业链上下游企业的产业协同与创新，不断扩大市场应用前景，扩大应用规模，充分释放异质结电池的转换效率。

广东省既是经济大省，也是能源消费大省。根据《2021—2025 年广东省核电行业前景预测及投资建议报告》数据显示，广东省核电建成和在建装机容量规划到 2021 年核电装机容量占到全国的 60% 左右。广东省核电将进一步调整能源结构方向，降低能源供应所带来的风险，并逐步向新能源方向发展。近年来，广东省陆续投建揭阳核电站、韶关核电站、肇庆核电站等项目，为保障广东省甚至整个珠三角地区的能源安全和经济安全都具有重要战略意义。

山东省在《山东省新能源产业发展规划（2018—2028 年）》中明确指出：到 2022 年，全省太阳能产业产值力争达到 500 亿元；到 2028 年，全省太阳能产业产值力争达到 800 亿元；并且力争到 2022 年，全省光伏发电装机容量达到

1800万千瓦左右；到2028年，全省光伏发电装机容量达到2400万千瓦左右。[①]

由此可见，各省份均更加重视多种能源发电协同发展，逐步加大对新能源发展的投入力度，并相继出台相关政策为新能源的发展提供支持。各区域针对性的减少二氧化碳排放量，将会呈现事半功倍的效果。此外，电力消费量对二氧化碳排放量的影响同样需要予以关注。电力消费量主要受人均生产总值、固定资产投资总额、人口规模、电力强度等因素的影响，不同省份之间电力消费正常速度不同，电力消费量的重心位于中部地区，但偏向于东部经济发达地区，同时呈现整体向西南方向迁移的趋势，因此能源基础设施的选址如能源基地、大型电力变压站等应当围绕电力消费重心所在的经济发达城市（刘自敏，崔志伟，朱朋虎，等，2019b），与此同时电网格局、能源经济结构的调整也需考虑在内，更应重视经济发达地区的能源建设情况。

二、火力发电量空间关系政策分析与建议

首先，各省份火力发电量与各省份的经济发展、人口规模直接相关，经济发展水平越高，该地区电力供应和需求均会加大。经济规模和投资规模是火力发电量发展的主要推动力，良好的经济发展态势意味着各个行业和企业在稳步前行，这离不开电力的供应，火电作为我国主要电力能源，扮演着十分重要的角色。火电建设的投入力度与火电发电量存在着直接关系，但近年来受清洁能源的影响呈持续减少态势，面对如今日益严格的绿色发展要求，火力发电行业必须加大科技创新力度，提升绿色管理水平，增强行业绿色竞争力（陆丹丹，孙华平，2021）。

其次，某一省份的火力发电量受其邻近地区的固定资产投资总额、市场开放度、技术水平和产业结构等因素的影响。某地区邻近省份的固定资产投资总额和市场开放程度的增加将会使该地区火力发电量减少，这与火力发电量的辐射作用有关，如山东省及周边省份组成的火力发电量高聚集城市圈，其能源建设投资加大、市场开放程度的提高均会带动整个城市圈的发展。所以，对火力发电量的结构调整和技术升级需要综合考虑整个辐射范围的发展情况。某地区邻近省份的技术水平的提高将会使该地区火力发电量减少，主要原因在于邻近

---

①　山东省人民政府. 山东省人民政府关于印发山东省新能源产业发展规划（2018—2028年）的通知：鲁政字 [2018]204号 [EB/OL]. (2018−09−17)[2023−09−01]. http://www.shandong.gov.cn/art/2018/9/21/art_2259_28611.html.

省份技术水平的提高意味着新能源的发展取得一定成效,进而会与火力发电形式形成竞争,火力发电量会相对减少。第二产业发展对火力发电的需求更大,其产业结构优化与火力发电量的关系较其他因素均高。

最后,火力发电量的综合效应与间接效应的数据更为接近,证明火力发电量受邻近地区发展程度的影响较大,在对火电结构进行调整的同时需要考虑空间效应及邻近地区的影响。火电所具有的独特优势是非化石能源在相当长时间内都无法替代的,只有综合技术手段与管理制度的双重保证才能实现火力发电的转型。行业内学者和电厂工程师对新型火力发电技术包括煤炭加工、煤炭转化、烟气净化及燃料电池四种,尤其是对燃料电池和烟气净化进行了不断开发和研究,与此同时,发达地区在制度上也加强了梯度建设并开展试点工作,然后逐级更新,切合当地的资源储备及发展需求,因地制宜辅助火电转型发展。在能源互联网的大背景下,多种能源发电协同发展是大势所趋,需要各方支持。[1]

三、其他能源发电空间关系政策分析与建议

综合以上分析可以看出,以发展风电、太阳能发电为主的新能源对于我国经济绿色转型和实现"双碳"目标具有重要意义,该发展方向已成为社会共识,实现新能源的转型需要综合考虑时空布局、技术特征、经济发展、市场前景和社会因素等多个方面。

时空布局上,新能源和煤炭资源存在很大不同,新能源一般只能靠转化为电能或热能实现空间上的转移,但煤炭资源可以进行运输或转化为电能来实现。此外,新能源受自然条件限制较大,具有很强的不确定性,但煤炭资源可以实现产量和储备量的控制。

技术特征上,能源转化需要风力发电和太阳能发电与气象预报技术紧密结合,预报技术的精度、准确度与及时性至关重要,直接影响系统调度计划和运行方式的确定,电力传输也需要电力系统提供一定的灵活调节能力。新能源是一类对技术协同性要求很高的能源,其大规模发展对现有电力系统的技术的影响将会是全面和深刻的。

经济发展上,新能源大规模发展需要考虑各类经济成本,如开发建设和运

---

① 国务院办公厅 . 国务院办公厅关于印发能源发展战略行动计划(2014—2020 年)的通知:国办发 [2014]31 号 [EB/OL]. (2014-06-07)[2023-09-01]. https://www.gov.cn/zhengce/content/2014-11/19/content_9222.htm.

营成本等。在现有市场机制不够完善的情况下，全社会为绿色转型需要和意愿付出的经济代价也是巨大的。

市场前景上，新能源发电与传统火电项目差异明显。在传统火电项目的成本构成中，固定资产投资高，运营期的固定成本高，变动成本也很高，边际成本较高且具有较大的波动性。新能源发电成本的固定资产投资，运营期的固定成本高，变动成本和边际成本几乎为零，结构优势使得其在电力市场电量竞争中处于优势。

社会因素上，新能源大规模发展需要社会各方的支持。政府部门需要通过规划、战略和产业政策等行政手段，明确国家大规模发展新能源的决心与信心，给市场以明确的信号。传统电源企业需要做好市场定位转变的准备，在电量与灵活性价值上做好选择与准备，在发展战略与业务布局上做好准备。各类企业及居民用户需要加强节能和提高能效，积极挖掘和发挥需求端资源调节价值，与电力系统形成良好互动，实现更高经济价值。风电和太阳能发电企业应做好项目开发投资建设运营，通过技术和管理创新，积极参与电力市场交易，提高与电力系统的友好互动性，实现与各利益相关方的协同共赢发展。

现阶段实现多种能源发电协同发展需要以火力发电为支撑，大力开展新能源的研究，新能源的发展需要综合考虑时空布局、技术特征、经济发展、市场前景和社会因素等多方因素。为实现地区之间的有效协作与资源互补，信息共享机制需要纳入多种能源发电协同系统中，因此需要对基于信息共享的多种能源协同发展模型进行优化。

第六节　本章小结

本章基于多种能源协同发展的背景，选取 2000—2019 年全国 30 个省、自治区、直辖市的数据，通过空间计量经济学的方法，对全国的二氧化碳排放量、火力发电量、水力发电量和电力消费量进行空间相关性检验及分析。具体结论如下：

首先，通过对多种能源发电量的空间相关性分析发现二氧化碳排放量、火力发电量均存在较强的空间相关性，说明从空间角度解决多种能源协同发展的问题具有十分重要的意义。其中，空间因素使得火力发电量和电力消费量对二氧化碳排放的影响明显减小。实现多种能源发电协同发展需要从空间范围对已有发电资源进行规划，从而最大限度减少二氧化碳的排放量。

其次，通过对火力发电量的空间性分析可以看出，在空间因素的影响下，人均生产总值、产业结构和人口规模对火力发电量的影响较大，而固定资产投资总额、技术水平和市场开放程度出现了小幅波动。要想从根本上解决二氧化碳排放问题需要重视地区的经济结构、产业结构、人口规模、能源基础设施建设和技术发展水平，并利用区域优势对火力发电量的经济资源、市场资源和人口资源进行系统的整合，从而为实现"双碳"的目标而努力。

最后，在综合考虑区域空间相关性的基础上对多种能源发电协同发展提供政策建议，根据各省份的特点和优势针对性的发展新能源，是实现多种能源发电协同发展的关键。减少二氧化碳和大气污染物排放既需要资源的优化配置又需要实现信息共享机制，因而需要对多种能源发电协同发展的信息共享机制进行优化设计，具体内容参见第五章。

第五章 多种能源发电协同发展的信息共享模型

能源互联网的发展为信息共享和协同奠定了基础，多种能源发电协同的信息共享模型充分体现了能源互联网互联性、开放性和智能化的基本特征，研究能源互联网背景下的信息共享问题可以为多种发电形式的协调、发电和用电的供需匹配、相关政策的制定和实施等方面提供参考依据，从而实现协同可持续发展。电力物联网、人工智能及大数据技术的诞生为信息共享提供了技术保障，反之，信息协同和共享也是实现能源互联网信息化和电网企业智慧化服务的重要内容。从服务对象和参与主体上看，社交网络、协同平台、开源社区等都成为群体协同行为发生的场所，生产企业和用户等参与者的信息行为协同化成为未来发展的趋势。

随着电力结构调整和电力系统的数字化转型，电力信息变得越来越丰富多样，从发电到用电整个过程产生的信息都能够被用来服务于电力系统的优化和设计。关于电力信息发展的研究有很多，主要是研究电力行业的大数据中心及各部门的信息采集和利用问题。王振达（2019）针对南方电网公司的电力信息发展情况建立了综合性较强的电力企业信息共享模型，通过构建信息中心的分享模式，实现了区域内企业各环节、各部门之间的信息协同。李小鹏（2020）

证明了电力企业的信息协同对于规避发电侧与用电侧之间的电能供需风险有重要作用，不仅是发电量与用电量信息，电力市场的相关信息也是十分重要的，电力系统的信息协同必须包含多方面参与主体。

能源互联网的基本概念是以电能为核心，以坚强电网和智能电网为平台，以保障供电为前提，并能够对多种电源形式进行合理利用、智能化调度、清洁生产、各方主体灵活参与的复杂电力系统。从概念中我们知道，能源互联网是要对多种能源进行多种形式的灵活使用，并使整个系统的能源消耗最低且排放最小，要实现这一功能，就必须多参与主体之间形成合理的信息沟通机制，从而完成多方互联互动，实现多种能源发电的协同发展。关于这方面的研究有很多，刘林、张运洲、王雪等（2019）在前人研究的基础上分析了储能深度参与可再生能源的消纳问题，借助多层次、多主体间的信息共享模型，构建了基于云计算的储能协同优化决策的模型库、方法库、数据库及功能架构，实现了多种可再生能源发电与传统火电优势互补局面下的电力信息系统规划设计。王刚（2019）在多种能源协同发展方面进行了深入研究，从协同理论出发，分析了能源从生产到使用中的协同过程。刘国建（2018）通过建立公共信息模型从信息协同的角度研究了复杂电力系统中即插即用等技术问题，公共信息模型是描述电力企业的所有主要对象，特别是与电力运行有关的对象的抽象模型，对于研究多种能源发电的信息协同具有一定的借鉴意义。除此之外，国际电工委员会还制定了公共信息模型(Common Information Model，CIM)标准，为电力企业各环节、各部门之间实现信息协同和共享提供了统一化标准（董树锋，何光序，刘凯诚，等，2012）。

就目前的情况来看，我国的电力企业在信息的协同利用方面还存在许多不足（张冉，2016），首先，企业甚至同一个企业的部门之间没有实现完全的信息共享，经常会出现信息沟通不及时、信息失真等现象，导致整体效率降低。其次，不同企业或主体间的信息模式和数据格式没有统一的规范，造成了信息在传输时难以处理甚至发生中断，业务很难进一步协同。对于一些电力部门来说，信息的协同是至关重要的，例如在可再生能源发电的过程中，大规模新能源电力接入电网会给电力系统造成较大的影响，此时需要电力系统充分发挥协调与控制功能，从而保障系统的安全与稳定，这都对发电量、用电量等信息和数据的及时性、准确性具有很高的要求（李培恺，2018）。从宏观上看，电能供需的上下游及辅助市场之间的信息共享也是很重要的，因此本章节拟从信息协同角度，对多参与主体进行信息协同模型构建，从而为多种能源发电协同发展提供保障。

然而，多种能源发电的协同发展是一个复杂的过程，既要在考虑可再生能源的资源禀赋条件的前提下提高其利用率，又要保障电能的持续稳定供应，同时还要确保电网的可靠性和安全性，这是一个复杂的系统工程。而系统动力学模型正是用来描述复杂系统的动态演变过程及系统中多参与者之间实时互动关系的仿真方法，并得到了广泛使用。系统动力学是描述电力系统的信息共享机制的有效工具（唐晓波，李新星，2018），既能够规避信息不对称和信息失真等问题导致的电能供需出现牛鞭效应（石园，曹磊，张智勇，2018），又能够探究电力系统内部信息粘滞的影响因素（赵湘莲，朱文青，吴昊，2016），实现系统的信息准确、透明、高效地传输。因此，本节利用系统动力学理论对多种能源发电的协同过程进行仿真建模。

有研究表明，电力信息的协同与共享能够有效规避多种风险，例如可再生能源可以通过信息的高度协同得到促进，通过用户用电量信息、各种能源发电量信息、电力系统运行信息及电力市场价格信息和政策信息，计算得到可再生能源比例增加付出的各项成本，从而有针对性地在某个环节采取措施（任东方，2021）。由此可见，多种能源发电的协同不仅仅要考虑各种形式的发电厂本身，还要考虑用电侧和电网侧甚至市场的重要作用，通过多方面的信息融合与协同，最终实现多种能源发电的协同发展。

第一节　多种能源发电协同发展的信息结构

一、信息结构分析

信息结构是研究信息系统协同的重要基础，所谓信息结构就是信息在系统中传递的模式或方式，信息结构是信息采集、传输、存储、使用的渠道和特征（张广宇，2016）。信息结构可以分为层级式（多个信息中心）和中心式（一个主要信息中心）两种模式（如图5-1所示）。

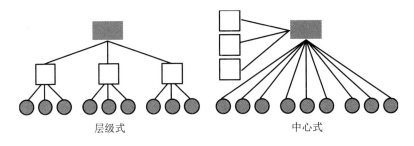

图 5-1 信息结构的两种模式

其中，在层级式结构下，信息的灵活性较强，对个体差异的包容性强，分层式信息管理既可以表示管理和控制关系，又能够提供结构化的信息组织技术。相比之下，中心式的信息结构模式虽然能对信息进行统一管理和分析，但也存在弊端，数据量较大时对信息管理能力具有较大挑战。本章研究的多种能源发电的信息协同，信息涵盖了能源情况、经济发展、技术水平、人口等多种因素的异质性，层级式信息结构能够对这一情况进行更好的描述，模型可以按照不同参与主体进行分级，不同层级之间通过信息交互相互关联，进而形成信息的层级式结构。

实现多种能源发电的协同需要许多行业的参与和配合，以及从上到下各层级管理者的协调。本章将这一层级式结构分为国家层面、政府层面、社会层面、企业层面，每个层次的主体都有自己的责任和义务，都是不可或缺的一部分，多种能源发电协同发展的层次管理如图 5-2 所示。

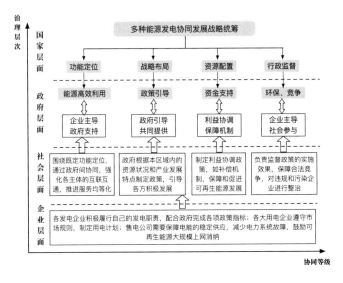

图 5-2 多种能源发电协同发展的层次管理

多种能源发电协同发展信息结构分析有利于发展过程中风险的发现和管控，风险是无处不在的，需要有效的手段去发现和防范，信息结构的分解使得各参与者的权利和责任更加明晰，从信息角度挖掘潜在的风险问题。同时，信息结构的划分使管理更加便利，管理效率进一步提升。例如层级式的信息结构将复杂的系统划分为层级内和层级间两个维度，分别具有不同的管理模型，例如本文的研究中，不同能源的发电厂商之间属于同一个发电侧层级，发电侧与不同种类用户之间属于不同层级的信息主体。

（一）国家层面

电力行业是关乎民生大计的产业，其发展方向离不开国家的宏观调控，因此发电与用电的相关政策与布控措施都是由国家相关部门制定。多种能源发电的发展是为了进一步对我国的能源结构进行改革，进一步提高可再生能源的利用效率，积极控制污染气体及二氧化碳的排放，力争早日实现低碳发展目标。国家层面的管理主要从以下四个方面出发。

功能定位。多种能源发电协同发展可以促进区域的能源合理利用，减少可再生能源的弃用率，保护区域内环境，通过协调多种发电形式的发电量，实现区域内或者区域间的稳定安全供电。功能定位的目的是为管理者提供一个清晰的任务和目标。

战略布局。在我国当前的能源、经济、技术、政策现状的基础上，结合预测指标对未来能源发电比例、业务规模、人力物力资源、运营模式等多方面进行规划。我国针对多种能源发电的发展战略已进行了布局，在某些地区和省份执行了相应措施，旨在提升可再生能源发电比例，减少弃用，促进区域间协同，建立能源互联体系和高效能源系统。

资源配置。资源是经济发展和社会进步的物质基础和保障，对能源发展也不例外，尤其是对于可再生能源，需要政策和资金的大力扶持，在协同发展初期是人力、物力资源投入的重点。而对于火电等化石能源，许多中小型火电厂被迫关停，资源配置逐渐从火电向可再生能源发电倾斜。未来，国家仍需一定的财政支出促进可再生能源的发展。

行政监督。政策的实施同时需要有政策的监管，国家不仅需要制定发展政策也需要对政策实施中不履行职责或不符合规定的个体或企业进行监管。有效的监督才能使市场稳定运行，使各方都各司其职，为协同发展提供良好的社会环境。

（二）政府层面

地方政府是国家政策的解读者和执行者，需要根据自身的发展现状因地制宜进行发展，因此政府在多种能源协同发展中具有重要作用。首先，在多种能源发电中存在着电厂之间的竞争、供应商之间的竞争及用户之间的竞争，政府需要辅助市场形成健康的竞争环境。其次，政府是信息的管理者，是实现信息协同的组织者。例如，将发电企业和电网统计的发电量、用电量、价格等信息进行公开，有利于各企业制订自己的生产计划。最后，在政策的下达和执行中，政府扮演主导和引导的角色，指导各参与者按照既定的规章制度开展工作，共同完成政策中的目标。

（三）社会层面

社会是多能源发电协调发展的环境背景，社会对所有群体具有制约、保护和促进的作用，经济发展水平决定了企业的发展规模和竞争力度等。对于多种能源发电系统而言，社会的作用主要体现在环境保护、安全生产、能源安全等方面的制约，这就要求了多种能源发电的协同发展必须以低污染、安全、环保为前提，并且考虑经济发展导致的能源需求和市场价格等因素。

社会的发展为参与多能源发电协同发展过程的企业提供了竞争环境，使各主体最终形成一个整体。社会进步与多种能源发电信息协同发展是相辅相成的，社会围绕既定的功能定位，通过政府的协调加强主体间的相互联系，促进社会服务的均等化。社会在政策和制度的实施中也会起到调节作用，并且发展节能和优化发电结构对社会经济、社会环境和社会进步都具有一定的促进作用。

（四）企业层面

企业是政策的执行层，主要负责执行来自国家和政府的政策，按照有关部门的指令进行生产经营有利于实现有序发展。在多种能源发电的协同发展中，发电厂需要上报发电计划，并且可再生能源发电企业要避免或减少机组的闲置从而保障利用小时数。而火电企业应注意引进脱硫脱硝技术，将排放降到最低。用户（特别是大用户）的职责是严格服从电力调度部门的统一调度，并上报生产和用电计划以配合有关部门的监督检查。售电企业要匹配电能供需，负责各种形式供电的并网，也要负责不同用户的供电需求。要努力提高清洁电力大规模并网能力，稳定电力供应，通过一定手段刺激用户合理用电。

本章所研究的多能源发电的协调发展是各个层次的协调。第一，协调发展战略和电力结构优化是我国能源产业的总体规划，是各行各业发展的风向标。第二，政府层面的政策制定和对产业发展的支持与干预；第三，社会公共利益是多能源发电协调发展的目标，如稳定电力供应和控制环境污染。第四，不同类型发电之间的合作是来自企业层面的活动。

二、信息结构模型

本文所建立的多种能源发电协同发展的信息层级结构（如图5-3所示），信息结构可以分为信息同步层、信息协同层、信息共享层和内部沟通层，分别对应多种能源发电的多个参与主体：政府部门、发电企业、电网企业、电力市场及用户。

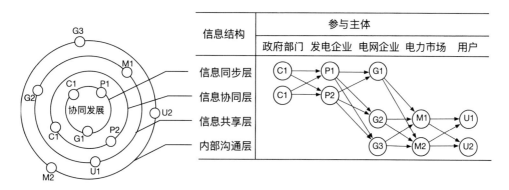

图 5-3　多种能源发电协同发展的信息层级结构

其中，信息同步层是协同发展的核心，这一层级的参与主体包括了政府部门、发电企业、电网企业，显然，多种能源协同发展战略由国家和政府提出，而发电企业和电网企业是政策的执行者，负责解读和传递信息，最终将一致的发展理念同步到各参与主体中。信息协同层的主要任务是保证发展轨迹和政策目标的协同一致，而信息同步层强调的是信息传递的准确性和一致性，二者之间既有区别又有联系。信息共享层是存在于电网企业、电力市场和用户之间的信息层级，通过信息的共享与交互，各利益主体根据自己的生产运营情况对信息展开收集、使用、交流和反馈，充分利用信息形成产业间协同。内部沟通层是指电网企业、电力市场及用户相关企业内部的信息协调，如电网企业根据用户的用电负荷规律、运营数据进行容量规划和规模设计，市场中各参与主体间通过信息共享完成相应的市场活动，内部沟通层是最低的信息层级也是最基本的信息共享方式。

信息层级划分的主要依据包括各主体间的关系、多种能源发电协同发展的重要程度、信息集成度三个方面。

（一）各主体之间的关系

在多种能源发电的协同过程中涉及的参与主体之间具有复杂的关系，包括供需关系、利益分配、间接影响关系、管理与执行关系、合作与竞争关系等，这种关系决定了信息层级的数量，即相同信息系统访问权限。同一个层级的个体间的关系可以是战略合作伙伴、重要合作伙伴、普通合作伙伴、电子联系四个层次。

（二）多种能源发电协同发展的重要程度

多元化信息是多种能源发电协同发展的驱动力，在需求拉动的供需模式下，用户的用电量是各类型发电企业规划生产力的重要参考依据，发电量和用户的负荷特征是电网企业的调度依据。来自于宏观环境中的信息对多种能源发电具有间接影响，例如能源价格、各类型电价、政策信息、环保制约等。距离信息中心节点越近的参与者就越重要，其重要程度由相应信息的影响力、协调能力和决策权力等因素决定，重要程度可以划分为核心、很重要、比较重要、一般重要四个层次。

（三）信息集成度

信息集成度反映了信息系统的完整性，包括来自多方信息和数据的整合和协同。距离中心越近的代表集成度越高，即协同发展中心层，离中心越远的外侧则信息集成度越低（胡杰，孙秋野，胡旌伟，2019）。因此依据信息的结构特点，本节的信息层级可以分为信息同步层、信息协同层、信息共享层、内部沟通层，同时根据多种能源发电的信息结构特点，信息结构整理后见表5-1。

表5-1 多种能源发电协同发展信息层级结构表

信息结构	主体关系	重要程度	信息协同	多种能源发电信息协同
信息同步层	战略协同	核心	政策和目标	各主体积极应对国家的战略部署，按照既定目标来制订自己的生产经营计划，地方政府根据当地实际情况进行统筹安排
信息协同层	重要合作	很重要	保障机制和协同机制	保障机制是各参与主体协同发展的前提条件，不仅能够保障各主体的利益还能创造良好的竞争环境，既要保证参与者之间的利益共享又能共担风险

信息结构	主体关系	重要程度	信息协同	多种能源发电信息协同
信息共享层	一般合作	比较重要	运营信息和生产数据	生产运营信息是多种能源发电协同发展大数据的基础，参与成员在将自己的生产信息共享的同时也能获得与自己生产相关的信息，从而使整体协同发展
内部沟通层	内部沟通	一般重要	作业信息和历史数据	企业或单位内部的生产作业信息协调能够使企业运作更加高效，提高企业自身竞争力

注：本表由笔者根据多种能源发电的信息结构特点自行整理。

多种能源发电协同发展信息层级结构分为四个层级，包含了多种能源发电系统中的所有参与主体。首先每个层级中的主体都有自己的职责和权利，信息同步层作为最高层级包含了国家的政策部门和地方政府的执行部门，其主要任务是制定发展政策并准确且及时地传达下去。信息协同层是政府与企业之间的信息传递过程，目的是对政策的正确解读并制订实施计划。信息共享层包含了发电侧、用电侧和电网三大主体，也是讨论的重点，对三者之间的信息协同控制才能实现多种能源发电的协同发展。内部沟通层主要是企业内部的信息协调与控制利用，主要为了更好地实施生产作业。需要注意的是，电网企业、电力市场和用户的信息共享层是促进电力供需平衡的关键。

三、信息结构中存在的问题

（一）信息不对称

信息不对称指的是各参与者所拥有的信息不一致，或者部分参与者对信息掌握不够全面。随着电力市场的发展，信息结构变得越来越复杂化，而信息对于发电侧、用户侧、电网侧的经营与规划都是十分重要的，信息掌握充分者处于比较有利的地位，否则处于相对被动的地位。

在多种能源发电的协同发展过程中，信息不对称体现在多个方面，例如价格信息、原材料价格、设备价格、电价等是决定供应链上下游企业盈利水平的关键信息。供需信息不对称会造成企业制订生产计划失误，导致供应不足或供大于求的现象出现，甚至对价格产生影响。信息不对称对企业供需均衡的影响（如图 5-4 所示）。不存在信息不对称的情况下，实际供需平衡点 E 所对应的

商品价格为 P。然而，如果采购方虚构需求量，供给方顺势给予价格优惠的供应量（对应于曲线 S'），此时的供需平衡点 E1 对应的价格 P_1 明显低于 P。同理，供给方利用市场供应量不稳定时期的环境，制造原料缺货假象伺机加价，则会出现双重边际化现象，造成后段成本上升。

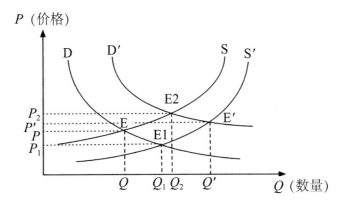

图 5-4　信息不对称对企业供需均衡的影响

由于企业之间存在竞争或利益冲突，因此各部门对信息资源的分割和垄断现象普遍存在，这就导致了信息和数据背后的需求与生产计划与现实情况存在较大差别。这种现象会导致生产和服务效率降低，造成一定程度的浪费，并阻碍信息的协同与共享。

（二）信息沟通不畅

导致信息沟通不畅的一个主要因素是信息资源的标准化问题。信息标准化建设是信息协同的基础，在当今的互联网时代，信息通过网络在各企业各部门之间实现高速传输，标准化信息是实现互联互通、信息共享、业务协同、安全可靠的前提。在信息共享活动中，要制定统一的信息资源建设标准和技术规范，形成一个可以共享的网络平台，数据交叉采集，指标口径力求一致。另外，信息资源标准化建设也是保障信息安全的必要手段。

另一个因素是信息传输技术，与发达国家相比，我国的信息传输技术还有很大的进步空间。技术是支撑信息共享发展的根本手段，没有信息技术就没有多样化的信息共享形式。信息传输技术包括网络技术、数据库技术和 Web 技术等。随着泛在电力物联网和 5G 通信技术的发展，发电和用电企业的信息和数据能够更加快速高效传输。

（三）信息协同体制不够健全

体制及相关规定是实现信息协同的重要保障，但随着信息化水平的不断提高和互联网技术的发展，与信息公开、信息共享、信息保护等相关的法律和机制仍不够健全。在信息的采集、存储、传递、获取、分析及利用等环节中都没明确的法律和法规，甚至在信息相对保密的部门还没有相应的信息传输渠道和保障机制。信息资源可分为政府性、公益性、商业性和私有性，不同的信息种类需要有相应的管理机制，才能够使信息在安全高效的环境下实现多层级共享和协同。

最后还需要营造良好的共享环境，如以软硬件环境作支撑和信息资源共享的社会氛围中，提高社会公众对信息共享的认识，多种能源发电各参与主体都能够自觉遵守信息协同的准则和规范。

第二节　基于多种能源发电参与主体的信息融合

本节主要针对多种能源发电中的参与主体进行分析，将各自的信息分别整理汇总，拟实现多主体间的信息协同。将多种能源发电过程的参与主体分为发电侧、用户、电网企业、电力市场和电力排放（虚拟主体）。研究各自相关的信息与其他主体之间的关联关系，从而建立起整个系统的信息协同模型，为信息的协同管控奠定基础（任东方，2020）。

一、发电侧

发电侧包括各种类型电厂，负责了电力供需平衡，既不能缺电，也不能过剩。发电侧是技术密集型产业，是电力系统的主体部分，涵盖火电、风电、光伏发电、水电、核电、生物质能发电、氢能等多种发电形式，同时也是信息量巨大的主体。

发电侧指的是不同形式的电厂，除主要发电形式外，还有磁流体发电、潮汐发电、海洋温差发电、波浪发电、地热发电、生物质能发电等发电方式，形成了遍布全国各地不同规模的发电厂或发电站。但目前我国的主要发电形式仍为火电，然后是风电、水电、光伏与核电，其他的发电形式所占比例较小，因此本文只分析主流的发电形式。

我国发电企业按资产所有制来划分可以分为国有企业和合资企业，而国有企业又可以分为国有控股企业和地方政府控股企业，且以火电、风电和太阳能为主，而合资企业又可以分为外资合作企业和民间资本联合，且以可再生能源发电为主。在本章研究的多能源发电协同发展中，主要是指国家和政府控制的大型发电厂，并没有考虑小型民营发电厂，发电侧的信息主要如下。

（一）发电成本和效益

发电成本和效益是发电企业最关注的内容，这直接决定了电厂的竞争力和行业发展积极性。对于火电企业而言，发电的主要原材料是煤炭等化石能源，以煤炭为例，2021年以来，电煤的价格持续上涨，大幅推高下游发电行业生产成本，对电力供应和冬季供暖会产生不利影响。火电企业为了保障利润就会采取一系列应对措施，这对发电量会产生直接影响，东北大面积拉闸限电就是最好的案例。对于可再生能源发电而言，国家对新能源发电的补贴已经在逐步取消，这意味着可再生能源发电企业在未来需要靠自己的运营和生产进行盈利。既要考虑到可再生能源的可得性，克服自然条件的影响，又要根据市场对新能源电力的需求进行生产，在多方利益的权衡下保障企业的利润。

（二）上网电价

为了鼓励新能源发电产业的健康可持续发展，增加可再生能源的使用及减少二氧化碳排放，我国在电价方面采取了一些措施。根据《中华人民共和国可再生能源法》，为合理引导新能源投资，促进陆上风电、光伏发电等新能源产业健康有序发展，调整新能源上网电价基准。[①]上网电价直接影响了各个发电厂的收益，发电厂商再根据市场价格对自己的生产计划进行调整。例如我国的新能源在过去的几年中由于得到了电价的补贴，进行疯狂抢装，导致了新能源发电装机容量迅速增加，但并没有考虑到消纳问题，"弃风、弃光和弃水"现象严重。

国家会对各种能源的上网电价进行调控，尤其是为了鼓励对可再生能源电力的使用，国家对可再生能源发电的上网电价进行补贴。例如风电的电价可以分为四个资源区，分别具有不同的价格。

---

① 全国人民代表大会常务委员会. 中华人民共和国可再生能源法 [EB/OL]. (2009–12–26) [2023–09–01]. https://flk.npc.gov.cn/detail2.html?MmM5MDlmZGQ2NzhiZjE3OTAxNjc4YmY3MDhhNjA1NzM.

（三）装机容量增长率

装机容量增长率是说明各种能源发展的重要指标，不仅能够反映了相应发电形式的增长速度还能反应相关行业的发展水平和竞争力度。在目前的能源结构和电力结构下，提高可再生能源的装机容量是首要工作，因此需要关注各种能源的装机容量及其占比。《中国可再生能源发展报告2021》中数据显示，2020年全球可再生能源装机容量达到2799吉瓦，较2019年增长10.3%，新增可再生能源装机容量超过260吉瓦。[①]这意味着可再生能源的发展在全球范围内呈现了较快的发展趋势。影响装机容量的增长率的因素有很多，主要是来自国家和政府的宏观调控，除此之外，环保的压力对火电机组的增长率具有一定的抑制作用。在多种能源发电协同发展的信息协同模型中，各种能源的装机容量是发电量的直接影响因素。

（四）发电量

本章主要统计了几种主要能源的发电量：风电、光伏、水电和火电。发电量可由各类型机组的装机容量、机组利用小时数来计算。为了方便计算，本章利用平均利用小时数进行计算。发电公司一般会根据电力需求预测，制订相应的发电计划和投资建设方案。从宏观上看，总发电量等于各种能源发电量之和。从微观角度看，总发电量等于各发电企业的上网电量和各种形式分布式发电的发电量之和。对于火力发电厂来说，发电量可以人工控制也可以按需发电。然而，新能源发电更依赖于自然环境。例如，水资源丰富的季节水力发电量大，风力发电对地形和地域的要求更高。光伏发电只能在白天日照充足的情况下使用。由于新能源发电机组的机动性差，火电在我国仍占据主导地位。

总发电量是连接发电侧子系统和用电侧子系统的纽带，本章的信息模型是按照需求拉动的方式进行建模，即总发电量根据总用电量进行计算得到，发电侧各主体的信息及其相互关系如图5-5所示。

---

① 中国水力发电工程学会. 中国可再生能源发展报告.2021[EB/OL]. (2022-06-24)[2023-09-01]. http://www.hydropower.org.cn/showNewsDetail.asp?nsId=34203.

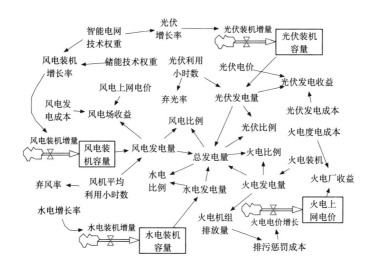

图 5-5　发电侧各主体的信息及其相互关系

二、用户

用户的主要信息就是用电量，在需求拉动的模式下，发电企业的发电量及电网的建设规模都是根据用户的用电量和用电规律进行设计，因此用户的用电信息对电力系统各参与主体的行为决策有重要的参考价值。我国的用电量可以按照产业进行划分，第一产业用电量主要包括农林牧副渔相关的用电量，第二产业用电量指的是采矿、制造、建筑业等的用电量，第三产业用电量统计的是服务行业的用电量。此外，还有居民用电量，居民用电的稳定性和安全性受到广泛关注（张素香，刘建明，赵丙镇，等，2013）。许多拉闸限电发生都是居民用电不稳定的体现，同时也说明了多种能源发电系统没有很好的实现协同配合。2020 年各产业的用电量占比如图 5-6 所示。

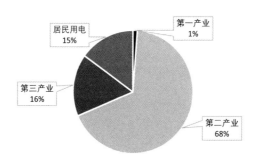

图 5-6　2020 年各产业用电量占比

数据来源：国家统计局. 中国统计年鉴.2021[DB/OL]. (2021-09-01)[2023-09-01]. http://www.stats.gov.cn/sj/ndsj/2021/indexch.htm.

除按照产业划分的用电量种类之外，还可以根据供电可靠性分为第一类用户、第二类用户和第三类用户。第一类用户的优先级较高，指的是坚决不能出现断电和停电的行业，如军事相关行业、交通枢纽、火箭发射、医院等，这种情况下断电会造成较大的经济损失和人员伤亡。第二类用户多指的是生产经营企业及居民，电能供给不及时或不稳定会造成生产和生活的严重不便，如商场、工厂、家庭用电等。第三类用户的优先级较低，可以选择在用电低谷时用电，既能享受电价优惠又不会造成较大的损失。

最后一种划分方式是根据电价的价格策略，大致分为工业用电、农业用电、商业用电和居民用电四大类。不同的是，这种划分方式下不同用户对电压的要求是不同的。其中居民用电的电压等级一般为一千伏至十千伏，工业生产及大型设备厂商的电压等级有三种：十千伏、三十五千伏和一百一十千伏。每种用户用电所付出的电价是不同的，居民用电的价格往往较为低廉。此外，重点煤矿企业生产用电、核工业用电、铀化工厂生产用电和化肥生产用电则实行单独定价。

用电侧各主体的信息及其相互关系如图5-7所示，图中展示了与用户侧相关主体的信息及其协同关系。从图5-7可以看出，总用电量为三个产业和居民用电量之和，同时受各产业的产值影响。而用电系统与发电系统的信息关联节点就是用电量与发电量的关系，二者之间的计算公式和关系在后文会加以说明。居民用电量的影响因素有很多，包括人口、人均收入、气候变化、电价等。其中，全社会用电量分为三大产业用电量和居民用电量，构成了需求拉动式发展的负荷来源，而总用电量是根据全社会的用电量来进行统计，因此发电与用电是通过总用电量这一信息与各种发电形式的总发电量信息相关联的。

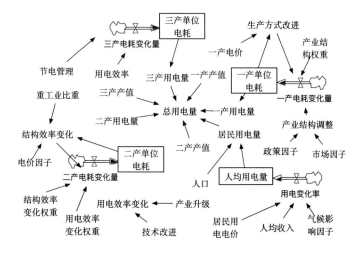

图 5-7 用电侧各主体的信息及其协同关系

各产业用电量与单位电耗是直接相关的，对于第一产业、第二产业、第三产业而言，单位电耗是不同的，因为影响电耗变化率的因素各不相同。第一产业电耗变化量主要是因产业结构调整引起的，与国家相关政策和市场调节共同作用形成。第二产业电耗变化与结构效率变化权重和用电效率变化权重有关，技术改进和产业升级都是导致用电效率变化的主要原因。第三产业以服务业为主，其用电变化量与节点管理措施和用户的用电效率有关。居民用电有别于产业用电，可以由人均用电量乘以人口总量计算得出。而人均用电的影响因素包括电价、人均收入和气候，这是因为用电成本对一般家庭而言都是需要考虑的重要因素，电价的浮动和家庭经济状况都会影响居民的用电需求，另一方面，季节变化会改变家庭大功率电器的使用情况，如空调或电暖设备。

三、电网和市场

由于可再生能源的环境效益不能在电价中合理体现，与传统能源相比，不具备绝对的优势，没有竞争力。欧美一些国家的实践表明，排污权交易和可交易绿色证书限制了火力发电的发展，同时为可再生能源的发展创造了环境。因此，我国也采用政策体系来管理可再生能源的利用，这将对可再生能源发电企业和电力系统产生一定的影响。

（一）电网

在电力系统中，电网的主要职责是使发电机与用户相匹配，通过对电力设备的控制和管理，实现发电厂与用户的连接，掌握发电与用电的平衡。因此，电网被定义为发电和用电的统一整体，由输、变、配电设备和相应的辅助系统组成。电网是连接发电厂和用户的桥梁。一方面，它可以将各种发电量传输给各种用户。另一方面，它在发电和用电之间起着协调控制的作用。

在多能源发电的协同发展中，电网企业是责任主体，因为我国目前电力系统的运行模式是发电厂将发电量直接接入电网，再由电网通过输电线路传输给各个用户。因此，多能源发电比例和发电计划需要电网协调，电网发挥着重要的协调作用。

电网企业担负着重要职责，不仅为发电厂与用户之间提供了纽带，还提供了变电和配电的服务。随着我国电力体制改革的不断深入，电网的垄断地位将逐渐被打破，用户可以直接向发电厂商买电，只需要向电网支付一定的费用即可，发电商、电网、用户之间的关系如图5-8所示。

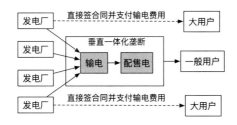

图 5-8　发电商、电网、用户之间的关系

（二）电力市场

电力市场为发电和用电企业提供了良好的发展环境。电力市场对价格具有直接影响，通过多参与主体间的竞争与合作关系形成一个相对稳定和持久的价格机制，并对所有参与者进行约束，多种能源发电的信息协同过程离不开电力市场的参与。近年来，在电力市场化建设取得阶段性成果的同时，我国电力市场仍然面临着市场体系不完整、能源低碳转型任务艰巨、持续扩大市场化交易规模面临挑战等一系列问题。因此，在下一步市场运营中，仍需有效统筹中长期交易与现货交易，进一步提升电力市场风险防控能力，加强电力市场技术支撑，为我国电力市场健康有序发展奠定坚实基础。

电力市场具有三大功能：一是价格发现功能。在低碳和环保的双重压力下，我国多年来以煤为基础的能源供应体系面临变革，可再生能源、储能、微电网、需求侧响应等新技术会广泛应用，电力运行模式随之改变。这些新技术会给社会带来益处，但对价格形成机制进行科学的判断才能从中受益。另外，传统化石能源如灵活性煤电、天然气发电，至少在目前技术阶段，是必不可少的，而且会是可再生能源必需的辅助手段，特别是在发电利用小时数大幅缩减的情况下。政府指导电价不能完全满足需求，此时电力市场可以认可价值进而发现价格形成机制中存在的问题。二是提高电力系统效率和安全性的功能。与西方发达国家相比我国电力系效率较低，从机组的利用小时数、用电率、负荷率、线损率等多重指标来看有较大差距。在技术发展不够成熟的情况下，有必要通过电力市场，对资源（人、财、物）进行有效分配来解决以上问题。三是保持价格水平稳定的功能。就目前的市场价格看，可再生能源发电的利润空间和价格都不利于生产企业，电力市场的价格指导作用可以引导投资，降低控制区的边际电价水平、减轻或消除线路阻塞、降低线损、提高用户需求响应意愿和水平，以达到尽量保持电价水平的目的。

电力市场包括了六大要素：主体、客体、载体、价格、规则和监管。电力市场中的诸多企业构成了市场主体，它们具有独立的经营能力并且自负盈亏，承担应有的市场责任（梁文潮，2005）。市场机制的核心内容是价格。通过价格机制，参与者可以进行利益分配。电价反映在电力系统的方方面面，如发电企业、电网企业、用户、电力市场都是以价格为主线，价格直接关系到各主体的利益。协同发展的基本要求是确保整体利益最大化，因此，价格是协同开发中的一个重要信息。市场规则和规章制度均旨在帮助市场稳定运行。

电力部门和电力市场之间具有密切关系，二者是相辅相成、共同发展的。市场信息为电力部门的运营提供了引导作用和支持作用，市场价格往往是项目投资或退出的风向标。从用户角度看，市场可以通过体制改革对用户的用电方式进行引导和优化，进而改变用电负荷规律，这在很大程度上促进了电网的发展和建设。

同时，电网的发展信息也对市场的运行和规划方向会产生影响。从某种程度上看，电力市场是为电力系统和电网的稳定可靠运行提供辅助服务的角色，因此电网中的信息和数据就是市场发展的依据。例如对发电量和用电量数据和信息进行大数据分析能够挖掘到对电力市场发展相关的潜在规律，有利于市场机制的进一步完善，市场规模的扩大及市场服务模式的创新，有利于市场充分发挥其资源配置功能，电网和市场的信息协同机制如图 5-9 所示。

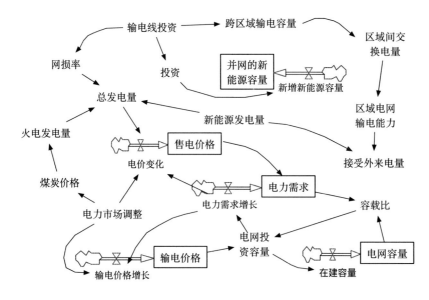

图 5-9　电网和市场的信息协同机制

四、电力排放

在多种能源发电中，火电是导致二氧化碳排放的主要方面（骆跃军，骆志刚，赵黛青，2014）。多种能源发电的协同发展就是为了优化发电结构从而减少化石能源的使用和二氧化碳排放。电力污染物主要包括烟尘、二氧化硫、氮氧化物、废水、粉煤灰等。随着"双碳"目标的提出，二氧化碳是国家重点治理的温室气体。在多种发电方式并存的发展模式下，影响排放的因素来自各行各业，仅仅靠一方的努力是远远不够的，下面主要从四个方面阐述。

（一）电源结构

火电（燃煤、燃气、垃圾焚烧等）是电力行业排放的主要贡献者。目前火电仍为我国电力装机的主力，火力发电量占比与电力行业的排放直接相关。目前，以风、光为代表的可再生能源飞速发展，其装机容量占比也在持续增加，由此带来的新能源减排量会使污染物排放总量变少。模型中的发电煤炭消耗量是污染物的主要来源，结合电力排放强度指标就可以计算出排放总量。

尽管火电目前仍将起到压舱石的作用，但一直以来的能源环保政策、低碳转型要求及最新的"双碳"目标，均指出需要降低化石能源的消费量，持续优化电源结构，进而构建更为清洁、智能、灵活的新型能源电力系统。

（二）发电技术和环保投入

随着节能技术的进步、环保技术的发展、高效机组的大量投入生产及管理理念的提升，我国火电机组的单位煤耗已明显下降。环保技术的进步将减少发电过程中污染气体的排放量，但是技术的更新需要一定的资金投入，资金投入的力度又受到减排效果和技术进步系数的影响，从而构成相互影响的闭环系统。

（三）产业结构

不同的工业类型对电能的需求和需求规律是不同的。第二产业和第三产业是用电主体，第一产业和居民用电较少。电耗与发电量成正比，从而增加了电力企业的污染物排放。因此，产业结构的调整也是影响电力排放的重要因素。

（四）能源消耗量

此处所考虑的污染物主要是发电用的化石能源（主要为煤炭、石油和天然气）燃烧所产生的排放。通过公开获取的折算系数，将这些化石能源的消耗转换为煤耗量（万吨标准煤），然后计算得出协同发展模型中所需的电力排放量。[①] 多种能源发电的过程中涉及的污染气体排放主体和信息共享机制如图 5-10 所示。

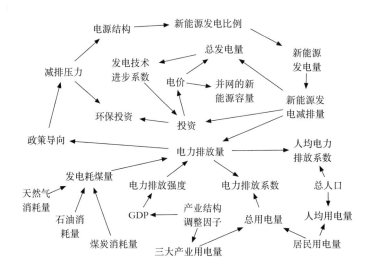

图 5-10　电力污染气体排放主体和信息协同机制

第三节　以控制污染物为目标的
多种能源发电信息协同管控模型

一、模型构建

本节主要目标是构建不同主体之间基于信息协作、信息共享的交互模型，全盘管控不同主体的生产活动信息，从而达到协同发展的目的。以下是模型的主要子系统。

（一）污染物排放子系统

火力发电产生的 SO_2 和 NO_x 等污染物是大气污染物的主要来源。为了做好大气污染物防治工作，我国出台了一系列的环保政策，促进技术进步和节能减排。在此趋势下，煤炭消费量将会持续下降（崔树银，李江林，2014）。

---

① 中华人民共和国国家质量监督检验检疫总局，中国国家标准化管理委员会. 焦炭单位产品能源消耗限额 [EB/OL]. (2013-10-10) [2023-09-01]. https://openstd.samr.gov.cn/bzgk/gb/newGbInfo?hcno=B2F901BD9AC538C123E77E315.

为了研究电力行业的污染气体排放，我们建立了排放子系统。火电厂的煤炭燃烧会产生 SO_2 和 NO_x 等污染气体。对此，我国出台了一系列节能减排措施来控制二氧化碳排放及污染物排放。在政策的指引下火电企业已经推进节能改造，不断提高节能能力，从而降低供电煤耗。在"十四五"能源规划下，煤炭的使用量将进一步下降，并可能逐步被清洁能源所取代。[①] 在排放子系统中，笔者考虑了多种污染物，其中，SO_2 和 NO_x 的排放量计算公式如式（5-1）和式（5-2）所示：

$$emi_{SO_2} = 1.6coal_p \times content_s \times \left(1 - \frac{capacity_{DS}}{capacity_{the}} \times eff_{DS}\right) \quad (5-1)$$

$$emi_{NO_x} = 1.6coal_p \times \left(content_N \times conver_N + 0.00938\right) \times \left(1 - \frac{capacity_{DN}}{capacity_{the}} \times eff_{DN}\right) \quad (5-2)$$

在式（5-1）和式（5-2）中，emi_{SO_2} 和 emi_{NO_x} 表示这两种大气污染物的排放量（单位：百万吨）；$coal_p$ 是发电所用的煤炭量（单位：百万吨）；$content_s$ 是煤炭单位含硫量；$content_N$ 是煤炭单位含氮量；$capacity_{DS}$ 是脱硫火电机组的装机容量（单位：百万兆瓦）；$capacity_{DN}$ 是脱硝火电机组的装机容量（单位：百万兆瓦）；$capacity_{the}$ 是火电的总装机容量（单位：百万兆瓦）；eff_{DS} 为平均脱硫效率（我国的平均煤炭硫含量约为 1.5%，煤炭的脱硫效率约为 90%）；eff_{DN} 是平均脱硝效率（我国的煤炭氮含量取值为 0.8%~1.8%，平均约 1.5%）。

来自于政策文件中的数量管控信息对能源电力的发展具有重要的指导意义。在前文构建的信息协同模型中，设定的排放目标也是根据相关政策而制定的。例如，2017 年我国的氮氧化合物和二氧化硫的排放量总共达 44.55 万吨。在各类环保政策的指引下，其排放总量呈逐年下降趋势。因此，我们在模型中设定氮氧化合物和二氧化硫的总排放量在五年内匀速下降，并在未来几十年内呈持续下降态势。模型中将排放总量用式 (5-3) 所示的函数来描述：

$$emi_{target} = 44.55 \times [1 - 2\% \times (t - 2017)] \quad (5-3)$$

在式（5-3）中 emi_{target} 代表不同年份的污染物排放目标的取值，（$t-2017$）代

① 规划司. 中华人民共和国国民经济和社会发展第十四个五年规划和 2035 年远景目标纲要 [EB/OL]. (2021-03-23)[2023-09-01]. https://www.ndrc.gov.cn/xxgk/zcfb/ghwb/202103/t20210323_1270124.html.

表以 2017 年的政策目标作为起始值且每一年都以减排 2% 的目标递减。

节能减排的力度直接关系到污染物减排政策的力度。同时，减排效果对未来政策的制定也具有借鉴意义。比如，当减排超过政策目标时，目标与现实存在较大差距。此时，相关政策对减排的要求会越来越严格，火电厂的减排力度也会越来越大。为了反映污染物排放强度政策，我们将其用下列函数表示为式（5-4）：

$$intensity = IF\_Then\_Else\left(\left(emi_{total} - emi_{target}\right) < 0, 1, 1 + \frac{\left(emi_{total} - emi_{target}\right)}{emi_{target}}\right) \quad （5-4）$$

在式（5-4）中，$intensity$ 用于表示我国二氧化硫和氮氧化物减排政策的强度。

（二）发电子系统

在多能源发电协调发展中，最重要的是确定火力发电的比例。要减少火电装机容量和利用小时数，保护环境，保证为用户稳定供电。因此，火力发电的比重不能过高或过低。为了控制火电装机比例，政府通过调整上网电价对发电企业进行调整。随着脱硫脱硝技术的应用，火电发电成本逐渐上升，利润空间越来越小，不少火电企业纷纷退出。电价是对多种能源发电进行协同控制的重要手段，我国的电价机制对不同种电源形式是不同的，其中火电电价的计算公式如式（5-5）：

$$price_{the} = \left(purch_{grid} + sub_{DN}\right) \times \frac{capacity_{DN}}{capacity_{the}} + purch_{grid} \times$$
$$\left(\frac{capacity_{DS}}{capacity_{the}} - \frac{capacity_{DN}}{capacity_{the}}\right) + \left(purch_{grid} - sub_{DS}\right) \times \left(1 - \frac{capacity_{DS}}{capacity_{the}}\right) \quad （5-5）$$

在式（5-5）中，$price_{the}$ 用于代表火电平均上网电价；$purch_{grid}$ 指的是电网采购脱硫后火电量；sub_{DN} 和 sub_{DS} 分别是脱硝补贴和脱硫补贴。

$$capacity_{the}(t) = capacity_{else}(t - \Delta t) + (capacity\_inc_{the} - capacity\_red_{the})\Delta t$$
$$（5-6）$$

在式（5-6）中，$capacity_{the}$（t）表示时间 t 的火电装机容量，它取决于时间（$t - \Delta t$）的装机容量、火电装机容量增长率 $capacity\_inc_{the}$ 以及 $capacity\_red_{the}$ 减少率。

在电力需求相对稳定的情况下，火电的装机容量和其他种能源的装机容量是相互制约的，火电的装机容量比例计算如下：

$$proportion_{the} = \frac{capacity_{the}}{capacity_{the} + capacity_{else}} \qquad （5-7）$$

（三）煤炭消耗子系统

火力发电厂主要依靠煤炭，因此主要分布在港口和铁路方便到达的地方，而可再生能源受到某一地区的资源禀赋的影响。因此，能源系统主要分析化石能源煤炭的供需状况。

假设煤炭价格取决于煤炭供需比，发电用煤消耗量受洗煤率影响，取决于洗煤设备投资。火力发电的耗煤量可以用下式表示：

$$coal_{the} = genera_{the} = rate_{coal} = genera_{the} \times \frac{rate_f}{factor_t \times factor_b} \qquad （5-8）$$

在式（5-8）中，$coal_{the}$ 表示火电行业的煤炭需求；$genera_{the}$ 火电发电量；$rate_{coal}$ 是电力供电的煤耗率；$rate_f$ 是煤耗率的基准值；$factor_t$ 是汽轮机热效率的影响因子，$factor_b$ 是锅炉热效率影响因子。

供电煤耗率取决于它的基准值、锅炉的热效率 $efficiency_b$ 和汽轮机的热效率 $efficiency_t$，其中，煤耗的基准值取 325，煤耗率计算如下：

$$rate_{coal} = \frac{325}{(efficiency_b \times efficiency_t)} \qquad （5-9）$$

煤炭洗选量的计算如下：

$$coal_w(t) = coal_w(t - \Delta t) + \left(coal\_inc_w\right)\Delta t \qquad （5-10）$$

在式（5-10）中，在时间 t 下煤炭洗选量 $coal_w(t)$ 取决于时间 $(t-\Delta t)$ 的洗选量和其增加速率 $(coal\_inc_w)\Delta t$。

以上为主要公式的设置，后文不再对其他公式的计算加以说明。

二、信息管控模型计算

本文拟借助系统动力学常用软件 Vensim 构建本文的系统动力学模型。多种能源发电的协同包含了五个子系统，包括污染物排放系统，用电系统、发电系统、多种能源装机和发电信息子系统、市场价格信息和政府政策信息子系统。每个系统之间通过信息相互关联，既存在竞争关系又存在合作关系，多种能源发电信息协同动力学模型如图 5-11 所示。

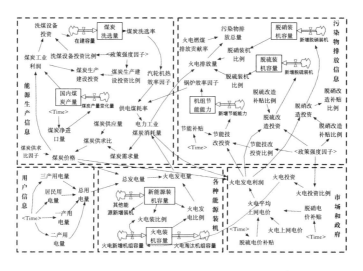

图 5-11　多种能源发电信息协同的动力学模型

每个子系统既有独立的业务，又与其他子系统存在着复杂的关系。它们通过信息交换和信息共享，实现多能源之间的协同与合作。能源信息中的能源价格和能源消耗直接影响污染物排放子系统中污染物气体的排放，机组的节能效率直接影响发电煤耗；用电信息系统和多能源发电信息系统通过发电与用电相关，发电受需求拉动控制；政府和市场通过价格和投资刺激或干预其他实体。各子系统的复杂信息构成了整个系统的信息协作模型。

模型中的数据主要包括煤炭年产量、火电机组装机容量、脱硫机组装机容量、脱硝机组装机容量、污染气体的排放量等数据，其单位和初始值详见表 5-2。

表 5-2　仿真原始数据参数表

参数	单位	初始值
煤炭年产量	万吨	3574
火电机组节能	万吨	30000
火电机组装机容量	兆瓦	81900
其他机组总装机	兆瓦	323940
氮氧化物排放量	百万吨	23
二氧化硫排放量	百万吨	22
煤炭洗选量	万吨	2050
脱硫机组装机容量	兆瓦	753480
脱硝机组装机容量	兆瓦	226044

数据来源：国家统计局．中国统计年鉴．2012[EB/OL]．(2012-09-01)[2023-09-01].

http://www.stats.gov.cn/sj/ndsj/2012/indexch.htm；中华人民共和国生态环境部 . 2022 中国生态环境状况公报 [EB/OL]. (2023-05-29)[2023-09-01]. https://www.mee.gov.cn/hjzl/sthjzk/zghjzkgb/；中国电力企业联合会 . 关于公示 2021 年度电力行业火电 1000MW、600MW、300MW 级机组能效水平对标及竞赛数据的通知：中电联评询 [2022]101 号 [EB/OL]. (2022-04-11)[2023-09-01]. https://www.cec.org.cn/upload/1/editor/1649987092542.pdf；北极星环保网 . 2017 年电力统计（环保）基本数据 [EB/OL]. (2018-06-19)[2023-09-01]. https://huanbao.bjx.com.cn/news/20180619/906642.shtml.

为了验证模型的有效性，笔者选取了以往年份如 2017—2019 年的真实数据与仿真模型得到的数据进行对比，主要是通过计算火电装机容量、火电装机占比、火力发电占比、脱硫机组装机容量比例、脱硝机组装机容量比例、火力发电煤耗量、SO_2 排放量及 NO_x 排放量指标的误差率来分析模型的有效性，各项指标的计算结果详见表 5-3。

表 5-3　变量真实值和模型预测值比较

年份	火电装机容量（千兆瓦）			火电装机占比		
	真实值	仿真值	误差率	真实值[①]	仿真值	误差率
2017	1106.04	898.96	—18.72%	0.648	0.689	6.32%
2018	1143.67	961.32	—15.94%	0.582	0.664	14.08%
2019	1190.55	987.09	—17.08%	0.592	0.612	3.37%

年份	火力发电占比			脱硫机组装机容量比例		
	真实值	仿真值	误差率	真实值	仿真值	误差率
2017	0.718	0.798	11.14%	0.899	0.916	1.89%
2018	0.758	0.809	6.72%	0.915	0.925	1.10%
2019	0.689	0.799	15.96%	0.887	0.923	4.06%

年份	脱硝机组装机容量比例			火力发电耗煤量（百万吨）		
	真实值	仿真值	误差率	真实值	仿真值	误差率
2017	0.309	0.289	—7.07%	2096.31	2207.34	5.03%
2018	0.319	0.304	—5.12%	2459.61	2242.13	8.84%
2019	—	0.321	—	2017.20	2110.04	4.46%

年份	SO2 排放量（万吨）			NOx 排放量（万吨）		
	真实值	预测值	误差率	真实值	预测值	误差率
2017	610.8	672.11	10.03%	1348.4	1444.27	7.26%
2018	516.1	559.43	8.39%	1288.4	1370.60	6.34%
2019	457.3	503.06	10.06%	1233.9	1332.73	8.01%

数据来源：国家统计局 . 中国统计年鉴 .2020[DB/OL]. (2020-09-23)[2023-09-01].

http://www.stats.gov.cn/zs/tjwh/tjkw/tjzl/202302/t20230215_1907951.html；中国电力企业联合会 . 中国电力统计年鉴 .2020[DB/OL]. (2021-03-29)[2023-09-01]. http://www.stats.gov.cn/zs/tjwh/tjkw/tjzl/202302/t20230215_1907967.html；国家统计局 . 中华人民共和国 2019 年国民经济和社会发展统计公报 [DB/OL]. (2020-02-28)[2023-09-01]. http://www.stats.gov.cn/xxgk/sjfb/zxfb2020/202003/t20200302_1767765.html； 国家统计局 . 中华人民共和国 2018 年国民经济和社会发展统计公报 [DB/OL]. (2019-02-28)[2023-09-01]. http://www.stats.gov.cn/xxgk/sjfb/tjgb2020/201902/t20190228_1768642.html；国家统计局 . 中华人民共和国 2017 年国民经济和社会发展统计公报 [DB/OL]. (2018-02-28)[2023-09-01]. http://www.stats.gov.cn/sj/zxfb/202302/t20230203_1899855.html.

在表 5-3 中，通过比较 2017—2019 年的真实值和仿真值，得到模型的真实值和仿真值，输出的误差率分别代表了八个具有代表性的关键变量，并通过真实性检验，验证了信息协作模型的有效性和适用性。通过模型的真实值与仿真值的比较，发现大部分变量的误差几乎控制在 −10% ~ 10% 的范围内，满足真实性检验的要求。

三、结果分析

在多主体之间信息共享和协同的前提下，通过运行仿真模型可以获得各指标的相关信息。模拟时长为 2020—2036 年，得到了排放约束下多能源发电协调发展各指标的变化趋势如图 5-12 所示。

（一）火电发展

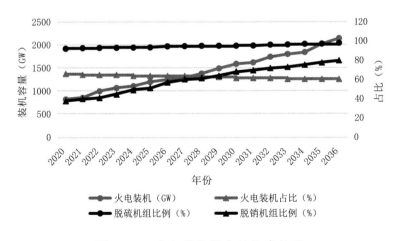

图 5-12　发电结构信息的仿真结果

由图 5-12 可知在仿真年份内，发电结构不断变化，分别从火电装机容量、火电发电量占比及火电装机比例等方面进行讨论，分析结论如下。

1. 火力发电量

2017—2036 年火电装机容量将保持稳定增长态势，这一结论与我国火电发电现状非常吻合。"十三五"期间，我国火电装机增加 2 亿千瓦，这意味着煤电装机过剩的局面依然存在并将继续，已成为阻碍多能源发电协调发展的重要问题。①

2. 火力发电占比

从预测结果可以看出，未来十年，火电发电占比仍将保持较高水平（约80%），但值得注意的是，火电发电占比呈逐年下降趋势。从 2017 年到 2032 年，火电发电占比将稳步下降，到 2036 年将降至 72.9%，这一结论说明火电发电在短时间内难以被其他能源替代，这与我国长期的能源结构密切相关，因此，短期内改变以火电为主的能源结构的现实是不可能的。

3. 火电装机容量占比

随着经济增长，火电绝对装机容量不断增加，但清洁发电的发展导致火电装机容量比重持续下降，将从 2017 年的 70.5% 下降到 2021 年的 67.5%，下降速度将加快，2021 年至 2026 年基本保持不变，2027 年以后将加速下降，这意味着其他能源装机容量所占比重正在上升。这说明，虽然我国在大力推进新能源发展的政策指导下，建设了大量水电、风电、光伏等新能源发电厂和发电装机，前文分析认为，新能源装机比例的提高并不意味着新能源得到充分利用并逐步取代火电，"弃风、弃光和弃水"现象的出现表明我国离弃火电、用清洁能源的目标还具有相当的距离。

4. 动力污染物排放控制

预测结果表明，2017—2036 年火电机组脱硫脱硝装置占比将提高三倍以上，这说明我国的节能减排政策促进了许多火电厂的清洁改造，减少了污染气体的排放。具体来看，2026 年脱硫能力占比将超过 95%，并将继续提高。2017 年，我国火电机组脱硝增速仅为 28%，到 2036 年，这一比例将达到 78.9%。从总体上看，我国具有脱硫脱硝火电机组的增长呈 S 型缓慢增长规律。

（二）污染物排放和电煤消耗

笔者考虑了多能源发电信息协同模型中的相关政策和目标信息，如将污染

---

① 北极星电力网. 煤电的低碳化发展路径研究 [EB/OL]. (2022-01-19)[2023-09-01]. https://news.bjx.com.cn/html/20220119/1200395.shtml.

物减排计划和排放指标数据引入到仿真模型中。通过运行模型，可以得到火电厂污染物气体排放量和发电煤耗量信息预测结果（如图5-13所示），预测结果可以辅助相关部门把握各项发展目标的完成和实施进展。

图5-13显示了火电工业耗煤量、二氧化硫排放量和氮氧化物排放量的预测结果。从图5-13可知，火力发电的煤炭消耗量在未来呈现逐渐减少的趋势。一方面，火力发电逐步被其他发电形式所取代，能源结构持续优化；另一方面，我国的节能减排政策影响了火力发电的耗煤量，发电形式更加趋于清洁化。因此，我国的多种能源发电的协同在未来具有一定成效，火电逐步减少，可再生能源不断增加。

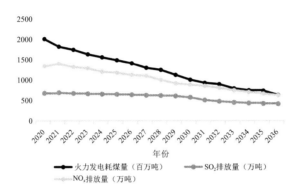

图5-13　火电厂污染物气体排放量和发电煤耗量信息预测结果

信息协同模型旨在预测政策目标的达成情况，进而了解未来多种能源发电的比例、相应的大气污染物排放量等情况。例如，用2017年之前的历史数据测试模型时，分析显示到2018年，PM10将比2012年下降8.56%。若继续目前的能源结构调整力度和方式，则很可能难以实现"到2020年PM10减排10%"的政策目标。

（三）可再生能源发电与污染物排放

设定其他模型参数不变，但可再生能源发电的装机增长率参数可调的场景，即可分析可再生能源发电增长率的变化对大气污染物排放量的影响情况。

通过现有数据可以计算得到新能源装机的增长率为7%，随着节能减排力度的深入以及国家对新能源行业的大力扶持，新能源发电技术和发电成本都会有新的突破，增长率有可能会达到8%。根据我国在近几年的政策目标，将仿真的长度定为2019—2036年。二氧化硫和氮氧化物的排放量、火力发电煤耗量、火电装机容量比例的仿真结果如图 5-14 所示。笔者模拟了不同新能源增长率在多方协同情况下的增长情况，反映了多种能源发电的结构变化对各主体信息的影响。依据模型设定的增长率，2020 年电力行业的二氧化硫排放量将减少到 1504 万吨，比 2017 年下降 11.01%，NO_x 排放量将降至 2515 万吨，下降了 12.07%，煤炭需求和火电装机容量也将明显减少。

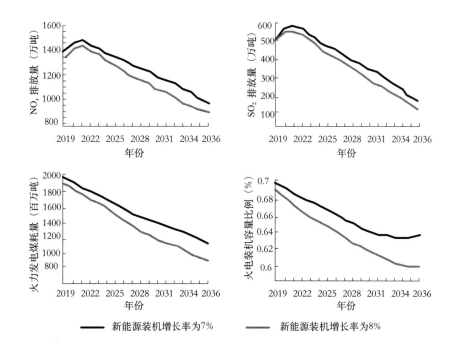

图 5-14　新能源不同增长率下的情景仿真结果

第四节　多种能源发电信息协同的规划设计

　　以上内容是在微观层面上针对多种能源发电信息的管控研究，要从多主体和多方面地对多种发电形式进行信息管控，还需要宏观层面的规划，因此，本章将根据第一节中对多种能源发电的信息结构分析进行协同信息规划设计（任东方，2021）。

一、信息协同规划目标及原则

　　前文已经对多种能源发电协同发展所处环境、基本现状、参与主体及信息协同发展中存在的问题进行了分析。为了能够有效地解决多种能源发电在信息协同中存在的诸多问题，需要在国家制定的协同发展战略框架下，结合当前的实际情况及业务的需求和管理的需求，制定出符合地区发展实际的，统一的、集成的规划方案。

（一）目标

本章拟建立一个以优化能源结构和促进可再生能源发展为协同规划方向；以多种能源发电、用电相关数据及信息服务平台为基础，以多种信息通信技术、电力物联网技术等高新技术为载体，以多种能源发电的协调配合为用户提供稳定安全的电能为核心的信息协同规划模型。信息协同战略的规划目标如下文所述。

1. 不同能源发电间的协同

多种发电形式的协同主要指传统火电和新能源发电之间的协同。首先，要对可再生能源发电量进行准确的预测，提高其发电的稳定性，为用户提供稳定的电源。在这个过程中，要协调好各主体之间的利益关系，保证稳定充足的电力供应，实现成本最低、损耗最小、排放最少的多能源发电协调模式，实现可再生能源和火电的发电模式。其次，我们需要注重可再生能源之间的协同作用。以水、光、风多能源互补为例，协调调度可以充分利用水电和储能的可调性，增强能源互补性和电网稳定性。新能源发电在完成调度发电任务的同时，利用低负荷期为抽水蓄能电站蓄水，抽水蓄能电站在高峰负荷期发电。河北省张家口市张北县正在建设的国家"风电、太阳能储能、输电"示范工程，形成了风电发电、集中光伏发电、分布式光伏发电与火电的良好合作，为周边地区供电。

2. 发电企业与电网间的协同

大规模可再生能源并网会给电网带来较大冲击，电网对于稳定持续的电源消化能力较强，但是很难消纳大规模不稳定的电源，这不仅取决于电网技术，电网运营与各种能源发电之间的协同也是非常重要的。实现二者之间的协同首先要精准预测各种能源的发电量和发电规律，合理设置电网的调峰。其次，政府应制定相应的政策使电网企业乐意接受新能源电力的上网，才能保障大规模可再生能源的良性发展。

3. 用户间的协同

电力负荷通常具有季节性和周期性，但不同类型用户的负载特性不同，如居民用电和商业用电具有明显的季节性波动特征。工业用电主要受经济形势影响，一般而言较为稳定。掌握不同用户的用能特点，有利于制定用户之间的合作策略，从而降低电网运行压力，有利于供电企业获得最大化的经济效益；也有利于引导其充分利用各种形式的电力，尽可能地协调各类用户的用能行为，进而提高可再生能源的利用率。这样，既能充分利用可再生能源，减少污染，又能为用户提供坚强的供电保障。

（二）原则

1. 智能化原则

能源供需双方均可以通过智能化的信息渠道建立关联关系，按"需求拉动"的模式进行能源供给。通过应用新型智能技术，可以更全面地处理能源信息，更深入地对信息进行分析和整合，更精准的匹配能源供需，最终在智能模式下完成各种能源的开发和管理。

2. 信息互联原则

随着电力物联网的建设和推进，信息的作用和功能越来越强大。多种能源发电系统是能源生产和使用的重要形式，能源从发电到使用的全部流程可以通过有效的互联方式，在能源互联网覆盖范围内，将各种能源予以全面的开发利用。综合能源数据和信息以更加全面和快速的方式在能源互联网中得以收集、传输和应用，这也确定了综合能源系统的工作形式，使多种发电形式趋于协同。

3. 信息安全原则

构建便于各参与方开展信息交流的统一平台，避免数据泄露、损毁、丢失或被篡改，使数据处于高度可控的状态之下，提高能源信息的整体安全性。

4. 提高能源效率

通过对历史信息和数据的分析，掌握能源生产和利用的规律。通过信息在行业内部和企业间的共享和交流，加强能源供应链管理，避免能源的浪费，促进能源精准合理利用。

5. 清洁低碳发展原则

在多种能源发电的协同过程中，要注重可再生能源的利用及对火电的控制，随着"双碳"目标的提出，未来数十年中，太阳能、风电等可再生能源将会得到大规模发展，虽然火电无法在较短时间内被其他能源取代，但是在满足电力供应的前提下需要尽可能地减少二氧化碳排放，以清洁低碳为发展原则。

6. 信息的综合应用

信息利用的效率从一定程度上反映了协同的程度，协同发展应该以信息的综合利用为原则，充分挖掘信息背后的价值。综合能源信息在信息系统各个层面之间具有显著的共用性，在信息的融合时，通过对信息形式和内容的优化，使综合能源数据和相关信息可以被细化为不同的应用类型，并在多种能源发电的应用实践中发挥价值。

二、信息协同整体设计

首先，信息的协同和共享需要对能源信息进行有效的采集。采集过程中，需要使用设备仪器等，对综合能源的整体情况进行数据的获取。信息采集以泛在感知技术和设备来接受能源的特征，然后通过电表等仪器转化为可读取的示数。需要注意的是，数据和信息采集要把握好时间点，寻求最佳数据契合点才能获得有价值的信息。其次，需要解决好大数据的处理需求，即信息的处理和传输，大数据是一种数字文件，在综合能源信息体系当中，呈现出动态数据流形态。随着现代新型通信技术的发展，如5G转储系统的开发，信息的传输变得越来越便捷，越来越高效。最后，通过全面提取数据，将信息在不同层面进行拓展，形成深度的数据挖掘，进而做好信息交互，促进数据在综合能源系统中的全面利用，多种能源发电各主体间的协同关系如图5-15所示。

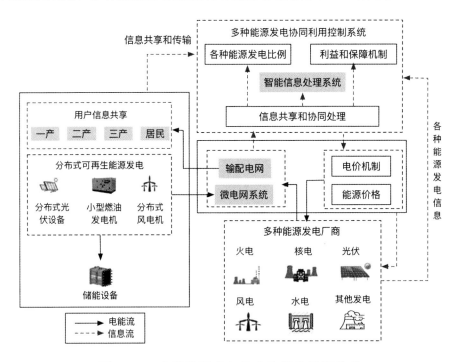

图 5-15　多种能源发电各主体间的协同关系

图 5-15 展示了多种能源发电的协同发展中各层次主体间的相互关系，实

线代表各主体之间的电能流动和输送，虚线箭头代表信息交互。协同发展框架及发展中需要解决的问题主要包括以下几个方面内容。

（一）多种电源的协同利用

多种电源的协调必须依赖于整个能源互联网中的可控资源进行联合调度，并且必须由多个参与者进行协调。这是一个以信息共享为基础的能源互联及区域合作的综合体系。在该体系中，各种能源发电受技术水平制约，也受自然环境的限制，同时也需要市场规则和调度管理规则来约束，是一个多主体参与的复杂过程。

多种能源发电协同优化过程中的主要注意事项为：首先，多主体间需要信息共享，通过信息协作使得不同主体之间的关系更加紧密；其次，考虑到风电、太阳能发电的随机性和分散性，需要制定好协同开发利用的风险管控策略和措施。

（二）协同发展信息和数据分析

多种能源发电的协同是基于信息流通、共享和协调利用建立起来的。信息系统的管理与控制是多能源发电协同管理的重要组成部分。同时，丰富的信息加上恰当的数据分析方法，即可为管理部门提供科学的决策依据。将发电机组、电网运行及用电需求等大量的数据归集到数据分析部门，进而对多能源发电数据和不同用户用电数据的分析，有助于开展发电和用电的协调工作。

（三）风险管控

提高可再生能源利用率，降低废弃风险，需要多方合作，因为每个主体都有自己的利益诉求。一方盈利的同时也意味着另一方可能亏损。因此，必须立足全局视角，充分考虑不同主体之间的竞合关进行博弈分析，使得整体利益最大或整体损失最小。

本章后续内容以多种能源发电的协同发展为主。行业的发展现状和困难使得多能源发电的协同存在风险，在政策制定和具体实施过程中也缺乏有效的协同机制。因此，首先需要立足能源低碳转型的政策背景，提出要寻求到恰当的途径解决多种能源发电协同发展的问题，重在通过厘清竞合关系、实现信息共享来管控好风险。其次通过仿真对协同开发模式进行了较为直观的分析，最后通过数据挖掘对多种能源发电的协同调度提出有价值的建议。

（四）协同效应

多种能源发电的协调发展应具有一定的协同效应。协同作用按层次结构可分为以下两种类型：一是外部环境的协同，即多种能源发电的产业上下游企业通过相互协调合作，实现整体利益最大化的目标；二是内部协作，通过企业内各部门间的业务合作，取得整体效益最优的结果。多种能源发电的协同发展，可促进清洁能源的利用，降低大气污染物的排放，取得很好的协同效益，多种能源发电信息协同机制和框架体系结构如图5–16所示。

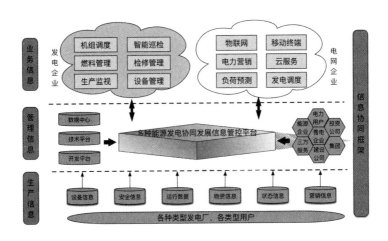

图 5–16　多种能源发电信息协同机制和框架体系结构

总体上看，多种能源发电的协同信息包括业务信息、管理信息和生产信息三个层面。生产信息主要来源于各种类型的发电厂和各种类型的用户，包括了生产设备的实时数据，例如发电机组的发电量和实时用电数据，状态信息指的是生产设备的运行参数，用于分析生产效率和规模。物资信息是生产所需的原材料数据，是生产的保障，营销是生产企业利润的来源。管理信息主要服务于信息管控平台，数据中心、技术平台和开发平台提供了技术服务，电网企业、用户、第三方企业等作为服务对象和参与者。业务信息主要来自发电企业和电网企业两个主体，包含了生产运营的主要信息和参数（任东方，2021）。

三、信息协同风险及防范

从信息结构上，信息协同风险可以分为企业内部、企业或行业间两个层次。企业内部的信息协同和共享应当关注这些风险：内部报告系统缺失、功能不健全、内容不完整，可能影响生产经营有序运行；内部信息传递不通畅、不及时，可能导致决策失误、相关政策措施难以落实；内部信息传递中泄露商业秘密，可能削弱企业核心竞争力。企业或行业间常常由于竞争和利益导致信息协同中出现问题，尤其是生产和需求信息对于大部分企业来说是最高机密，关乎企业的生存与发展，在一般情况下很难实现信息的绝对共享和协同。

从风险种类看，信息协同风险可以分为：其一，投资风险，多种能源发电在政策刺激下越来越向着可再生能源倾斜，激发了对可再生能源项目的投资热情，但建设完成的风电、光伏等设备却没有得到充分利用，导致资金回收风险。在项目建设中，预算、进度、个人、资源、用户和需求方面的信息沟通存在问题，项目复杂性、规模和结构的不确定性也构成项目的风险因素。其二，市场信息风险。电力和能源市场是多种能源发电协同发展的宏观环境，市场信息的协同存在各种风险，如价格信息风险、管理风险、预测风险、销售风险等。良好的市场环境是多种能源可持续发展的关键，市场价格、市场机制和交易规则等方面的信息风险是不可忽视的。其三，政策风险，多种能源发电是涉及多主体、多环节，从上而下的发展过程，需要国家有关部门制定发展战略，地方政府和相关企业进行解读并执行，政策信息在乡下传递过程中如果出现错误解读，对下游企业会造成指导策略上的误导，往往会导致过度实施或实施不到位。

区块链技术能够在一定程度上规避了信息协同中的风险。区块链技术是一个分布式账本，一种通过去中心化的方式集体维护一个可靠数据的技术方案，从数据角度来看是分布式存储，从技术角度来看是多种技术的整合。区块链在许多行业得到应用，电力行业也不例外，区块链技术在能源电力行业最常见的应用场景就是 P2P 能源交易。区块链的 P2P 网络技术让能源交易网络转换成交易平台，在相同的能源生产和消费交易区间以过去市场技术无法达成的速度完成财务结清，将双边零售协议转变为多边交易生态系统，维持网络与消费者间的相关性。

第五节　本章小结

本章研究了多种能源发电协同发展中各参与主体之间的信息协同关系，并通过这种关系解决了发展中的一些风险和问题。首先，分析了多种能源发电在协同过程中的信息结构，并指出信息结构中存在的问题。其次，从发电侧、用户侧、电力市场和排放等方面阐述了基础多主体的信息融合，为信息模型的建立奠定基础。然后，建立了基于系统动力学方法的信息协同与管控模型，通过对各子系统的分析明确了多种能源发电各信息之间的定量关系，模型对可再生能源和火电的发展做出了预测，并分析了不同情形下多种污染物的排放情况。最后，根据模型分析结果和信息结构模型，对多种能源发电信息协同进行规划，并分析了风险和防范措施。

本章所提出的信息共享模型可有效匹配发电侧和用电侧的供需信息，为提升可再生能源发电出力提供决策支持，有助于解决可再生能源的弃用问题。另外，该模型能够模拟我国电力结构调整过程，分析我国节能减排相关政策的实施效果，具有很好的实践价值。

第六章　多种能源发电协同调度决策模型

前文分析了投入产出效率和多种能源发电的空间关系，并构建了多种能源发电协同发展的信息共享模型。本章主要梳理多种能源发电的特点，分析其协同发展的难点，然后分别以经济效益与减排为目标和以成本、减排和清洁能源消纳为目标构建两组多种能源发电协同调度的多目标决策优化模型，为不同场景下的多种能源发电协同调度决策提供参考。

第一节　多种能源发电及协同优化调度概述

一、多种能源发电特点及协同难点分析

（一）主要发电类型及其特点

其一，与水电、光伏等其他类型的发电厂相比，火电厂布局灵活，可按需决定装机容量，建设周期短，一次性建设投资少。然而，火电厂仍然具有明显的缺点，如火电厂的耗煤量大，发电成本高，运行灵活性有限，火力发电生产过程会排放大量的二氧化碳和空气污染物。其二，风力发电与光伏发电均是绿色无污染的新能源发电方式，在近十年得到大力推广，装机容量逐年增加，在

供电结构中的比重越来越大。但风力发电与光伏发电的输出功率均具有较高的随机性，会对电网系统造成影响。其三，水力循环发电可以节省大量燃料，不会产生污染气体。与同样装机容量的火力发电厂相比，水力发电厂的发电成本更低。水电站设备简单、自动化水平高，机组启动较快，当负荷发生快速变化时水电站可以迅速适应。但是，水电站的建设周期长、投资大，且受河流、地形、水量和气候等因素影响较大。其四，核电站是一种依靠原子核所含能量大规模发电的新型电站。核电具有较高的可靠性、较低的能源消耗和生产过程清洁无污染等优点，但核电站一旦发生事故则容易造成严重的后果，对其周边的地方条件要求也很高。

（二）多种能源发电协同难点

首先，我国发电能源整体结构不合理，能应对风电和光电的不确定波动、具有快速调峰能力的发电能源比例较小，整体调节性能不足的情况。其次，发电能源结构的地域分布不合理，如甘肃、新疆的水电柔性发电能源较少，但风力发电、光伏发电的输出功率较大，导致风力发电、光伏发电并网的峰谷差增大，难以通过就地消纳来改善。最后，我国风电发电和光伏发电远离负荷中心，本地消纳能力有限，特高压输电能力有待进一步提高。随着风力发电和光伏发电的大规模并网，我国的电源结构从传统的水电、火电、核电调度转变为水电、火电、风电、光伏、核电多能源调度。受各类发电形式的自身禀赋与电网结构特点等因素影响，在多种能源发电协同调度工作中仍存在调峰不够灵活高效、传统发电调度规划兼容性不强、多能互补机制不够完善等难题。

二、发电协同调度优化方法概述

（一）数学解析方法

在电力系统优化调度研究的初始阶段，因为计算机的发展有限，也没有广泛的应用计算机技术。这时，人们通常采用数学分析法来进行电力系统优化运行的研究。这种方法对应的是经典的经济调度模型。该方法需要分别列出目标函数和控制变量之间的函数关系，通过数学运算，并结合电力系统实际运行经验得到最终结果。大量的实践结果表明，这种方法不能实现电力系统的最优经济运行。科学技术的进步，促使更多的专家学者在协调方程的模型的求解进行深入的研究。在经济调度优化的问题上，数学分析方法具有物理概念清晰、操作简单、计算速度快、内存少、能满足实时计算的需要等优点。它已被广泛应用于电力系统的优化调度中。但这种方法对所要解决的问题仍有苛刻的条件，通常要求待优化的目标具有可微和连续性。

（二）数学规划方法

目前的数学规划方法主要包括线性规划法、非线性规划法、动态规划法及网络流规划法。其一，线性规划法因其具有计算可靠、求解速度快等优点，被广泛用于发电系统的优化调度（黄裕春，杨甲甲，文福拴，等，2013）。然而，这种方法通常需要对非线性目标函数进行线性化，如使用泰勒扩展的线性化，因此，该线性化降低了计算精度。其二，与线性规划法相比，非线性规划法被广泛用于短期优化调度问题，该方法可以避免使用线性规划法造成的模型线性化的误差问题，从而获得最优解。其三，动态规划法具有对优化目标、变量类型和约束条件没有特殊要求等优势。它可以解决高度离散的、非凸的、非线性的优化问题，得到严格的全局最优解。但该方法有明显的阶数限制且随着决策变量的增加，维度灾难的问题会更加突出。因此，有学者借助限制路径法来解决减少动态规划中转移路径个数的目标，进而减少状态变量的个数的问题（王成文，韩勇，谭忠富，等，2006）。其四，网络流规划法可用来求解具有多变量、多约束的线性和非线性网络优化问题，该方法在电力系统优化和调度领域得到了广泛的应用。例如，汪兴强、丁明、韩平平（2011）基于网络流法的参数计算过程，成功优化了互连的联合发电和输电系统。虽然网络流法有其独特的优势，但在某些情况下，该方法的应用会受到一定的影响。

（三）智能优化算法

随着计算机科学和人工智能的快速发展，智能优化算法得到了更为广泛的应用。智能优化算法不仅适用于复杂约束条件的情景，还能有效地解决各种非线性和非微分的优化问题，为能源协调调度问题的研究提供了有效的技术解决方案。这类算法主要包括遗传算法（Genetic Algorithm, GA）、禁忌搜索(Tabu Search，TS)、蚁群优化（Ant Colony Optimization, ACO）、粒子群优化（Particle Swarm Optimization, PSO）以及各种混合型智能算法等（林艺城，2018）。

其一，遗传算法于 1975 年被 J.Holland 教授首次提出，并在电力系统的经济运行中得到了广泛的应用（林艺城，2018）。例如，李可、马孝义、符少华（2010）借助改进的 GA 算法对水电站的出力进行求解计算，从而达到获得最大的发电量的目标。

其二，禁忌搜索算法是局部搜索算法的典型代表，大量的应用研究表明该算法可以获得较好的次优解。但该算法采用单点搜索，记忆效率不高，塔布表的结构设计和领域结构也比较复杂（林艺城，2018），需要借助一种改进的Tabu 搜索算法（LIN W M，CHENG F S，TSAY M T，2002），才能解决具有不连续和不光滑的消耗特征曲线的电力系统经济调度问题。

其三，蚁群优化具有分布式计算、正反馈和竞争性启发式搜索的特点。大量的仿真案例结果表明，该算法可以有效应对分布式计算和稳定性方面的问题。因此，近年来，专家学者（林艺城，2018）纷纷用这种算法来处理电力系统优化问题。

其四，粒子群算法具有结构简单、操作方便、调整参数少、收敛速度快等优点，为电力系统优化问题提供了一种较为有效的计算方法，例如优化功率流计算、机组承诺优化调度、负荷经济分配等。但是，PSO 算法仍然具有容易出现"过早"现象、后期迭代收敛速度慢、计算粗糙等缺点（林艺城，2018）。因此，针对这些缺点，许多专家学者对该算法提出了改进意见。例如，吴耀武、王峥、唐权等（2006）借助 PSO 算法和 GA 算法的有机融合，提出了一种混合 PSO 算法，并将其应用于水火发电系统的功率规划问题，仿真分析表明，该方法可以有效提高传统 PSO 算法的全局搜索能力和收敛速度。

第二节　多种能源发电协同调度结构体系

多种能源发电协同调度根据在生产活动中的角色不同可分为发电侧、调度侧和用户侧，其中，发电侧包含了火电、风电、水电等多种发电形式。调度侧包括发电调度控制中心和输配电网，发电调度中心的主要作用是协调不同时间段内每种能源的发电量，进而最大限度地减少资源消耗和降低污染物排放。用户侧包括电力负荷预测和用户。

本章的模型将充分考虑具体区域范围内的火电、风电、水电、光伏发电和核电的装机容量情况，根据各自的发电特点设置相应的约束条件，具有实际可操作性。其中，风电的出力的设置主要立足于风功率的预测情况，根据当地历史数据对风功率进行预测；水电出力是根据水库储水量、汛期、枯水期等实际情况建立约束条件；光伏发电主要根据光辐射强度预测值来建立约束条件。考虑到可再生能源的随机性，本模型在约束条件中还考虑了电网接收功率的上下限约束及各种发电方式的出力约束等。同时，针对用户侧响应以及负载的变化，由于抽水蓄能电站可以实现额定功率的输出，因此，模型考虑采用抽水蓄能电站进行补充，对用户侧的负载进行协调，在用电高峰期进行发电，在用电低谷期进行蓄能，以此来降低可再生能源发电随机性带来的影响，使模型更加符合实际情况。

本章建立两个多目标规划模型，一是考虑以经济效益和减排为目标的多种能源发电协同调度优化模型，在此模型中，经济效益是需要重点考虑的因素，即在调度过程中如何取得更高的收益是主要目标。二是以成本和减排为目标的多种能源发电协同调度优化模型，模型会优先考虑保障民生，而不是经济效益最大化，即如何以最低的成本进行调度是主要目标。

第三节　以经济效益和减排为目标的多种能源发电协同调度决策模型

本章在设计多种能源发电协同调度模型时，把多种能源发电整体经济效益最大化和污染物排放量最小化作为目标函数，约束条件为电网传输电能限制、各个电站功率约束限制、水库库容限制、各类能源的波动性等。

一、目标函数

为简化模型，这里设定了一些假设条件：水电可同时实现抽水蓄能功能与调峰发电功能；风电场和光伏电站初始功率输出和配置抽水蓄能系统后的输出功率均是确定的；火电、水电和核电均以额定输出功率发电；在调度过程中，优先消纳可再生能源发电。具体调度目标函数如下文。

经济效益最大化目标函数：

$$\max F_1 = \sum_{i=1}^{24} C_i P_i^{\mathrm{fp}} + C_i P_i^{\mathrm{wh}} + C_i P_i^{\mathrm{wt}} + C_i P_i^{\mathrm{pv}} + C_i P_i^{\mathrm{ne}} - \sum_{i=1}^{24} C_{\mathrm{pi}} P_i^{\mathrm{pi}} + C_r \left(P_i^{\mathrm{wr}} + P_i^{\mathrm{vr}} \right) + C_{\mathrm{su}} n_i^{\mathrm{su}} + C_{\mathrm{sd}} n_i^{\mathrm{sd}}$$

$$(6-1)$$

空气污染物排放目标函数：

$$\min F_2 = \sum_{k=1}^{4}\sum_{i=1}^{24}\eta_{\mathrm{fp},k}P_i^{\mathrm{fp}} + \eta_{\mathrm{wh},k}P_i^{\mathrm{wh}} + \eta_{\mathrm{wt},k}P_i^{\mathrm{wt}} + \eta_{\mathrm{pv},k}P_i^{\mathrm{pv}} + \eta_{\mathrm{ne},k}P_i^{\mathrm{ne}} \qquad (6-2)$$

在式（6-2）中，P_i^{fp}、P_i^{wh}、P_i^{wt}、P_i^{pv}、P_i^{ne} 分别为火电、水电站（是抽水蓄能功能）、风电、光伏、核电在 i 时刻直接输送到电网上的功率；P_i^{pi} 为具有抽水蓄能功能的水电站的抽水功率，C_i 为上网电价，C_{pi} 为抽水用电的电价，C_r 为弃风和弃光的惩罚电价，P_i^{wr}、P_i^{vr} 为弃风量和弃光量，C_{su}、C_{sd} 为水泵启、停成本，n_i^{su}、n_i^{sd} 为 i 时刻启、停水泵机组台数；$\eta_{\mathrm{fp},k}$、$\eta_{\mathrm{wh},k}$、$\eta_{\mathrm{wt},k}$、$\eta_{\mathrm{pv},k}$、$\eta_{\mathrm{ne},k}$ 分别为火电、水电站（具有抽水蓄能功能）、风电、光伏和核电的空气污染物排放系数。

上述函数在最大化利用太阳能资源和风能资源的同时，会综合考虑火电、水电、风电、光伏和核电的能源互联网多能源发电系统，寻找每个时段联合系统各部分的具体出力情况，使得联合系统总的经济效益最高，污染物排放最小，弃风、弃光量最小。

在目标函数中，火电、水电、核电的输出功率均用其装机容量表示，风电和光伏受自然条件影响较大，其输出功率以其发电模型为准。

（一）风力发电模型

风力发电机组借助风电机将风能转变成电能，在运行过程中，叶片在气流作用下驱动风轮转动以实现发电的目的。风机的叶片从风中获得能量，带动发电机发电，输出功率用式（6-3）表示：

$$P_{\mathrm{wt}} = 0.5C_p\pi R^2\rho v^3 \qquad (6-3)$$

在式（6-3）中，P_{wt} 代表风机输出功率，单位 kW；C_p 代表风力机叶轮的功率系数；ρ 代表空气密度，单位 kg/m³；v 代表风机风速，单位 m/s；πR^2 代表风机的风轮扫过面积，单位 m²；R 代表风轮半径，单位 m；由贝兹极限可知，风机不可能将捕获的所有风能全转化为电能，由于 $C_{p,\max} = 0.593$，即实际上只有 59.3% 的风能可转化成电能输出。

风力机组发电时存在一个使风机启动的风速，也就是切入风速 v_{in}，当 $v > v_{\mathrm{in}}$ 时，机组开始正常运行，而相反情况下为非正常工作状态，不输出功率。机组存在一个额定风速 v_{e}，当 $v = v_{\mathrm{e}}$ 时，机组输出的是额定功率，当风速继续增加时，此功率稳定不变。当 $v_{\mathrm{in}} < v < v_{\mathrm{e}}$ 时，在此区间内，随着风速的增大，相应的输出

功率同步增加。风机存在一定的最大工作风速也就是切出风速 v_{out}，当 $v > v_{\text{out}}$ 时，机组应该停止工作，避免出现损坏（吕优，2018）。

综上所述，风机输出的功率可以具体表示如下：

$$P_{\text{wt}} = \begin{cases} 0.5C_P \pi R^2 \rho v^3, v_{\text{in}} < v < v_{\text{e}} \\ P_{\text{e}}, v_{\text{e}} < v < v_{\text{out}} \\ 0, v < v_{\text{in}} \ \ or \ \ v > v_{\text{out}} \end{cases} \tag{6-4}$$

（二）光伏发电模型

光伏发电借助光伏电板将太阳能转换为电能，其输出电流满足：

$$I = I_{\text{ph}} - I_{\text{o}} \left\{ \exp\left[\frac{q(U + IR_{\text{s}})}{mnT} \right] - 1 \right\} - \frac{U + IR_{\text{s}}}{R_{\text{sh}}} \tag{6-5}$$

在式（6-5）中，I、U 分别为光伏发电阵列的输出电流和电压；I_{ph} 为光生电流；R_{s}、R_{sh} 分别为光伏电池串、并联等效电阻值；I_{o} 为饱和电流；m、q 分别为波尔兹量常数、电荷量；T 为电池板的温度；n 为二极管的特性参数（吕优，2018）。

光伏电池的并联等效电阻 R_{sh} 很大，可以不用考虑到其影响，而相应的串联等效电阻 R_{s} 非常小，短路情况下二极管的电流值非常小，为了方便建模可假设 $I_{\text{sc}} = I_{\text{ph}}$，这样处理后确定出的光伏出力特性具体表示如下：

$$\begin{cases} I = I_{\text{sc}} \left\{ 1 - A\left[\exp\left(\frac{BU}{U_{\text{oc}}} \right) - 1 \right] \right\} \\ U = \frac{U_{\text{oc}}}{B} \ln \frac{(1+A)I_{\text{sc}} - I}{AI_{\text{sc}}} \end{cases} \tag{6-6}$$

光伏的输出功率为：

$$P_{\text{pv}} = UI = \frac{U_{\text{oc}}}{A} \ln \frac{(1+A)I_{\text{sc}} - I}{AI_{\text{sc}}} \tag{6-7}$$

其中，参数 A、B 分别如下：

$$\begin{cases} A = \left(\frac{I_{\text{sc}} - I_{\text{max}}}{I_{\text{sc}}} \right)^{\frac{U_{\text{oc}}}{U_{\text{oc}} - U_{\text{max}}}} \\ B = \ln \frac{1+A}{A} \end{cases} \tag{6-8}$$

在式（6-8）中，I_{sc}、U_{oc} 分别为光伏阵列的短路电流与开路电压，I_{max}、U_{max} 分

别相应的最大工作电流与电压，P_{pv} 则表示其输出功率。

二、约束条件

（一）输出功率约束

$$P_i^{\mathrm{fp}}+P_i^{\mathrm{w}}+P_i^{\mathrm{v}}+P_i^{\mathrm{ne}}=P_i^{\mathrm{fp}}+P_i^{\mathrm{wh}}+P_i^{\mathrm{wt}}+P_i^{\mathrm{pv}}+P_i^{\mathrm{ne}}+P_i^{\mathrm{pi}}+P_i^{\mathrm{wr}}+P_i^{\mathrm{vr}}$$

$$（6-9）$$

在式（6-9）中，P_i^{w}、P_i^{v} 分别表示 i 时刻风电、光伏发电功率；P_i^{fp}、P_i^{wh}、P_i^{wt}、P_i^{pv}、P_i^{ne} 分别为火电、水电站（具抽水蓄能功能）、风电、光伏、核电在 i 时刻直接输送到电网上的功率；P_i^{pi} 为具有抽水蓄能功能的水电站的抽水功率；P_i^{wr}、P_i^{vr} 为弃风量和弃光量。

（二）电网接收功率约束

$$P_{\min}\leqslant P_i^{\mathrm{fp}}+P_i^{\mathrm{wh}}+P_i^{\mathrm{wt}}+P_i^{\mathrm{pv}}+P_i^{\mathrm{ne}}\leqslant P_{\max} \qquad （6-10）$$

$$P_{\max}^{wh}-P_i^{wh}\geqslant P_i^{r} \qquad （6-11）$$

在式（6-10）、式（6-11）中，$P_{\max}$、$P_{\min}$ 为电网接受功率的上下限，此上下限有电力负荷预测值决定；$P_{\max}^{\mathrm{wh}}$ 表示水电站最大发电功率；P_i^{r} 为备用功率。

（三）水库容量约束

$$E_{i+1}=E_i+t\left(\mu_p P_i^{\mathrm{pi}}-\frac{P_i^{\mathrm{wh}}}{\mu_g}\right)-E_{\mathrm{dump}} \qquad （6-12）$$

在式（6-12）中，E_i 为 i 时刻水电站所储存的能量，E_{i+1} 为 $i+1$ 时刻水电站储存的能量；μ_p 是水泵的抽水效率，μ_g 为水轮机组的发电功率；E_{dump} 为未被水库储存的容量，$E_{\mathrm{dump}}\geqslant 0$。

（四）风电和光伏发电功率约束

$$P_i^{\mathrm{wr}}\leqslant P_i^{\mathrm{wt}}\leqslant P_i^{\mathrm{w}}\leqslant P_i^{\mathrm{vr}}\leqslant P_i^{\mathrm{pv}}\leqslant P_i^{\mathrm{v}} \qquad （6-13）$$

$$P_i^{\mathrm{wr}}=P_i^{\mathrm{w}}-P_i^{\mathrm{wt}},\ P_i^{\mathrm{vr}}=P_i^{\mathrm{v}}-P_i^{\mathrm{pv}} \qquad （6-14）$$

在式（6-13）、式（6-14）中，P_i^{wt}、P_i^{pv} 分别为风电、光伏在 i 时刻直接输送到电网上的功率；P_i^{wr}、P_i^{vr} 为弃风量和弃光量；P_i^{w}、P_i^{v} 分别为 i 时刻风电、光伏发电功率。

（五）水轮机和水泵功率约束

$$n_i^p\leqslant N \qquad （6-15）$$

$$n_i^p P_{\min}^{\mathrm{pi}} \leqslant P_i^{\mathrm{pi}} \leqslant n_i^p P_{\max}^{\mathrm{pi}} \qquad (6\text{-}16)$$

$$P_{\min}^{\mathrm{wh}} \leqslant P_i^{\mathrm{wh}} \leqslant \left(N - n_{i-1}^{\mathrm{pi}}\right) P_{\max}^{\mathrm{wh}} \qquad (6\text{-}17)$$

$$P_{\min}^{\mathrm{wh}} \leqslant P_i^{\mathrm{wh}} \leqslant \min\left\{P_{\max}^{\mathrm{wh}}, P\left(V_i^u, H_i\right)\right\} \qquad (6\text{-}18)$$

$$\sum_{i=1}^{24}\left(n_i^{\mathrm{su}} + n_i^{\mathrm{sd}}\right) \leqslant 2TN \qquad (6\text{-}19)$$

在式（6-15）~式（6-19）中，n_i^p 是 i 时刻抽水机组的台数；N 是可逆式机组的总台数，$P_{\max}^{\mathrm{wh}}$、$P_{\min}^{\mathrm{wh}}$ 为单台机组抽水功率的上下限；V_i^u 为上下水库库容，H_i 为扬程，T 为每日抽水机组启停次数。

（六）水库容量约束

在考虑抽水蓄能电站库容约束时，假设下水库有相对较大的容积和充足的水源，将上水库的水量按库容能量，即可发电量处理，则库容约束可表示为以下各式：

$$V_{\min}^u \leqslant V_i^u \leqslant V_{\max}^u \qquad (6\text{-}20)$$

$$V_{\min}^d \leqslant V_i^d \leqslant V_{\max}^d \qquad (6\text{-}21)$$

$$\delta_{\min} \leqslant V_{24}^u - V_0^u \leqslant \delta_{\max} \qquad (6\text{-}22)$$

当水电站发电时，水库的库容变化量为：

$$V_{i+1}^u = \frac{\left(\Delta i P_i^{\mathrm{wh}}\right)}{\mu_1} \qquad (6\text{-}23)$$

当水电站抽水时，水库的库容变化量为：

$$V_{i+1}^u = V_i^u + \frac{\Delta i P_i^{\mathrm{wh}}}{\mu_2} \qquad (6\text{-}24)$$

在式（6-20）~式（6-24）中，$V_{\max}^u$、$V_{\min}^u$ 分别为上水库库容的最大值和最小值；$V_{\max}^d$、$V_{\min}^d$ 分别为下水库库容的最大值和最小值；$\delta_{\max}$、$\delta_{\min}$ 为每天首末时段库容变动的最大值和最小值；μ_1 为水电站发电效率，μ_2 为水电站抽水效率。

（七）功率波动约束

$$\min\left\{\left(P_{i+1}^{\mathrm{fp}} + P_{i+1}^{\mathrm{wh}} + P_{i+1}^{\mathrm{wt}} + P_{i+1}^{\mathrm{pv}} + P_{i+1}^{\mathrm{ne}}\right) - \left(P_i^{\mathrm{fp}} + P_i^{\mathrm{wh}} + P_i^{\mathrm{wt}} + P_i^{\mathrm{pv}} + P_i^{\mathrm{ne}}\right)\right\} \qquad (6\text{-}25)$$

在式（6-25）中，使相邻两个时刻联合系统的发电功率间的差值尽量小，达到平滑功率的目的。

（八）火电出力约束

$$P_{\min}^{fp} \leqslant P_i^{fp} \leqslant P_{\max}^{fp} \qquad （6-26）$$

在式（6-26）中，$P_{\max}^{fp}$、$P_{\min}^{fp}$ 为火电出力的上下限。

（九）火电爬坡约束

$$\left| P_i^{fp} - P_{i-1}^{fp} \right| \leqslant P_{res}^{fp} \qquad （6-27）$$

在式（6-27）中，P_{res}^{fp} 为火电的爬坡限制出力。

第四节　以成本和减排为目标的多种能源发电协同调度决策模型

考虑到我国风能、太阳能、水能、火电和核电的特征，本章在设计多种能源发电协同调度模型时，将多种能源发电整体成本和污染物排放量最小作为优化目标。其中，成本包括火电成本、风电成本、水电成本、光伏成本和核电成本，同时将清洁能源利用最大化考虑到目标函数之中，以达到减少弃风量和弃光量的目的。在约束条件中，充分考虑输出功率约束、出力约束、出力变化约束、储能能量约束、储能充放电约束、水电约束、备用约束等情况，从而使模型更加完备。

一、目标函数

（一）多种能源发电成本

1. 火电成本

$$F_{fp} = \sum_{t=1}^{T} \sum_{i=1}^{N_{fp}} \left[f_i^{fp}\left(P_{i,t}^{fp} \right) + f_i^{E}\left(P_{i,t}^{fp} \right) \right] \qquad （6-28）$$

$$\begin{cases} f_i^{fp}\left(P_{i,t}^{fp} \right) = a_i \left(P_{i,t}^{fp} \right)^2 + b_i P_{i,t}^{fp} + c_i \\ f_i^{E}\left(P_{i,t}^{fp} \right) = \left| d_i \sin\left[g_i g \left(P_{i,\min} - P_{i,t}^{fp} \right) \right] \right| \end{cases} \qquad （6-29）$$

在式（6-28）、式（6-29）中，F_{fp} 为火电常规机组运行成本，T 为调度时段数，

N_{fp} 为火电机组数量；$P_{i,t}^{fp}$ 为第 i 个机组在 t 时段的机组平均出力；f_i^{fp} 为第 i 个发电机组运行成本；f_i^{E} 表示阀点效应产生的能耗成本；a_i，b_i，c_i 为耗量特性系数；d_i，g_i 为阀点效应系数；$P_{i,\,min}$ 为第 i 台发电机组的最小出力。

2. 风电成本

风力发电的实际输出值可能与预测值不完全一致。电网的常规机组在抑制风电波动方面起着重要作用。风电的波动成本主要指常规机组的旋转储备成本，可分为容量成本和电价成本两部分（刘立阳，2019）。在实际使用中，风电的电价成本也需要考虑到风电的总成本中。

$$F_{wt} = f_{wb} + f_{wq} \tag{6-30}$$

在（6-30）式中，F_{wt} 表示风电总成本；f_{wb} 表示风电的波动总成本；f_{wq} 为风电的电价成本。

风电的不确定成本：

$$\begin{cases} f_{wb} = f_{cap} + f_{qty} \\ f_{cap} = \sum_{t=1}^{T} \left[C_1 \Delta P_t^{wt,-} + C_2 \cdot \Delta P_t^{wt,+} \right] \\ f_{qty} = \sum_{t=1}^{T} \left[C_3 \cdot Q_t^{wt,+} + C_4 Q_t^{wt,-} \right] \end{cases} \tag{6-31}$$

$$\begin{cases} Q_t^{wt,+} = \int_0^{P_t^{wt,y}} \left(P_t^{wt,y} - P \right) f(P) dP \\ Q_t^{wt,-} = \int_{P_t^{wt,y}}^{P_t^{wt,rate}} \left(P - P_t^{wt,y} \right) f(P) dP \end{cases} \tag{6-32}$$

在式（6-31）、式（6-32）中，f_{wb} 表示风电的波动总成本；f_{cap} 为容量成本；$\Delta P_t^{wt,+}$、$\Delta P_t^{wt,-}$ 分别为预留的正负备用容量；C_1、C_2 分别为正向和负向备用容量成本系数；f_{qty} 表示由风电实际出力偏差造成的电量成本；$Q_t^{wt,+}$ 表示可能高估的风电发电量，即系统备用需要增加出力的电量，$Q_t^{wt,-}$ 为可能低估的发电量；对应风电场弃风电量或备用需要减出力的电量，C_3、C_4 分别为高估、低估电量成本系数；$P_t^{wt,y}$ 表示风电场在 t 时刻的预测值；$P_t^{wt,rare}$ 为额定输出功率；P 为风电实际出力；$f(P)$ 为风电场（风机）的出力概率分布。

风电的电价成本：

$$f_{wq} = \sum_{t=1}^{T} \sum_{j=1}^{N_{wt}} \rho_j^{wt} P_{j,t}^{wt} \tag{6-33}$$

在式（6-33）中，f_{wq} 为风电的电价成本；ρ_j^{wt} 为风电机组的价格系数；$P_{j,t}^{wt}$ 为第 t 时刻风电的出力；N_{wt} 为风电场数量。

3. 水电成本

$$F_{wh} = \sum_{t=1}^{T}\sum_{l=1}^{N_{wh}} \rho_l^{wh} P_{l,t}^{wh} \qquad (6-34)$$

在式（6-34）中，F_{wh} 为水电的电价成本；ρ_l^{wh} 为水电机组的价格系数；$P_{l,t}^{wh}$ 为第 t 时刻水电的出力；N_{wh} 为水电机组数量。

4. 光伏成本

$$F_{pv} = \sum_{t=1}^{T}\sum_{k=1}^{N_{pv}} \rho_k^{pv} P_{k,t}^{pv} \qquad (6-35)$$

在式（6-35）中，F_{pv} 为光伏的电价成本；ρ_k^{pv} 为光伏发电机组的价格系数；$P_{k,t}^{pv}$ 为第 t 时刻光伏发电的出力；N_{pv} 为水电机组数量。

5. 核电成本

$$F_{ne} = \sum_{t=1}^{T}\sum_{h=1}^{N_{ne}} \rho_h^{ne} P_{h,t}^{ne} \qquad (6-36)$$

在式（6-36）中，F_{ne} 为核电的电价成本；ρ_h^{ne} 为核电机组的价格系数；$P_{h,t}^{ne}$ 为第 t 时刻核电的出力；N_{ne} 为水电机组数量。

6. 储能设备成本

目前，比较成熟的储能技术包括抽水蓄能和电池储能。抽水蓄能具有容量大，寿命长的优势，但对区域的要求高且建设周期长。电池储能有着寿命短，单位容量成本高的特点。普通铅酸电池的成本相对较低，但其充放电寿命只有几百次。钠硫电池和锂电池的寿命相对较长，但其建设成本相对昂贵。因此，为了反映储能的实际价值，储能设备的成本也应包括在目标函数中（刘立阳，2019）。

$$F_s = \sum_{t=1}^{T}\sum_{m=1}^{N_s} \rho_m^s Q_{m,t}^s \qquad (6-37)$$

在式（6-37）中，F_s 为储能设备的成本；ρ_m^s 为第 m 个储能的价格系数；$Q_{m,t}^s$ 为第 t 时刻第 m 个存储的电量；N_s 为储能设备的数量。

7. 总成本函数

$$F_1 = F_{fp} + F_{wt} + F_{wh} + F_{pv} + F_{ne} + F_s \qquad (6-38)$$

在式（6-38）中，F_1 为总成本；F_{fp} 为火电常规机组运行成本；F_{wt} 为风电成本；F_{wh} 为水电的电价成本；F_{pv} 为光伏的电价成本；F_{ne} 为核电的电价成本；F_s 为储能设备的成本。

（二）污染物减排目标

火电机组的污染物排放主要是碳氧化物、氮氧化物和硫化物。其计算公式如下文所示。

$$F_2 = \sum_{t=1}^{T} \sum_{i=1}^{N_{fp}} \left[\alpha_i \left(P_{i,t}^{fp} \right)^2 + \beta_i P_{i,t}^{fp} + \mu_i + \xi_i \exp \left(\sigma_i P_{i,t}^{fp} \right) \right] \tag{6-39}$$

在式（6-39）中，F_2 为污染物排放量；a_i，β_i，μ_i，ξ_i，σ_i 为排放系数；N_{fp} 为火电机组数量；$P_{i,t}^{fp}$ 为第 i 个机组在 t 时段的平均有功出力。

（三）清洁能源利用最大化

风资源不能被保存，如果风速对应的功率大于调度输出，就会产生弃风的情况。弃风量用公式可以表示为：

$$f_{ww} = \sum_{t=1}^{T} \sum_{j=1}^{N_{wt}} \left(P_{j,t}^{wt} - \tilde{P}_{j,t}^{wt} \right) \Delta t \tag{6-40}$$

在式（6-40）中，$P_{j,t}^{wt}$ 为第 j 个风电场 t 时刻预测出力；$\tilde{P}_{j,t}^{wt}$ 为相应的调度计划出力；Δt 为调度单位时间。

太阳能资源也无法保存，如果光伏发电机组的输出功率大于调度出力，将会产生弃光的情况，弃光量用公式可以表示为：

$$f_{vw} = \sum_{t=1}^{T} \sum_{k=1}^{N_{pv}} \left(P_{k,t}^{pv} - \tilde{P}_{k,t}^{pv} \right) \Delta t \tag{6-41}$$

在式（6-41）中，$P_{k,t}^{pv}$ 为第 k 个光伏电场 t 时刻预测出力；$\tilde{P}_{k,t}^{pv}$ 为相应的调度计划出力；Δt 为调度单位时间。

$$f_{hw} = \sum_{t=1}^{T} \sum_{l=1}^{N_{wh}} f_{l,t}^{wh} \Delta t \tag{6-42}$$

$$\text{s.t.} \begin{cases} P_{l,t,\min}^{wh} = \max \left(P_{l,t,\text{force}}^{wh}, P_{l,\min}^{wh} \right) \\ P_{l,t,\min}^{wh} > P_{l,t}^{wh}, f_{l,t}^{wh} = P_{l,t,\min}^{wh} - P_{l,t}^{wh} \\ P_{l,t,\min}^{wh} \leqslant P_{l,t}^{wh}, f_{l,t}^{wh} = 0 \end{cases} \tag{6-43}$$

在式（6-42）、式（6-43）中，$P_{l,t,\text{force}}^{wh}$ 为 t 时刻的强制出力，$P_{l,t,\min}^{wh}$ 为电站的最小

出力，$P_{l,t,\text{force}}^{\text{wh}}$ 和 $P_{l,t,\min}^{\text{wh}}$ 中数值较大的一个为 t 时刻水电 l 的最小出力 $P_{l,t,\min}^{\text{wh}}$，如果规划出力 $P_{l,t}^{\text{wh}}$ 小于 $P_{l,t,\min}^{\text{wh}}$ 就会发生弃水现象；反之，当规划出力大于 $P_{l,t,\min}^{\text{wh}}$ 时，弃水量为 0。

除了满足弃水量最小之外，还应该使水电尽可能地优先增加出力，这就是使水电的出力最大化。

$$f_{\text{hm}}=\sum_{t=1}^{T}P_{l,t}\Delta t-\sum_{t=1}^{T}\sum_{l=1}^{N_{\text{wh}}}P_{l,t}^{\text{wh}}\Delta t \qquad (6-44)$$

在式（6-44）中，$P_{l,t}$ 为 t 时刻的系统负荷；f_{hm} 越小水电发电量就越大。

由于式（6-40）（6-41）（6-42）（6-44）的量纲相同，可以将这四个目标合并。

$$F_3=f_{\text{ww}}+f_{\text{vw}}+f_{\text{hw}}+f_{\text{hm}} \qquad (6-45)$$

在式（6-45）中，f_{ww} 为弃风量；f_{vw} 为弃光量；f_{hw} 为弃水量。

二、约束条件

（一）输出功率约束

$$\sum_{i=1}^{N_{\text{fp}}}P_{i,t}^{\text{fp}}+\sum_{j=1}^{N_{\text{wt}}}\tilde{P}_{j,t}^{\text{wt}}+\sum_{l=1}^{N_{\text{wh}}}P_{l,t}^{\text{wh}}+\sum_{k=1}^{N_{\text{pv}}}\tilde{P}_{k,t}^{\text{pv}}+\sum_{h=1}^{N_{\text{ne}}}P_{h,t}^{\text{ne}}+\sum_{m=1}^{N_s}P_{m,t}^{s}=P_t^{L} \qquad (6-46)$$

在式（6-46）中，$P_{m,t}^{s}$ 为第 m 个储能设施在 t 时段内的实际充电或放电功率，充电值为负，放电值为正；P_t^{L} 为 t 时段内的系统负荷。

（二）出力约束

$$\begin{cases} P_{i,\min}^{\text{fp}}\leqslant P_{i,t}^{\text{fp}}\leqslant P_{i,\max}^{\text{fp}} \\ 0\leqslant\tilde{P}_{j,t}^{\text{wt}}\leqslant C_j^{\text{wt}} \\ P_{l,\min}^{\text{wh}}\leqslant P_{l,t}^{\text{wh}}\leqslant P_{l,\max}^{\text{wh}} \\ 0\leqslant\tilde{P}_{k,t}^{\text{pv}}\leqslant C_k^{\text{pv}} \\ P_{h,\min}^{\text{ne}}\leqslant P_{h,t}^{\text{ne}}\leqslant P_{h,\max}^{\text{ne}} \\ P_{m,\text{charge},\text{rate}}^{s}\leqslant P_{m,t}^{s}\leqslant P_{m,\text{discharge},\text{rate}}^{s} \end{cases} \qquad (6-47)$$

在式（6-47）中，第 i 个火电机组 t 时刻有功出力 $P_{i,t}^{\text{fp}}$ 的上下限为 $P_{i,\max}^{\text{fp}}$、$P_{i,\min}^{\text{fp}}$；第 j 个风电场规划有功出力 $\tilde{P}_{j,t}^{\text{wt}}$ 的上限为风电场总装机容量 C_j^{wt}，下限为 0；第 l 个水电机组的有功出力 $P_{l,t}^{\text{wh}}$ 的上下限为 $P_{l,\max}^{\text{wh}}$、$P_{l,\min}^{\text{wh}}$；第 k 个风电场规划有功出力 $\tilde{P}_{k,t}^{\text{pv}}$ 的上限为风电场总装机容量 C_k^{pv}，下限为 0；第 h 个核电机组的有功出力 $P_{h,t}^{\text{ne}}$ 的上下限为 $P_{h,\max}^{\text{ne}}$、$P_{h,\min}^{\text{ne}}$；第 m 个储能的实际充放电功率 $P_{m,t}^{s}$ 应该在额定充电功率 $P_{m,\text{charge},\text{rate}}^{s}$ 和额定放电功率 $P_{m,\text{discharge},\text{rate}}^{s}$ 之间，其中，$P_{m,\text{charge},\text{rate}}^{s}$ 为负值表示从电网吸收能量，$P_{m,\text{discharge},\text{rate}}^{s}$ 为正值表示将能量重新释放到电网中。

（三）出力变化约束

$$\begin{cases} -\min\{R_{D,i}^{\text{fp}}\Delta t, P_{i,t}^{\text{fp}}-P_{i,\min}^{\text{fp}}\} \leqslant \{P_{i,t+1}^{\text{fp}}-P_{i,t}^{\text{fp}}\} \leqslant \min\{R_{U,i}^{\text{fp}}\Delta t, P_{i,\max}^{\text{fp}}-P_{i,t}^{\text{fp}}\} \\ -\min\{R_{D,l}^{\text{wh}}\Delta t, P_{l,t}^{\text{wh}}-P_{l,\min}^{\text{wh}}\} \leqslant \{P_{l,t+1}^{\text{wh}}-P_{l,t}^{\text{wh}}\} \leqslant \min\{R_{U,l}^{\text{wh}}\Delta t, P_{l,\max}^{\text{wh}}-P_{l,t}^{\text{wh}}\} \\ -\min\{R_{D,h}^{\text{ne}}\Delta t, P_{h,t}^{\text{ne}}-P_{h,\min}^{\text{ne}}\} \leqslant \{P_{h,t+1}^{\text{ne}}-P_{h,t}^{\text{ne}}\} \leqslant \min\{R_{U,h}^{\text{ne}}\Delta t, P_{h,\max}^{\text{ne}}-P_{h,t}^{\text{ne}}\} \\ -\min\{R_{D,m}^{\text{s}}\Delta t, P_{m,t}^{\text{s}}-P_{m,\min}^{\text{s}}\} \leqslant \{P_{m,t+1}^{\text{s}}-P_{m,t}^{\text{s}}\} \leqslant \min\{R_{U,m}^{\text{s}}\Delta t, P_{m,\max}^{\text{s}}-P_{m,t}^{\text{s}}\} \end{cases} \quad （6-48）$$

在式（6-48）中，$R_{D,i}^{\text{fp}}$、$R_{U,i}^{\text{fp}}$、$R_{D,l}^{\text{wh}}$、$R_{U,l}^{\text{wh}}$、$R_{D,h}^{\text{ne}}$、$R_{U,h}^{\text{ne}}$、$R_{D,m}^{\text{s}}$、$R_{U,m}^{\text{s}}$分别表示火电机组、水电机组、核电机组和储能的增加和减少功率（爬坡）的速率；Δt为单位间隔时间。

（四）储能能量约束

储能充放电时功率和电量之间的关系可以表示为：

$$Q_{m,t}^{s}=Q_{m,t-1}^{s}+\left(Y_{m,t,\text{charge}}\,\gamma_{\text{charge}}+Y_{m,t,\text{discharge}}\,\gamma_{\text{discharge}}\right)P_{m,t}^{s}\Delta t \quad （6-49）$$

在式（6-49）中，γ_{charge}为充电效率，$\gamma_{\text{discharge}}$为放电效率；$Y_{m,t,\text{charge}}$和$Y_{m,t,\text{discharge}}$为第$m$个储能$t$时刻的充放电状态，当充电时$Y_{m,t,\text{charge}}=1$，$Y_{m,t,\text{discharge}}=0$；当放电时$Y_{m,t,\text{charge}}=0$，$Y_{m,t,\text{discharge}}=1$；既未充电也未放电时$Y_{m,t,\text{charge}}=0$，$Y_{m,t,\text{discharge}}=0$；$\Delta t$为单位间隔时间。

因此，

$$P_{m,t}^{s}=\frac{Q_{m,t}^{s}-Q_{m,t-1}^{s}}{\left(Y_{m,t,\text{charge}}\,\gamma_{\text{charge}}+Y_{m,t,\text{discharge}}\,\gamma_{\text{discharge}}\right)\Delta t} \quad （6-50）$$

在式（6-50）中，当储能充电时，$P_{m,t}^{s}<0$；当储能放电时，$P_{m,t}^{s}>0$，且不考虑既未充电也未放电的情况。

（五）储能充放电约束

$$\begin{cases} \left(\sum_{i=1}^{N_{\text{fp}}}P_{i,t}^{\text{fp}}+\sum_{j=1}^{N_{\text{wt}}}\tilde{P}_{j,t}^{\text{wt}}+\sum_{l=1}^{N_{\text{wh}}}P_{l,t}^{\text{wh}}+\sum_{k=1}^{N_{\text{pv}}}\tilde{P}_{k,t}^{\text{pv}}+\sum_{h=1}^{N_{\text{ne}}}P_{h,t}^{\text{ne}}\right)>P_{t}^{L}, Y_{m,t,\text{charge}}=1, Y_{m,t,\text{discharge}}=0 \\ \left(\sum_{i=1}^{N_{\text{fp}}}P_{i,t}^{\text{fp}}+\sum_{j=1}^{N_{\text{wt}}}\tilde{P}_{j,t}^{\text{wt}}+\sum_{l=1}^{N_{\text{wh}}}P_{l,t}^{\text{wh}}+\sum_{k=1}^{N_{\text{pv}}}\tilde{P}_{k,t}^{\text{pv}}+\sum_{h=1}^{N_{\text{ne}}}P_{h,t}^{\text{ne}}\right)<P_{t}^{L}, Y_{m,t,\text{charge}}=0, Y_{m,t,\text{discharge}}=1 \end{cases} \quad （6-51）$$

在式（6-51）的具体作用是当火电机组或水电机组不能减少出力，而风电的计划出力之和大于负荷时，储能被充电。在这种情况下，如果没有储能，风电或水电的输出将受到限制，产生弃风或弃水的情况。相反，如果火电机组和水电机组的最小输出量与t期内计划风电输出量之和小于负荷，储能可以根据优化原则选择放电或不放电。

（六）水电约束

水流量与发电量之间的关系可以如下文所示：

$$P_{l,t}^{\mathrm{wh}} = \mu_l \varphi_l H_{l,t,\mathrm{power}} h_{l,t} \tag{6-52}$$

在式（6-52）中，μ_l 为第 l 个水电站的水电转换常数；φ_l 为水电站的效率；$H_{l,t,\mathrm{power}}$ 为 t 时刻的发电用水量；$h_{l,t}$ 为 t 时刻平均发电水头。

水电站在时间域上需要满足水量平衡的约束，即当前时刻的蓄水量等于上一时刻末的蓄水量、当前时刻流入量、流出量之和。

$$\begin{cases} W_{l,t} = W_{l,t-1} + \left(H_{l,t,\mathrm{in}} - H_{l,t,\mathrm{out}} \right) \Delta t \\ H_{l,t,\mathrm{out}} = H_{l,t,\mathrm{power}} + H_{l,t,\mathrm{other}} \end{cases} \tag{6-53}$$

在式（6-53）中，$W_{l,t}$ 为 t 时刻的蓄水量，$W_{l,t-1}$ 为 $t-1$ 时刻的蓄水量；$H_{l,t,\mathrm{in}}$ 为 t 时刻的流入量，$H_{l,t,\mathrm{out}}$ 为流出量，而流出量 $H_{l,t,\mathrm{out}}$ 又分为发电流量 $H_{l,t,\mathrm{power}}$ 和其他流量 $H_{l,t,\mathrm{other}}$（如弃水、泄洪等）。此外，流出量还需满足一定的区间约束。

$$H_{l,\mathrm{out,min}} \leqslant H_{l,t,\mathrm{out}} \leqslant H_{l,\mathrm{out,max}} \tag{6-54}$$

在式（6-54）中，$H_{l,\mathrm{out,min}}$ 和 $H_{l,\mathrm{out,max}}$ 分别为流出量的最小和最大值，这两个指标与水库的水利参数及水库承担的任务有关。

同样，水库的蓄水量也需要满足约束，式（6-55）中，$W_{l,\mathrm{min}}$ 和 $W_{l,\mathrm{max}}$ 分别为第 l 个水电站对应水库的蓄水容量下、上限。

$$W_{l,\mathrm{min}} \leqslant W_{l,t} \leqslant W_{l,\mathrm{max}} \tag{6-55}$$

（七）备用约束

系统备用需满足公式（6-56），分别为网内风电场在 f 时刻的正、负备用需求和常规火电机组备用需求。

$$\begin{cases} \left[\sum_{i=1}^{N_{\mathrm{fp}}} \min\{P_{i,\max}^{\mathrm{fp}} - P_{i,t}^{\mathrm{fp}}, R_i^{\mathrm{fp}}\Delta t\} + \sum_{m=1}^{N_{\mathrm{s}}} \min\{P_{m,\max}^{\mathrm{s}} - P_{m,t}^{\mathrm{s}}, R_m^{\mathrm{s}}\Delta t\} + \sum_{l=1}^{N_{\mathrm{wh}}} \min\{P_{l,\max}^{\mathrm{wh}} - P_{l,t}^{\mathrm{wh}}, R_l^{\mathrm{wh}}\Delta t\} \right] \geqslant U_t^{\mathrm{wt}} + U_t^{\mathrm{fp}} \\ \left[\sum_{i=1}^{N_{\mathrm{fp}}} \min\{P_{i,t}^{\mathrm{fp}} - P_{i,\min}^{\mathrm{fp}}, R_i^{\mathrm{fp}}\Delta t\} + \sum_{m=1}^{N_{\mathrm{s}}} \min\{P_{m,t}^{\mathrm{s}} - P_{m,\min}^{\mathrm{s}}, R_m^{\mathrm{s}}\Delta t\} + \sum_{l=1}^{N_{\mathrm{wh}}} \min\{P_{l,t}^{\mathrm{wh}} - P_{l,\min}^{\mathrm{wh}}, R_l^{\mathrm{wh}}\Delta t\} \right] \geqslant D_t^{\mathrm{wt}} \\ \left[\sum_{i=1}^{N_{\mathrm{fp}}} \min\{P_{i,\max}^{\mathrm{fp}} - P_{i,t}^{\mathrm{fp}}, R_i^{\mathrm{fp}}\Delta t\} + \sum_{m=1}^{N_{\mathrm{s}}} \min\{P_{m,\max}^{\mathrm{s}} - P_{m,t}^{\mathrm{s}}, R_m^{\mathrm{s}}\Delta t\} + \sum_{l=1}^{N_{\mathrm{wh}}} \min\{P_{l,\max}^{\mathrm{wh}} - P_{l,t}^{\mathrm{wh}}, R_l^{\mathrm{wh}}\Delta t\} \right] \geqslant U_t^{\mathrm{pv}} + U_t^{\mathrm{fp}} \\ \left[\sum_{i=1}^{N_{\mathrm{fp}}} \min\{P_{i,t}^{\mathrm{fp}} - P_{i,\min}^{\mathrm{fp}}, R_i^{\mathrm{fp}}\Delta t\} + \sum_{m=1}^{N_{\mathrm{s}}} \min\{P_{m,t}^{\mathrm{s}} - P_{m,\min}^{\mathrm{s}}, R_m^{\mathrm{s}}\Delta t\} + \sum_{l=1}^{N_{\mathrm{wh}}} \min\{P_{l,t}^{\mathrm{wh}} - P_{l,\min}^{\mathrm{wh}}, R_l^{\mathrm{wh}}\Delta t\} \right] \geqslant D_t^{\mathrm{pv}} \end{cases}$$

$$\tag{6-56}$$

第五节　改进粒子群优化算法

粒子群优化 (Particle Swarm Optimization，PSO) 算法最早是由 20 世纪末的经济学家卡尔森受到鸟群觅食行为的启发而提出的一种优化智能模型。PSO 算法的本质是一种随机搜索算法，在实际处理问题时，一般通常把目标函数作为粒子的适应度值，每个粒子都有其所对应的适应度值。PSO 算法会通过比较每个粒子自身这一时刻和先前自身的最优值或者自身和全体粒子的历史最优值来确定是否达到了问题的最优解。随着迭代次数的增加，粒子的适应度值在一次次的学习中会逐渐向最优解靠近，最终找到问题的最优解。

一、粒子群优化算法流程

传统粒子群优化算法采用的是一种速度 – 位置搜索模型：假设 D 维解空间中共有 m 个粒子组成，即 $S = \{X_1, X_2, X_3, \cdots, X_m\}$，其中 $X_i = (x_{i1}, x_{i2}, x_{i3}, \cdots, x_{id})$，$i = 1, 2, 3, \cdots, m$ 表示第 i 个粒子，它包含了粒子的位置信息和速度信息。则粒子 i 在 t 时刻的状态可以以如下参数进行描述。

位置：$x_i^t = (x_{i1}^t, x_{i2}^t, x_{i3}^t, \cdots, x_{id}^t, \cdots, x_{iD}^t)$，$x_{id}^t \in [L_{id}, U_{id}]$，$L_{id}$，$U_{id}$ 表示粒子 i 在 D 维解空间搜索区域的边界位置；

速度：$V_i^t = (V_{i1}^t, V_{i2}^t, V_{i3}^t, \cdots, V_{id}^t, \cdots, V_{id}^t)$，$V_{id}^t \in [V_{id, \max}, V_{id, \min}]$，$V_{id, \max}$，$V_{id, \min}$ 分别表示粒子 i 在 D 维解空间飞行速度的上下限；

全局最优位置：$P_g^t = (P_{g1}^t, P_{g2}^t, \cdots, P_{gd}^t, \cdots, P_{gD}^t)$；

个体最优位置：$P_i^t = (P_{i1}^t, P_{i2}^t, \cdots, P_{id}^t, \cdots, P_{iD}^t)$；

粒子在 $t+1$ 时刻的位置更新通过进化方程获得，其方程式如下：

$$v_{id}^{t+1} = wv_{id}^{t+1} + c_1 r_1 \left(P_{id}^t - x_{id}^t\right) + c_2 r_2 \left(P_{gd}^t - x_{id}^t\right) \tag{6-57}$$

$$x_{id}^{t+1} = x_{id}^t + v_{id}^{t+1} \tag{6-58}$$

在式（6-57）、式（6-58）中，w 是粒子的惯性权重；c_1、c_2 是学习因子；r_1、r_2 为两个相互独立且均匀分布在（0，1）区间之内的随机数。

通过观察可以发现，式（6-57）的组成包括三部分：第一部分代表了粒子的惯性性质，表示粒子沿前一时刻状态继续保持惯性运动的趋势；第二部分代表了粒子的自我学习，表示粒子通过与自身最优历史位置的比较选择下一时刻的速度；第三部分代表了粒子的社会属性，表示粒子会通过与其他粒子间的交流来决定下一时刻自身的速度（吕优，2018）。每一次进化更新过程中，粒子要结合自身运动惯性、自身历史经验，同时还要考虑其他同伴的飞行经验来确定下一时刻自己飞行的速度。粒子就是通过这样在搜索空间（解空间）中不断地更新自身的位置和速度，同时不断地更新个体最优和全局最优，最后寻找到最优解的。

二、改进免疫粒子群优化算法简介

免疫粒子群优化 (Immune Particle Swarm Optimization，IPSO) 算法是在传统粒子群算法的基础上改进提出的，IPSO 算法可以避免易陷入局部极值点的弊端，为了进一步提高算法的收敛速度和跳出局部最优的能力，本章在研究过程中选择了对 IPSO 算法有所改进的动态调整学习因子和惯性权重的免疫粒子群算法。并在不同的阶段对两个学习因子和惯性权重分别进行一定调节，以契合这三个参数在算法不同阶段的重要性的变化（吕优，2018）。

粒子群速度公式中的 $c_1 r_1 (p_{id}^t - x_{id}^t)$ 为粒子的自我认知部分，其具体的表示了相应的粒子自身的学习的变化过程，在此种变化过程中，粒子会向着自身的历史最优值飞行来实现自我学习；$c_2 r_2 (p_{id}^t - x_{id}^t)$ 为粒子的社会属性部分，在此种变化过程中，粒子会不断的和其他粒子进行比较和模仿，而在此基础上进行一定的共享与合作，体现了算法的信息共享性。惯性权重 w 是粒子群算法中调整全局搜索与局部搜索的可控的重要参数。本章对学习因子和惯性权重的变化公式如下：

$$c_1 = c_{1\max} - \frac{k(c_{1\max} - c_{1\min})}{k_{\text{iter}}} \quad (6-59)$$

$$c_2 = c_{2\max} + \frac{k(c_{2\max} + c_{2\min})}{k_{\text{iter}}} \quad (6-60)$$

$$w = w_{\max} - \frac{k(w_{\max} - w_{\min})}{k_{\text{iter}}} \quad (6-61)$$

在式（6-59）～式（6-61）中，k 为当前迭代次数，k_{iter} 为最大迭代次数；$c_{1\max}$、$c_{1\min}$ 为 c_1 的最大值和最小值；$c_{2\max}$、$c_{2\min}$ 为 c_2 的最大值和最小值，w 为惯性权重。

三、改进免疫粒子群优化算法的求解流程

改进免疫粒子群优化算法在求解多目标规划模型的过程与传统粒子群优化类似，主要有以下几个步骤（吕优，2018）。

第一步，种群初始化。需要对改进免疫粒子群优化算法中所涉及到的各个参数进行设置：维数 D，种群规模 $M = 200$，搜索空间的上限和下限分别为 U_d 和 L_d。最大迭代次数 $T_{max} = 500$；学习因子为 c_1 和 c_2；粒子的速度范围为 $[V_{min}, V_{max}]$（取 $V_{min} = -1.5, V_{max} = 1.5$）；在搜寻空间中使用 rand 函数对粒子的速度和位置分别进行初始化。并根据新的广义目标函数计算所有粒子的适应值，将每个粒子的适应度值计入相应的 P_{best} 保存起来，再对比所有的 P_{best}，得出最好的适应度值保存在 G_{best} 中。

第二步，根据新的广义目标函数计算每个粒子的适应度值，将其与该粒子当前的 P_{best} 进行对比，如果发现较优则将 P_{best} 置换，同时更新个体极值 P_{best}。若有粒子的 P_{best} 好于当前的全局极值 G_{best}，则将该粒子的 P_{best} 置换为 G_{best}，记录 G_{best} 为免疫记忆力子，并且更新全局最优值 G_{best}。

第三步，更新粒子。根据式（6-59）（6-60）和（6-61）来更新 c_1、c_2 和 w，再根据式（6-57）和式（6-58）更新各个粒子的速度与位置。若 $V_i > V_{max}$，将其设置为 V_{max}；若 $V_i < V_{min}$ 则将其设置为 V_{min}。

第四步，根据新的广义目标函数计算每个粒子更新后的适应度值。

第五步，判断是否进入免疫程序，当达到开始免疫程序的条件时进入第六步，否则跳到第二步。

第六步，开始进行免疫。计算每个粒子的浓度，对于第 i 个粒子浓度定义如下：

$$D(x_i) = \frac{1}{\sum_{j=1}^{N} \left| f(x_i - f(x_j)) \right|} \qquad (6-62)$$

第七步，在此基础上通过概率大小从中选择出概率较大的前 N 个粒子，基于浓度概率选择公式如下。

$$P(x_i) = \frac{\dfrac{1}{D(x_i)}}{\sum_{i=1}^{N} \dfrac{1}{D(x_i)}} = \frac{\sum_{j=1}^{N} \left| f(x_i - f(x_j)) \right|}{\sum_{i=1}^{N} \sum_{j=1}^{N} \left| f(x_i - f(x_j)) \right|} \qquad (6-63)$$

分析上述公式可以看出，粒子的浓度越高表示粒子相对越聚集，其被选择的概率反而越低，相反，粒子的浓度越低表示粒子分布越松散，其被选择的概率反而越高。由此可知，这种概率选择机制可以有效的保证各个适应度层次的粒子浓度，从而保证种群的多样性，在一定程度上可以避免粒子群算法易早熟的现象。

第八步，种群的更新。用免疫记忆粒子替换第七步中选出的 N 个粒子中适应度较差的若干粒子，并与剩下的粒子组成新的种群。

第九步，检验是否达到终止条件。在进行迭代处理过程中，如果发现迭代次数达到最大次数迭代次数 $T_{\max}$，则停止算法同时输出结果，否则跳转到步骤二，开始新一轮的迭代。

四、改进免疫粒子群优化算法的最优解选择

由于多目标优化的结果是一组非支配性的解决方案（帕累托最优解决方案集），决策者关心的是如何从这些解决方案中选择一个合适的解决方案作为最终解决方案。假设最终的非主导解集为 $Spareto$，筛选出约束条件违反量为0的解，将该解集表示为 $Select$，选择最终解的方法主要包括以下三种。

其一，从 $Select$ 中随机选择一个不占优势的解作为最终解。

其二，从 $Select$ 中选择充放电次数最少的方案作为最终方案，从而延长储能寿命。

其三，根据决策偏好，可以选择经济性、污染排放、清洁能源效率较好的方案。

目前，很多研究都采用模糊决策来筛选最终方案，主要方法是用成员函数来计算方案的满意度。

$$r_{i,j} = \begin{cases} 1 & F_{i,j} = F_{i,\min} \\ \dfrac{F_{j,\max}-F_{i,j}}{F_{j,\max}-F_{j,\min}} & F_{j,\min} < F_{i,j} < F_{j,\max} \\ 0 & F_{i,j} = F_{i,\max} \end{cases} \qquad (6-64)$$

在式（6-64）中，$F_{j,\max}$、$F_{j,\min}$ 分别为第 j 个目标的最大值和最小值；$r_{i,j}$ 即为第 i 个非支配解在目标 j 上的满意度，若 $r_{i,j}$ 越大满意度就越高。各个非支配解最终的满意度计算公式为：

$$R_i = \frac{\sum_{j=1}^{m} r_{i,j}}{\sum_{i=1}^{n_{\mathrm{ex}}}\sum_{j=1}^{m} r_{i,j}} \qquad (6-65)$$

在式（6-65）中，m 为优化目标的数量；外部档案中的非支配解数量为 n_{ex}，最终最优解选择满意度最大的非支配解。

但模糊选择方法同样存在一些弊端，因为非支配解集中全部目标同时较优的解是不存在的，如果按照公式（6-64）（6-65）的方法进行选择，可能会造成某个解虽然整体满意度较高，但却是某些目标较优、某些目标较差，这样其实不能体现多目标优化的优越性（刘立阳，2019）。因而本章采用满意度标准差最小的方法选择最终解，对多个目标一视同仁，不存在偏重某些或某个目标的问题。

$$R_i' = \sqrt{\frac{1}{m}\sum_{j=1}^{m}\left(r_{i,j} - \frac{1}{m}\sum_{j=1}^{m}r_{i,j}\right)^2} \tag{6-66}$$

在式（6-66）中，R_i' 越小表示各个目标的满意度越接近。最终选出目标满意度标准差最小的 R_{select}'，其对应的 x_{select} 即为最终选择的解。

$$R_{select}' = \min\left\{R_1', R_2', R_3', \cdots, R_i', \cdots, R_{n_{nx}}'\right\}, 1 \le i \le n_{nx} \tag{6-67}$$

第六节　多种能源发电协同调度决策案例分析

京津冀地区是我国北方的经济中心，对电能的需求量较大，且该地区存在火电、水电、风电和光伏发电等多种能源的发电站，对多种能源发电的调度工作面临着重大的挑战，因此本文选取京津冀地区作为案例进行分析，通过运行本文的两种调度决策模型并求解，探讨该地区的调度决策优化问题。

一、模型参数设置

（一）京津冀地区多种能源发电的装机容量

根据《中国电力统计年鉴2021》数据显示，京津冀地区的火电、水电、风电、光伏发电装机容量在 6000 千瓦及以上的见表 6-1。[①]

---

① 中国电力企业联合会．中国电力统计年鉴．2021[DB/OL]．（2022-01-12）[2023-09-01]．http://www.stats.gov.cn/zs/tjwh/tjkw/tjzl/202302/t20230215_1907998.html.

表 6-1　6000 千瓦及以上电厂发电装机容量（单位：万千瓦）

地区	水电	火电	风电	光伏发电
北京	99	1136	19	62
天津	1	1668	85	164
河北	182	5391	2274	2190

数据来源：中国电力企业联合会．中国电力统计年鉴．2021[DB/OL]．(2022-01-12)[2023-09-01]．http://www.stats.gov.cn/zs/tjwh/tjkw/tjzl/202302/t20230215_1907998.html

假设水电站为抽水蓄能电站，综合转换效率为 0.75。风电场、光伏电场距离负荷中心较远，存在一定的输送约束，这里取电网最大传输能力 $P_{max}=75$ 兆瓦，并为防止联合系统并网的功率过低，取最低并网传输能力 $P_{min}=40$ 兆瓦（吕优，2018）。

（二）多种能源发电的排放系数与成本

在多种能源发电过程中，火电因需要消耗大量的煤炭，会产生一定的污染物排放。2021 年国家发改委、国家能源局发布的《全国煤电机组改造升级实施方案》中指出，2020 年全国 6000 千瓦及以上火电厂供电煤耗为 305.5 克标准煤 / 千瓦时。[①]同时，火电生产过程中，会产生二氧化碳、二氧化硫、氮氧化合物、烟尘等，具体污染物的排放系数见表 6-2。

表 6-2　火电生产过程中具体污染物排放系数

指标	二氧化碳（g / kw·h）	二氧化硫（g / kw·h）	氮氧化合物（g / kw·h）	烟尘（g / kw·h）
系数	890	8.03	6.9	3.35

数据来源：白龙涛，2006．节能手册 2006[M]．北京：《节能与环保》杂志社．

根据中国电建集团西北勘测设计研究院发布的风电和光伏项目的成本构成表、澳洲国立大学研究团队的抽水蓄能成本模型数据，火电、抽水蓄能、风电、光伏发电的发电成本见表 6-3，其中火电成本根据当年电煤的平均价格进行计算而得。

---

① 国家发展改革委，国家能源局．国家发展改革委　国家能源局关于开展全国煤电机组改造升级的通知：发改运行 [2021]1519 号 [EB/OL]．(2021-10-29)[2023-09-01]．https://www.ndrc.gov.cn/xxgk/zcfb/tz/202111/t20211103_1302856.html.

表 6-3　多种能源发电成本

发电方式	抽水蓄能	火电	风电	光伏发电
成本(元/千瓦时)	0.32	0.32～0.76	0.3	0.4

（三）电力负荷

根据中国能源报全国能源信息平台发布的数据，截至 2021 年 2 月，京津冀地区河北电网于 2020 年 12 月 30 日达到最高电力负荷，为 4032.6 千瓦时，河北、北京、天津的电网也在 2021 年 1 月初达到最高负荷。为更好体现本文模型的实用性，在案例分析部分，笔者采用 2020 年 12 月 30 日为调度侧需要制定调度决策方案的标的。河北、北京、天津电网的电力负荷相较于最高负荷向下取整，因此京津冀各地区 2020 年 12 月 30 日用电负荷见表 6-4。

表 6-4　京津冀各地区 2020 年 12 月 30 日用电负荷（单位：万千瓦）

地区	电力负荷
北京	32250
天津	24511
河北	110040

（四）参考电价

综合分析国内外电价实施政策和相关资料，确定上网电价见表 6-5，其中包括上网电价与抽水用电的电价。

表 6-5　模型参考电价（单位：元/千瓦时）

时段	上网电价	抽水用电的电价
0:00—7:00	0.5	0.125
7:00—21:00	1.0	0.250
21:00—24:00	0.5	0.125

（五）自然条件

整理京津冀地区 2020 年 12 月 30 日的弃风率、弃光率、累计日照、平均风速见表 6-6。

表6-6　京津冀地区弃风率、弃光率、累计日照与平均风速

地区	弃风率（%）	弃光率（%）	累计日照（小时）	平均风速（米/秒）
北京	无	无	8.10	3.80
天津	无	无	8.66	4.10
河北	7.20	1.80	8.51	3.33

数据来源：国际能源网. 风电利用率96.5%！ 2020年全国弃风电量166.1亿千瓦时[EB/OL]. (2021-02-10)[2023-09-01]. https://www.in-en.com/article/html/energy-2301162.shtml

二、模型结果分析

（一）未优化情形下的经济效益、成本和污染物排放

本文将模型的调度周期设为一天，再根据国家统计局的月度发电量与装机容量数据计算出各种能源发电的平均利用小时数，并进一步算出各种能源的发电量及占比情况，将其作为未优化情形下的京津冀地区火电、水电、风电和光伏的发电量及外购电量的具体构成比例如图6-1所示。

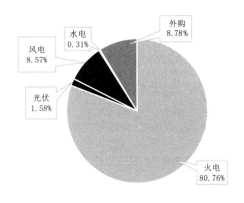

图6-1　京津冀地区各类能源发电量的构成比例

由图6-1可知，京津冀地区火电占比最高，约为80.76%，水电、风电、光伏发电总占比约为10.46%，其余电量需要从外部购入。由本章构建的模型测算可知，京津冀地区的多种能源发电协同调度系统产生的经济效益为120452万元，总成本为78250万元，产生的二氧化碳排放为1227166万吨。

在协同调度系统中火电会产生大量的排放，包括二氧化碳、二氧化硫、氮氧化合物和烟尘，水电、风电、光伏的发电过程中排放量较少，因此忽略不计，多种能源发电的主要排放物构成比例如图6-2所示。

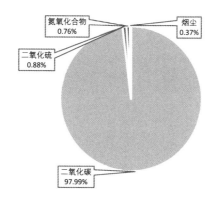

图 6-2　多种能源发电的主要排放物构成比例

由图 6-2 可知，在多种能源发电协同过程中，火电产生的二氧化碳排放是居高不下的，京津冀地区多种能源发电过程中，每天的二氧化碳排放约占所有排放物的约98%。其余为空气污染物，二氧化硫、氮氧化合物和烟尘整体占所有空气排放物的约2%。这表明，在能源互联网背景下的多种能源发电协同调度过程中，如何优化发电比例，减少二氧化碳排放与空气污染物排放已经成为急需解决的重要问题。因此，笔者将立足于已经建立的两个调度模型，应用改进免疫粒子群算法进行模拟求解，得出优化调度方案。

（二）考虑经济效益与减排目标的模型优化结果

将前文所列的京津冀地区实际数据代入本模型，可求得理想情况下的火电、水电、风电和光伏发电的比例。其中火电130355万千瓦时，水电517万千瓦时，风电和光伏均为17964万千瓦时，火电发电量的占比降为78.15%，这种情形下可以最大程度降低排放，促进新能源发电的消纳（如图6-3所示）。

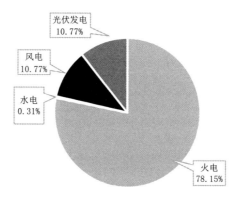

图 6-3　考虑经济效益与减排目标模型的理想化计算结果

模型的理想化计算结果没有考虑外购电，这是由于外购电的二氧化碳排放实际发生在发电侧，对于接纳地而言是零碳能源。尽管可以通过在模型中设置电网接纳能力约束的办法处理外购电，但由于其对模型优化目标的影响比较直观，完全可以在后期根据各类发电的实际运行情况进行调整。

考虑到京津冀地区的水电缺乏增长空间，而风电和光伏发展条件良好的资源禀赋特征，降低对燃煤火电的依赖仍需靠提升风电和光伏等清洁低碳电力的比重并适当增加外购电来实现。据"十四五"规划显示，京津冀地区的光伏装机容量在此期间将增加 3772 万千瓦，增幅达 233.50%，京津冀地区风电装机容量将增加 2010 万千瓦，增幅达 84.52%，未来风电和光伏的发电量均将较大幅度地提升。近年来，京津冀地区电网通过特高压输电工程建设、技术改造和技术创新等方法进一步提升了接纳外购电的能力。[①]

综合上述实际情况，本文按照"保持火电和水电的比例不变、风电和光伏发电的发电量根据"十四五"发展规划的比例增加（但不超过优化年度的实际发电能力）、其他缺少的电量由外购电来补充"的调整原则进行调整（如图6-4所示）。

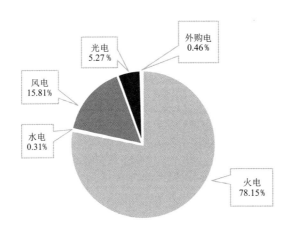

图 6-4 考虑经济效益与减排目标的调整后的调度方案

① 北京市人民政府. 北京市城市管理委员会关于印发《北京市"十四五"时期电力发展规划》的通知：京管发 [2022]14 号 [EB/OL]. (2022-07-22) [2023-09-01]. https://www.beijing.gov.cn/zhengce/zhengcefagui/202208/t20220804_2785758.html；天津市发展和改革委员会. 市发展改革委关于印发天津市电力发展"十四五"规划的通知：津发改能源 [2021]407 号 [EB/OL]. (2021-12-31) [2023-09-01]. https://fzgg.tj.gov.cn/zwgk_47325/zcfg_47338/zcwjx/fgwj/202201/t20220127_5791194.html；河北省人民政府办公厅. 河北省人民政府办公厅关于印发河北省建设京津冀生态环境支撑区"十四五"规划的通知：冀政办字 [2021]144 号 [EB/OL]. (2021-11-12) [2023-09-01]. http://info.hebei.gov.cn/hbszfxxgk/6898876/7026469/7026511/7026506/7032874/index.html.

在调整后的方案中，经济效益为 116287 万元，发电成本为 78015 万元，废气排放为 1183988 万吨，这三个指标相较于未优化的初始方案均有所下降。经济效益有所下降主要是由于火电发电量下降较多，水电、风电和光伏因为自然条件等原因，下降幅度低于火电，整体京津冀发电量有所下降，需要更多外购电能来满足本地区的需求。成本与排放水平的下降主要是因为火电发电量的降低，随着火电比例的降低，成本有所下降，排放下降更为显著。

（三）考虑成本与减排目标的模型优化结果

当主要考虑成本与减排目标时，模型参数设置和计算过程可类比上文，计算得出的火电、水电、风电和光伏发电的发电量构成（如图 6-5 所示）。其中，火电发电量 105869 万千瓦时，水电发电量 517 万千瓦时，风电和光伏的发电量均为 30208 万千瓦时。

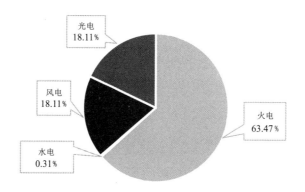

图 6-5　考虑成本与减排目标模型的理想化计算结果

在此基础上，与上文类似，进一步考虑实际因素，保持火电和水电的占比不变，对其他发电方式及外购电的电量进行优化调整，得到如图 6-6 所示的方案。

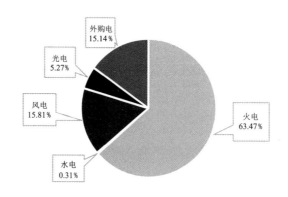

图 6-6　考虑成本与减排目标的调整后的调度方案

此种调度方案的经济效益、发电总成本、废气排放分别为 109435 万元、77130 万元和 961583 万吨，与未优化的方案相比依然有所下降。成本与排放下降的原因主要是火电比例的下降和外购电比例上升，火电发电量的下降将直接导致二氧化碳排放和空气污染物排放的降低，并显著降低其他各项成本。

本文分别对比了未优化的原始方案、考虑经济效益与减排目标的方案和考虑成本与减排目标的方案这三种调度方案的经济效益、发电成本和二氧化碳排放量，具体如图 6-7 所示。

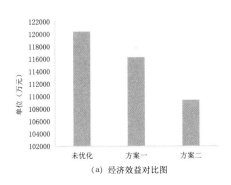

（a）经济效益对比图

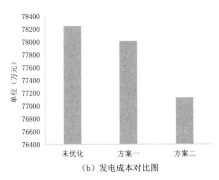

（b）发电成本对比图

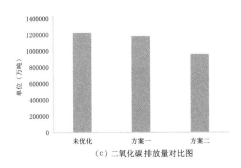

（c）二氧化碳排放量对比图

图 6-7　三种调度方案的经济效益、发电成本和二氧化碳排放量对比图

（注：未优化指的是原始调度方案，方案一指的是考虑经济效益与减排目标的方案，方案二指的是考虑成本与减排目标的方案）

对比三种方案可以发现，经过优化后，多种能源发电协同调度产生的经济效益有所增加，发电总成本降低且发电产生的二氧化碳、二氧化硫等废气的排放量减少。具体来看，考虑经济效益与减排目标的方案虽然能够减大幅减少废气排放量，但是经济效益较低，对发电成本的控制效果也不明显。而考虑成本与减排目标的方案虽然经济效益较差，但发电成本却大幅度降低且排放量较原始方案减少了21.64%，这说明了调度模型是有效的和实用的。

同时，综合分析初始方案、考虑经济效益与减排目标的方案、考虑成本与减排目标的方案见表6-7，表中的降幅为模型调度决策方案与初始方案的差值相较于初始方案的比值。在模型计算中，出现经济效益均有所下降的原因有以下两点：首先，京津冀地区在逐步实现减排目标的过程中，因其火电占比过高，必然会出现模型优化结果中火电比例下降，整体发电量下降，其经济效益会同步下降。其次，该地区水电、风电、光伏发电的装机容量不高，无法有效填补火电比例下降所带来的缺额，只能由其他地区进行外购，这将产生成本却无法产生经济效益，因此，在这两种模型中，经济效益均有所下降。但相较于考虑成本与减排目标的模型，考虑经济效益与减排目标的模型中经济效益更高，这表明在考虑经济效益时，该模型也是较为有效的。

表6-7 模型优化结果与初始方案对比

指标	初始方案	考虑经济效益与减排	降幅	考虑成本与减排	降幅
经济效益（万元）	120452	116287	3.46%	109435	9.15%
成本（万元）	78250	78015	0.01%	77130	1.43%
排放量（吨）	1227166	1183988	3.52%	961583	21.64%
单位发电量二氧化碳排放量（克/千瓦时）	720.9	695.56	3.53%	564.88	21.64%

由表6-7可知，考虑经济效益与减排目标的方案可实现减排3.52%，考虑成本与减排目标的方案可实现减排21.64%，成本下降1.43%。这两种优化情境下单位发电量的二氧化碳排放分别为695.56克/千瓦时和564.88克/千瓦时，均比未优化情境的720.9克/千瓦时有显著下降，优化调整效果较好。对照2022年7月6日中国电力企业联合会在《中国电力行业年度发展报告2022》

的新闻发布会上公布的实际数据"2021 年全国单位火电发电量二氧化碳排放约 828 克 / 千瓦时，比 2005 年降低 21.0%；单位发电量二氧化碳排放约 558 克 / 千瓦时，比 2005 年降低 35.0%"来看，可知本文的模型是比较符合实际的。[①]

根据我国《"十三五"控制温室气体排放工作方案》的要求，大型发电集团单位供电二氧化碳排放控制在每千瓦时 550 克以内。若要达到这个要求，京津冀地区仍需继续加大减排力度，进一步提升清洁低碳能源发电的比例。当然，在实际调度工作中，因为可再生能源发电的随机性较强，不宜对其过度依赖。仍应合理考虑火电占比，如控制在 55% ~ 65% 之间，并通过精准的电力负荷预测、完善的信息共享机制、良好的区域间合作等方法和途径，协调好多种能源发电的关系，提高可再生能源消纳比例，进而达到降低成本、二氧化碳排放量与空气污染物排放量的发展目标。[②]

三、多种能源发电协同调度决策建议

多种能源发电协同调度决策是一个复杂且系统的问题，本章通过构建多种能源发电协同调度的多目标决策优化模型及案例分析，得到了多种能源发电的调度决策和最佳方案。同时，为了更好地发挥多种能源发电协同发展的作用，提出以下建议。

多种能源发电协同调度具有较强的不确定性，调度中心应该建立大数据预测中心，充分考虑风力发电和光伏发电的影响因素，构建精度更高的预测模型对随机性较强的风电和光伏发电进行预测，降低风电和光伏发电的波动性对电网的冲击，减少弃风量和弃光量。

火电作为电力生产中污染物的主要排放源，发电调度中心应该严格控制火电的发电量，减少其污染物排放。调度中心可以考虑使火电参与调峰工作，但为了减少启停成本和污染，火电可以考虑用较低的功率运转方式参与日常发电工作。若产生调峰要求，火电可以迅速改变运行功率，以达到调峰的目的，降

---

① 中国电力企业联合会. 中电联发布《中国电力行业年度发展报告 2022》：中电联理事会工作部 [EB/OL]. (2022-07-06) [2023-09-01]. https://cec.org.cn/detail/index.html?3-311083.

② 中国国务院办公厅. 国务院关于印发"十三五"控制温室气体排放工作方案的通知：国发 [2016]61 号 [EB/OL]. (2016-10-27) [2023-09-01].https://www.gov.cn/zhengce/content/2016-11/04/content_5128619.htm.

低因风电和光伏对电网带来的冲击。

水电有良好的调控性，调度中心可以考虑将辖区内水电作为调峰的主要发电方式。同时，水电受环境的影响较大，在水电厂的建设中，也可以考虑将其建设成具有储能能力的水电厂，在径流量大的时候可作为常规发电方式参与发电生产工作，在枯水期时或水量较少的时候利用抽水机组为水电站抽水蓄能，抽水机组所需要的电能可以通过风电和光伏生产，进而在保障正常发电的同时也可以减少弃风量和弃光量。

核电具有良好的环保性和可持续性，并且运行成本较低。充分合理的发挥核电机组的作用，能够有效减少本地区的二氧化碳排放和空气污染物排放，并降低电力生产成本。

在多种能源发电协同调度系统中，调度中心应该积极发挥能源互联网的作用，利用物联网和大数据等技术保障发电调度的实时性，提高可再生能源的发电比例。调度中心也应该充分发挥各种能源发电的优点，降低风电和光伏的随机性和波动性，减少火电的污染物排放。多种能源发电的调度应该以更低的成本、较高的经济效益、更少的污染物排放和更高的清洁能源消纳为目标，进行科学调度。

第七节　本章小结

本章节首先总结了多种能源发电的特点、协同难点及常用的发电侧协同调度优化方法，并构建了多种能源发电协同调度的结构体系。其次立足于区域调度层面，分别建立了以经济效益和减排为目标的多种能源发电协同调度决策模型和以成本和减排为目标的多种能源发电协同调度决策模型。通过建立不同目标下的调度决策模型，可以为区域发电调度提供不同视角下的决策参考，并为不同的情景提供合适的方案。最后为了更好地提升求解效率，本章设计了改进粒子群算法对模型求解，并通过实际案例进行了验证。优化计算结果表明本章所构建的模型能够为多种能源发电的协同调度提供有效的决策依据。

第七章　研究成果总结及展望

本章首先对前文的主要研究成果进行了总结，然后着重探讨这些研究成果未来的完善方向，最后考虑到在本书的撰写和研究期间，储能、电动汽车、需求响应等领域的发展日益受到重视，这三者对多种能源发电的绿色低碳化发展也有着较大的影响。因此，在本章的最后对这三个方面也做了一些展望性的分析。

第一节　主要研究成果总结

本书在能源互联网背景下研究了以绿色低碳转型为目标的多种能源发电协同发展问题，从多种能源发电的供需均衡分布、发电的投入产出效率、多主体之间的信息共享、多种发电形式的协同调度等多角度展开了全方位分析，旨在得出多种发电形式之间的协调匹配机制及有效发展路径，主要研究成果如下：

通过对发电侧和用电需求侧的现状分析，掌握了能源互联网背景下区域内电能的供需特点，在此基础上研究了能源供需分布格局及演化规律，使用最优分割法、重心法、标准差椭圆法来分析电力供需的特征时点、供需重心迁移及电力供需空间分布格局的离散趋势。研究结果表明，电力能源在区域间的供给和需求日趋分散，当前的供需重心总体分布于中部偏东区域，但整体上呈现自东向西移动的趋势。

为了研究区域的电力供需均衡问题，选取了京津冀地区为研究对象，构建了基于系统动力学理论的"风电 – 火电 – 外购电低碳协同模型"，并通过仿真分析为京津冀地区制定多种能源发电协同发展路径提供了决策建议。该模型的构建思路、参数设置和因果关系的分析流程可供其他区域参考和借鉴。

考虑到不同能源的发电效率对其协同发展的影响，将水力发电量、火力发电量、核能发电量、风力发电量、光伏发电量、固定资产投入、就业人口总量作为输入，经济指标（GDP）作为期望产出，二氧化碳排放量作为非期望产出，构建了考虑非期望产出的超效率投入产出模型。结果证明了考虑非期望产出的效率明显低于传统效率，并得到了 2008—2019 年效率变化趋势。该模型为不同年份、不同场景下的能源效率研究提供了分析工具。

立足多种能源发电的空间分布特征，构建了空间计量分析模型来研究多种能源发电及污染物排放的时空异质性。模型选取了二氧化碳排放量、火力发电量等数据进行建模，结果表明，在空间因素的影响下，火力发电量对二氧化碳排放量的影响程度及技术水平对火力发电量的影响程度随着时间的推移均有所增加且火力发电量与地区经济、人口规模和产业结构直接相关。这一结论意味着要实现绿色发展需要经济发达的地区加大对火力发电行业科技创新的支持力度，提升绿色管理水平。

在能源互联网的背景下，梳理了多种能源发电协同过程中的多参与主体的相关信息，分析了政府、电网企业、发电企业、用户等多参与主体间的信息层级和结构，研究了各主体间的信息协同机制，进而建立起绿色低碳的多种能源发电协同发展信息共享模型。该模型以我国火电和可再生能源发电为例，预测了未来火电的煤耗量、装机比例、二氧化碳及大气污染物排放量，不仅理清了多种能源发电协同发展中的信息共享机制，还为电源结构调整和绿色低碳转型提供了有效的分析思路和发展建议。

综合考虑可再生能源不稳定、发电结构不合理、电网的网架结构薄弱等难题，笔者通过建立了两个可用于不同场景的多种能源发电协同调度决策模型。其中一个模型以经济效益与减排为目标，另一个模型则以成本、减排和清洁能源消纳为目标。最后探讨了一种可用于模型求解的改进粒子群算法，为多种能源发电协同发展提供了有效的协调方法及决策依据。

第二节　研究成果有待进一步深化的方向

上述研究成果有的侧重于多种能源的投出产出效率分析，有的侧重于跨区域的空间异质性分析，有的侧重于协同发展模型、信息共享机制和优化决策分析等方法和模型层面。这些方法和模型在单独应用之时只能解决多种能源发电协同发展的局部问题。因而需要将这些方法进行综合应用，以期能够解决更为系统化、全局化的问题。基于此，我们认为未来值得持续深化研究的一项工作作为：梳理整合本书中所构建的方法和模型，进一步研发综合型更强、扩展性更好的多种能源发电协同发展智慧化仿真平台。该平台以多智能体建模理论为基础，以碳交易、绿色证书交易、电力交易等市场机制为宏观环境，以多种排放物（二氧化碳排放和大气污染物排放）为主要约束，可充分集成人工智能算法、大数据分析方法和优化决策方法，将能源需求预测、传统能源发电、可再生能源发电、储能技术等融合到一起，有助于将相对分散的方法模型集成到一起，便于推广应用，同时也将能够为大气污染物的防治乃至"双碳"目标的实现提供助力。

近年来，与能源互联网相关的研究取得了诸多进展，包括新一代信息技术（如5G技术、人工智能、大数据分析、区块链、电力物联网等）在能源互联网中的应用，综合能源系统的建设推进，新型电力系统的构建等，这些研究和实践均为能源结构低碳转型及大气污染物排放控制等工作提供了很好的支撑。另外，自《大气污染防治行动计划》发布后，《打赢蓝天保卫战三年行动计划》《北方地区冬季清洁取暖规划（2017—2021年）》等与低碳发展和大气污染物治理相关的政策也频频推出，其中最为重大的战略当属"双碳"目标。如何将本书的研究成果与上述技术进步及政策发展做更好的结合，也需要继续加强研究。

第三节　新形势发展对多种能源发电协同发展的影响展望

国内对电力需求响应的相关研究大致从 2014 年前后开始展开；储能（电化学储能）装机容量的大规模增长起始于 2016 年左右，与之相关研究也随之日益增多；电动汽车的相关研究要更早，但其对发电侧的影响等研究则是在 2016 年前后开始日益受到关注。随着能源互联网的进一步发展，储能、电动汽车和电力需求响应等方面得到了良好的发展机遇，这些新的发展形势对多种能源发电的协同发展、碳减排和大气污染物防治等方面有着重要的影响，值得开展细致而深入的研究。受限于水平不足、时间有限，此处笔者仅对这三个方面做了一些粗浅的研究和展望，以期在未来能够取得一些成果。

一、储能行业的发展对多种能源发电协同发展的影响

光伏发电、风力发电、潮汐能发电等大多数的可再生能源发电均具有不均匀性和不可控性，其输出电能容易产生频率和电压不稳，从而引发停电事故。而储能技术可以在电力充沛时将多余电能储存起来，在发电量不足时将电能释放出来，这样可以解决可再生能源发电的不稳定问题。本节首先梳理储能发展现状，其次分析储能对电能结构的影响，进而明确储能对多种能源发电协同发展的影响。

（一）全球储能发展现状

中关村储能产业技术联盟统计数据显示，截至 2019 年年底，全球已投运储能项目累计装机规模 184.6 GW，同比增长 1.9%。在全球投运的储能项目中，抽水蓄能的累计装机规模排名第一，为 171.0 GW，占全球投运储能项目装机规模的 92.6%；电化学储能的累计装机规模排名第二，为 9520.5 MW，占全球累计装机规模的 5.2%；在各类电化学储能技术中，锂离子电池的累计装机规模为 8453.9 MW，在电化学储能中占比最大。[①]

---

① 中关村储能产业技术联盟. 储能产业研究白皮书 2020[EB/OL]. (2022-02-14) [2023-09-01].http://www.esresearch.com.cn/pdf/?id=287&type=report&file=remark_file.

图 7-1 为 2014—2019 年全球抽水蓄能累计装机规模。由图 7-1 可知，全球抽水蓄能的累计装机规模呈增长趋势；截至 2019 年年底，全球抽水蓄能累计装机规模达到了 171 GW。具体来看，全球抽水蓄能电站的累计装机在 2014—2016 年快速增长，在 2017—2019 年全球抽水蓄能的累计装机增长速度显著放缓。

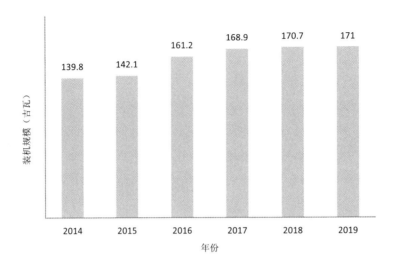

图 7-1　2014—2019 年全球抽水蓄能的累计装机规模

数据来源：中关村储能产业技术联盟．储能产业研究白皮书 2020[EB/OL]．(2022-02-14)[2023-09-01].http://www.esresearch.com.cn/pdf/?id=287&type=report&file=remark_file

从储能的累计装机变化来看，目前化学储能的累计装机增长较快，是发展潜力最大的储能技术，有望在更大范围内进行更为广泛的推广。在 2019 年，电化学储能的累计装机规模同比增长 43.7%，累计装机达到了 9520.5 MW。在电化学储能中，锂离子电池储能的累计装机占比最高，为 88.8%，装机规模达到了 8453.9 MW。

对 2019 年不同国家的储能系统装机规模进行统计，发现全球新增投运的电化学储能项目分布在 49 个国家和地区；其中，装机规模排名前十位的国家分别是中国、美国、英国、德国、澳大利亚、日本、阿联酋、加拿大、意大利和约旦，它们在 2019 年新增储能装机规模占全球新增总规模的 91.6%。

（二）中国储能发展现状

近年来中国储能市场蓬勃发展，尤其是在 2019 年，我国新增储能项目装机居世界首位。中关村储能产业技术联盟数据显示，截至 2019 年年底，中国已投运储能项目累计装机占全球市场总量的 17.6%，累计装机规模达到了 32.4 GW。在我国累计储能项目装机中，抽水蓄能的累计装机规模为 30.3 GW，装机占比最大；电化学储能的累计装机规模为 1709.6 MW，累计装机规模排名第二位，同比增长 59.4%；与全球储能发展状况相似，在我国的各类电化学储能中，锂离子电池储能的累计装机规模最大，为 1378.3 MW；累计装机排名第三的为熔融盐储热，其在全部储能装机中占比 1.3%；而压缩空气储能和飞轮储能在我国储能系统中占比均较低，其装机规模占比均不足 0.1%。[①]

　　2019 年，在各类储能装机变化方面，我国抽水蓄能装机同比增长率为 1.0%，累计装机规模为 30.3 GW。因抽水蓄能相对其他储能方式成本较低，短期看来，其在储能应用中仍将占据主导地位（如图 7-2 所示）。

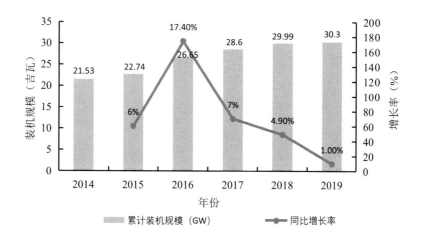

图 7-2　2014—2019 年中国抽水蓄能项目累计装机规模及增速

数据来源：中关村储能产业技术联盟．储能产业研究白皮书 2020[EB/OL]．(2022-02-14) [2023-09-01].http://www.esresearch.com.cn/pdf/?id=287&type=report&file=remark_file.

　　在电化学储能方面，2019 年电化学储能的装机规模增长率为 59.4%，累计装机规模达到了 1709.6 MW。与 2018 年电化学储能装机规模增长率 175.2% 相比，2019 年的电化学储能装机规模增长速度有所放缓，但是在新增装机容量方面，2019 年电化学储能装机保持了平稳的发展趋势，新增装机规模达到了 636.9 MW（如图 7-3 所示）。

---

　　① 中关村储能产业技术联盟．储能产业研究白皮书 2020[EB/OL]．(2022-02-14) [2023-09-01].http://www.esresearch.com.cn/pdf/?id=287&type=report&file=remark_file.

图 7-3 2014—2019 年中国电化学储能累计装机规模及增速

数据来源：中关村储能产业技术联盟. 储能产业研究白皮书 2020[EB/OL]. (2022-02-14) [2023-09-01].http://www.esresearch.com.cn/pdf/?id=287&type=report&file=remark_file.

在电化学储能分布方面，2019 年，我国新投运的电化学储能项目主要分布在 28 个省市和地区。在这些省市中，装机容量排名前十的装机总量占全部装机的 88.9%，它们分别是广东、江苏、湖南、新疆、青海、北京、安徽、山西、浙江和河南。此外，预计到 2024 年储能市场规模将扩大三倍。

储能技术的应用可以协调发电量和负荷需求，起到能量时移、系统调频等作用。具体来说，储能技术的应用对电能结构的影响主要有以下几个方面。

（一）促进电源结构优化，保障电网稳定性

太阳能、风电等新能源发电的普及，会对未来电源结构和电网稳定性带来巨大的影响。储能、电动汽车应用的意义在于可以将用电低谷时的可再生能源的多余发电量存储起来，在用电高峰期时放电回馈电网，对电网进行错峰调谷，平衡用电负荷，增加可再生能源的消纳。另外，在边远地区及地震、飓风等自然灾害高发的地区，储能系统可以当作应急电源使用，避免由于灾害或其他原因导致的频繁断电带来的不便。

（二）促进可再生能源并网

风电、光伏等可再生能源出力具有随机性、间歇性，其电能稳定性比传统火电差。可再生能源发电波动涉及频率波动、出力波动等多个方面，其发电波动从数秒到数小时之间变化，相对应的储能技术应用既有功率型应用也有能量型应用。按照储能的作用效果，一般可以将储能应用分为可再生能源能量时移、可再生能源发电容量固化和可再生能源出力平滑三类应用。对于光伏发电，应用储能技术可以将白天光伏发电的剩余电量储存起来以备晚上使用；对于风力发电，由于风力的不确定性会导致风电出力波动，储能系统能够有效地调节这种波动，进而平滑风电出力。总的来说，储能系统的应用能够有效地解决可再生能源发电的出力问题，起到促进可再生能源发电的效果。

（三）实现电网削峰填谷

储能系统既有负荷特性又有电源特性，可在用电负荷低谷时段对储能系统进行充电，在用电负荷高峰时段将存储的电量释放出来，实现对电网负荷的调节。此外，储能系统可以将弃风弃光电量存储起来，然后在其他有需要的时段将其进行并网，从而实现能量的时移。由于用户的用电负荷特性与可再生能源的发电特性之间存在较大的差异，加之储能系统充放电的时间和功率要求较宽，使得储能系统的能量时移应用较为广泛，总的来说，储能系统对电网负荷的调节作用显著。

二、电动汽车行业的发展对多种能源发电协同发展的影响

电动汽车是近年来出现的能源消费新兴形式，虽然其生产过程尤其是电动汽车电池的生产过程会产生一定量的二氧化碳排放和环境污染（杨洋，赵阳，郝卓，等，2022；赵子贤，邵超峰，陈珏，2021），但是由于其使用过程中不再消费燃油，因此，应用电动汽车能够促进交通行业的低碳发展。并且，由于电动汽车具有储能特性，能够起到电能能量时移作用，所以，人们普遍认为电动汽车的应用对能源结构绿色低碳演化起着重要影响。由于本部分主要探讨电动汽车应用对多种能源发展的影响，因此，笔者在此不对电动汽车生产过程中的二氧化碳排放进行深入分析。

受国家政策引导与扶持，我国电动汽车产业由导入期迅速进入快速发展期，电动汽车产销量逐年递增。2015 年我国电动汽车产销量跃居全球第一，并且多次蝉联全球首位。本章从中国汽车工业协会获取了 2011—2019 年中国电动汽车总产量和总销量如图 7-4 所示。

由图 7-4 中国电动汽车总产量和总销量数据发现，从 2011—2013 年，电动汽车的增长相对缓慢，2015 年之后，电动汽车的总产量和总销售量才开始大幅提升，在 2015 年电动汽车的总产量和总销量较 2014 年约增长了 6 倍。2015年至 2017 年期间，电动汽车的总销量增长了近一倍。在 2018 年和 2019 年，我国电动汽车总产量和总销量都较为稳定。

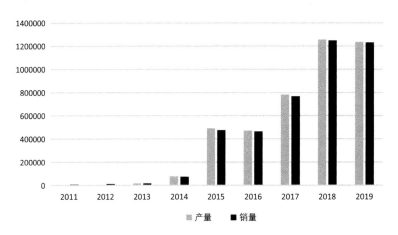

图 7-4   2011—2019 年中国电动汽车总产量和总销量

数据来源：中国汽车工业协会 . 2019 年 11 月汽车工业经济运行情况 [DB/OL]. (2019-12-10)[2023-09-01]. http://www.caam.org.cn/chn/4/cate_31/con_5227801.html.

如图 7-5 所示，历年不同类型电动汽车销量数据显示，纯电动汽车长期占据电动汽车销售市场。在 2019 年，纯电动汽车销量占电动汽车销售总量的 80.81%，达到了 99.4 万辆；同年，插电式混合动力汽车销量为 23.6 万辆，市场占比约为 19.19%。总的来说，我国是世界上新能源汽车市场发展较快的国家。随着利好政策的出台、制造技术的改进与基建保障的到位，预计我国新能源汽车市场规模将持续扩大，新能源汽车行业将迎来新的发展阶段，而电动汽车对于电能结构的影响将越来越显著。

从 2011—2016 年间，我国电动汽车的年产量从 5655 辆上升至 41 万辆，年销量从 5579 辆上升至 33 万辆。电动汽车的快速发展与我国电动汽车产业政策有着密切的关系，本节对电动汽车政策进行梳理，明确电动汽车发展与政策的演变关系，从而更好地预测未来电动汽车对能源结构演化的影响程度（如图 7-5所示）。

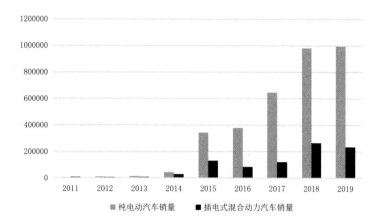

图 7-5　2011—2019 年不同类型电动汽车销量

数据来源：中国汽车工业协会. 2019 年 11 月汽车工业经济运行情况 [DB/OL]. (2019-12-10)[2023-09-01]. http://www.caam.org.cn/chn/4/cate_31/con_5227801.html.

电动汽车的发展政策既有国家层面制定的全国性的政策，又有地方制定的适用于自己独特省份的地方政策，以北京市为例，北京市居民在购买电动汽车时不仅能享受到国家给予的补贴还能享受到北京市政府按照国家补贴标准的 50% 给予的补贴。并且为促进电动汽车的使用，北京市政府出台了电动汽车上路行驶不受空气质量限制的规定。为更好地了解电动汽车的发展政策，本节以北京市为例，从宏观政策、电动汽车生产政策、电动汽车使用政策三个角度，对电动汽车的发展政策进行梳理（见表 7-1）。

表 7-1　电动汽车宏观政策梳理结果

政策名称	时间	政策内容概况
国家中长期科学和技术发展规划纲要（2006—2020 年）	2006—2020	重点研究新能源汽车实验和基础设施技术
汽车产业调整和振兴规划细则	2009—2011	电动汽车产销规模化，纯电动、充电式混合动力等新能源汽车总产能超过 50 万辆，新能源汽车销量占乘用车销售总量的 5% 左右
关于加快培育和发展战略性新兴产业的决定	2010—2020	将新能源汽车产业列为七个战略性新兴产之一

续表 7-1

政策名称	时间	政策内容概况
电动汽车充电基础设施发展指南	2015—2020	规定了充换电站建设数量，计划到2020年建成城市公共充电站2397座，分散式公共充电桩50万个，城际快充站842座
关于加强城市电动汽车充电设施规划建设工作的通知	2015	明确了电动汽车充电基础设施的内容，指出充电设施是新型的城市基础设施
关于"十三五"期间新能源汽车充电基础设施奖励政策及加强新能源汽车推广应用的通知	2016—2020	规定2016—2020年中央财政将继续对充电基础设施建设、运营给予奖补，并制定了奖励标准

资料来源：中华人民共和国国务院. 国家中长期科学和技术发展规划纲要（2006—2020年）：国发〔2005〕44号［EB/OL］.（2006-02-09）［2023-09-01］. https://www.gov.cn/gongbao/content/2006/content_240244.htm；国务院办公厅. 汽车产业调整和振兴规划［EB/OL］.（2009-03-20）［2023-09-01］.https://www.gov.cn/zhengce/zhengceku/2009-03/20/content_8121.htm；国务院. 国务院关于加快培育和发展战略性新兴产业的决定［EB/OL］.（2010-10-10）［2023-09-01］. https://www.gov.cn/gongbao/content/2010/content_1730695.htm；国家发展和改革委员会. 关于印发《电动汽车充电基础设施发展指南（2015—2020年）》的通知［EB/OL］.（2015-11-18）［2023-09-01］. http://www.nea.gov.cn/2015-11/18/c_134828653.htm；中华人民共和国住房和城乡建设部. 住房城乡建设部关于加强城市电动汽车充电设施规划建设工作的通知：建规〔2015〕199号［EB/OL］.（2015-12-07）［2023-09-01］. https://www.mohurd.gov.cn/gongkai/zhengce/zhengcefilelib/201601/20160115_226326.html；经济建设司. 关于"十三五"新能源汽车充电基础设施奖励政策及加强新能源汽车推广应用的通知：财建〔2016〕7号［EB/OL］.（2016-01-11）［2023-09-01］. http://www.mof.gov.cn/gp/xxgkml/jjjss/201601/t20160120_2512185.htm.

我国在电动汽车发展方面的主要政策和规划，包括由中央政府制定的政策，其内容包括电动汽车的推广促进、技术研究及充电设施建设三个方面，涵盖了电动汽车的发展目标、战略规划、研发技术和补贴奖励等多个内容。宏观政策涉及内容丰富，其制定和执行显示了政府对于电动汽车发展的重视。除此之外，我国针对电动汽车的生产和消费过程也出台了一些政策，涉及了电动汽车的生产及充电设施建设、补贴、技术要求、购置、税收等内容，形成了涵盖电动汽车研发、生产、消费、使用的完整政策体系。总的来说，目前电动汽车行业属于政府扶持行业，但是当技术日趋完善、市场日趋稳健时，政策支持力度将会下降。

我国交通运输部门的二氧化碳排放量占全社会总二氧化碳排放量的 25%，是我国二氧化碳排放的主要来源之一。为降低交通行业的二氧化碳排放，我国政府大力推广电动汽车。电动汽车以车载电源为动力，用电机驱动车轮行驶，由于不使用化石能源，电动汽车不产生 CO、HC 及 NO_x、微粒、臭气等物质，因此，电动汽车在环境保护方面表现出显著的优势。有研究指出，电动汽车的能源效率在一定情况下要高于燃油汽车。尤其是当车辆在城市内行驶时，车辆走走停停，燃油燃烧不充分，这会造成能源的大量浪费，但是电动汽车在制动时不消耗电量，在制动过程中，电动机可自动转化为发电机，实现制动减速时能量的再利用，因此，电动汽车更适合城市交通。

电动汽车的大量应用给电力系统的安全与经济运行带来了新的挑战。电动汽车的充电行为均具有随机性，其充电时间和位置具有显著的不确定性，大量电动汽车的应用会给电力系统的运行与控制带来显著的不确定性（孔顺飞，胡志坚，谢仕炜，等，2020；牛壮壮，刘三明，刘扬，2021）。若数以百万计的电动汽车无序充电或同时开始充电，会严重影响局部或者更大范围内电力系统的安全稳定运行（刘岩，尹艳萍，黄倩，等，2022；娄为，翟海保，许凌，等，2021）。因此，需要适当的控制和引导电动汽车用户的充电行为，避免电网负荷在短时间内迅速变化。此外，为满足快速增长的电动汽车充电需求，需配套建设大量的充电设施，这不仅会导致系统投资成本和运行成本的增加，甚至还可能会引起电压控制、电能质量、供需平衡、继电保护等方面的问题（曲大鹏，范晋衡，琦颖，等，2022）。

电动汽车应用对电力系统能源结构调整也有正面的促进作用。电动汽车既具有负荷特性又具有储能特性，其消耗的电能可以由煤炭、天然气、水力、核能、太阳能、风力、潮汐等多种能源提供，合理的控制电动汽车的充电能够在一定程度上促进可再生能源的消纳。电动汽车充电具有可调节性，如果将电动汽车充电时间调整到电网负荷较低的夜间，可以避开用电高峰，起到平衡电网负荷的作用，有助于提高电网的稳定性，降低电网的运行成本（马少超，范英，2022；王海鑫，袁佳慧，陈哲，等，2022）。

总之，电动汽车大量接入电网必定会对电力系统的生产和运行带来较大影响，与之相关的运行分析和计算、充电设施规划、充电负荷与新能源的协同调度等相关技术问题已引起社会的广泛关注。电动汽车也可以作为移动的、分布式储能单元接入电网，用于电网负荷的削峰填谷、旋转备用等，以提高电网供电灵活性、可靠性和能源利用效率。电动汽车作为能源消费端，在一定程度上影响着能源结构的演变，因此，分析低碳发展下能源结构演化时不能忽视电动汽车对能源结构的影响。

然而，电动汽车的应用并不一定完全有利于降低污染物排放。由于电动汽车用户充电行为具有无序性和不可控性，如果大量电动汽车用户在可再生能源出力较低的时点进行充电，火电机组则需要快速启动发电，从而实现电能的供需平衡。这不仅不利于污染物减排，还会增加电网的运行风险，因此，需要优化电动汽车用户的充电行为从而实现促进可再生能源消纳、平稳电网负荷的目的。目前，已经有学者和专家重点研究了电动汽车用户充电策略，探讨用户充电行为调节；电网企业、电动汽车充电服务商也制定了分段电价，以此来调节用户的充电行为，在充电电价的影响下，电动汽车用户充电行为已经得到了一定的优化，但是受用户习惯等因素影响，用户充电行为与电网企业和发电企业的预期仍有一定差距。因此，未来需重点研究促进可再生能源消纳、降低火力发电的电动汽车充电策略和用户充电行为优化。

三、电力需求响应的发展对多种能源发电协同发展的影响

除储能、电动汽车等电能消费新形式之外，电力需求响应作为电力需求侧管理的重要内容，其同样对电力供需平衡和多种能源的协同发展产生着显著的影响。因此，笔者在对电力需求响应的发展现状进行分析后，又对电力需求响应对多种能源协同发展的影响进行探讨。

电力需求响应是指通过分时电价等市场价格信号或资金补贴等激励机制，引导鼓励用户主动改变原有电力消费模式的市场参与行为。我国自 2012 年启动电力需求侧管理城市综合试点工作，经过逐步试点应用和演变，特别是随着电力市场的发展，需求响应与电力市场交易有机结合，取得了长足的进步。2013 年以上海为电力需求响应试点城市，我国首次电力需求响应正式实施，并逐步在综合城市试点或相关省份中推广。2014 年 8 月，上海首次启动了需求响应试点工作，中国能源传媒集团有限公司研究院数据显示，共有 6 家工业用户和 28

家楼宇用户成功参与了响应工作，降低了峰负荷 5.5 万千瓦，展示了需求响应对电网系统进行优化及改善的潜力。之后，北京、苏州、佛山等地陆续启动需求响应试点。截至 2019 年年末，国内开展需求响应试点的省（自治区、直辖市）达到 10 个，其中 8 个省（直辖市）发布了试点支持政策。

在需求响应实施早期，需求响应的实施主要是为了缓解夏季高峰时段电力消费紧张状况，最大程度削减高峰电力负荷对电网安全的影响。但是，随着我国可再生能源装机比例不断提高，冬季低谷时段调峰压力越来越大，特别是北方地区冬季供暖期间，由于热电联产机组热电比调节能力有限，用电负荷过低导致发电机组出力不足，进而影响供热能力，需要通过市场化手段引导用户在用电低谷时段实施反向需求响应，同时促进新能源消纳。根据各地政策整理，本节整理了不同地区电力需求响应政策的基本情况（见表 7-2）。

表 7-2 典型省市电力需求响应政策基本情况

省（直辖市）	响应能力建设目标	参与主体	响应类型
江苏	最高用电负荷的 5%	工商业用户、各类型空调负荷、储能、电动汽车	削峰、填谷
浙江	最高用电负荷的 5%	含居民、党政机关的用电主体，储能、电动汽车	削峰、填谷
上海	最高用电负荷的 3%	工商业用户、分布式、可再生能源、储能、充电桩等	削峰、填谷
河南	最高用电负荷的 3%	工商业用户	削峰
湖南	削峰 200 万千瓦	工商业用户	削峰
湖北	最高用电负荷的 3%～5%	工商业用户	削峰
山东	最高用电负荷的 5%	工商业用户、储能、电动汽车、新能源电站	削峰、填谷
天津	最高用电负荷的 3%	工商业、电动汽车、非工空调、储能	削峰、填谷
重庆	暂未明确	具备负荷自动调节能力的工商业用户	主要为削峰
陕西	削峰 200 万千瓦	含居民的用电主体、储能、电动汽车	削峰
广东	暂未明确	参与电力市场用户、储能、电动汽车	暂为削峰

2018 年春节期间，天津市组织开展了国内首次填谷需求响应试点，采用市场化激励方式鼓励和引导用户低谷时段用电。中国能源传媒集团有限公司研究院数据显示，试点参与用户增加了低谷时段负荷约 40 万千瓦，电网负荷较 2017 年同期增长 7.2%，有效促进了热电联产机组连续稳定发电供热，兼顾电力供需平衡、清洁能源消纳及民生供热保障。同年，江苏省首次在国庆期间组织实施了填谷电力需求响应，并在国内首创竞价模式，促进了清洁能源发电全额消纳，保障了电网安全稳定运行，中国能源传媒集团有限公司研究院数据显示，当期最大填补低谷负荷 142 万千瓦，累计填谷 719 万千瓦。[①]

电力需求响应对多种能源协同发展具有一定影响。首先，能源互联网背景下电源结构、用电结构和系统生态将发生深刻变化，仅依靠电源侧的调节能力已经难以保障电力系统的电力可靠供应和安全稳定运行，并且成本高昂。相比之下，需求侧的解决方案则通常规模较小，且选择更加多元化，推动电力系统由"源随荷动"向"源荷互动"转变，充分发挥需求侧资源在以新能源为主体的新型电力系统中的作用十分迫切和必要。同时，电力需求响应的推广则能够调节电力系统的负荷，通过削峰填谷配合各类能源的出力特性。总的来说，对于电力行业，储能、电动汽车和电力需求响应都可以增加可再生能源发电、减少火力发电，从而实现污染物减排。

其次，电力需求响应能够促进用户根据供电企业发出的电价暂时改变其固有的用电模式，如在不影响生产工艺或舒适度的前提下，停止一部分用电设备的运行，或降低一部分设备的用电负荷，从而减少尖峰时段的用电负荷或推移电网高峰期，保证电网供需平衡和可靠运行。因此，电力需求响应的应用有助于降低用电高峰时段的火电发电量，增加用电低谷时段的可再生能源发电量，能够促进能源结构朝着更加清洁、低碳的方向发展。

最后，与储能和电动汽车相比，电力需求响应不具备储能特性，无法实现能量的时移。在电力系统用电高峰时，电力需求响应无法对电网进行反向送电，仅能借助于调整用户用能时间降低电网的负荷。因此，电力需求响应仅能通过增加用能灵活性影响多种能源的协同发展。另外，电力系统运行具有严格的实时电能供需平衡要求，电力需求响应的参与给电力系统"源网荷储"各环节的

---

① 中能传媒研究院. 我国电力需求响应发展现状与分析 [EB/OL]. (2020-08-07) [2023-09-01]. https://mp.weixin.qq.com/s/LP6M7uZFENzO2uBRed9vrA.

协同运行提出了更高的要求。因此，为更好地促进电力需求响应的实施电力系统应加强系统的信息化和智能化，尽快实现电力系统参与者之间的信息共享。

目前，电力需求响应的推广仍处于试点阶段，在全社会没有进行大规模的应用。但是，近年来，各地负荷峰谷差逐年扩大，尖峰负荷不断攀高，发展电力需求响应的迫切性显著提升。随着响应主体准入门槛不断降低，包括居民在内的各类型用户逐步具备参与响应的资格，为电力需求响应提供了充足的资源库。负荷聚合商、虚拟电厂运营商等主体的引入，为中小型用户、居民、党政工团和公共建筑用电开展精准响应创造了条件。在未来，电力需求响应将会在多种能源协同发展中起到更大的作用。

参考文献

ALBINO V , ARDITO L , DANGELICO R M , et al , 2014. Understanding the Development Trends of Low-carbon Energy Technologies: A Patent Analysis[J]. Applied Energy , 135 : 836-854.

ANSELIN L , 1988a. Spatial Econometrics : Methods and Models[M]. Berlin : Springer.

ANSELIN L , 1988b. A Test for Spatial Autocorrelation in Seemingly Unrelated Regressions[J]. Economics Letters , 28(4) : 335-341.

ANSELIN L , 2007. Spatial Econometrics in RSUE : Retrospect and Prospect[J]. Regional Science and Urban Economics , 37(4) : 450-456.

ANSELIN L , 2010. Thirty Years of Spatial Econometrics[J]. Regional Science , 89(1) : 3-25.

ANSELIN L , GALLO J L , JAYET H , 2008. Spatial Panel Econometrics[M]. Berlin Heidelberg : Springer.

BAI Y P , DENG X Z , ZHANG Q , et al , 2016. Measuring Environmental Performance of Industrial Sub-sectors in China : A Stochastic Metafrontier Approach[J]. Physics and Chemistry of the Earth , 101 : 3-12.

CHEN H X , LI G P , 2011. Empirical Study on Effect of Industrial Structure Change on Regional Economic Growth of Beijing-Tianjin-Hebei Metropolitan Region[J]. Chinese Geographical Science , 21(6) : 708-714.

CHEN Q Q , TANG Z Y , LEI Y , et al , 2015. Feasibility Analysis of Nuclear–coal Hybrid Energy Systems From the Perspective of Low-carbon Development[J]. Applied Energy , 158 : 619-630.

DARMOFAL D , 2015. Spatial Lag and Spatial Error Models[M]. Cambridge :

Cambridge University Press.

FENG Z H , ZOU L L , WEI Y M , 2011. Carbon Price Volatility : Evidence from EU ETS[J]. Applied Energy , 88(3) : 590-598.

GETIS A , 2009. Spatial Weights Matrices[J]. Geographical Analysis , 41(4) : 404-410.

GUO X D , GUO X P , 2015. China's Photovoltaic Power Development under Policy Incentives : A System Dynamics Analysis[J]. Energy , 93 : 589-598.

GUO X P , GUO X D , 2016a. A Panel Data Analysis of the Relationship Between Air Pollutant Emissions , Economics , and Industrial Structure of China[J]. Emerging Markets Finance & Trade , 52(6) : 1315-1324.

GUO X P , GUO X D , 2016b. Nuclear Power Development in China after the Restart of New Nuclear Construction and Approval : A System Dynamics Analysis[J]. Renewable and Sustainable Energy Reviews , 57 : 999-1007.

GUO X P , REN D F , SHI J X , 2016. Carbon Emissions , Logistics Volume and GDP in China : Empirical Analysis Based on Panel Data Model[J]. Environmental Science and Pollution Research , 23(24) : 24758-24767.

HAUSMAN J A , 1978. Specification Tests in Econometrics [J]. Econometrica , 46 : 1251-1271.

HU Z G , YUAN J H , HU Z , 2011. Study on China's Low Carbon Development in an Economy–Energy–Electricity–Environment Framework[J]. Energy Policy , 39 (5) : 2596-2605.

JIANG X S , JING Z X , Li Y Z , et al , 2014. Modelling and Operation Optimization of an Integrated Energy Based Direct District Water-heating System[J]. Energy , 64 : 375-388.

KRIGE D G , 1951. A Statistical Approach to Some Basic Mine Valuation Problems on the Witwatersrand[J]. Journal of the South African Institute of Mining and Metallurgy , 52 : 201-203.

LI C B , CHEN H Y , ZHU J , et al , 2014. Environmental Turbulence Analysis of the Wind Power Industry Chain. [J]. Applied Mechanics and Materials , 541-542 : 898-903.

LIANG Q M , WEI Y M , 2012. Distributional Impacts of Taxing Carbon in China : Results From the CEEPA model[J]. Applied Energy , 92 : 545-551.

LIN W M , CHENG F S , TSAY M T , 2002. An Improved Tabu Search for Economic Dispatch with Multiple Minima[J]. IEEE Transactions on Power Systems , 17(1) : 108-112.

MEI G P , GAN J Y , ZHANG N , 2015. Metafrontier Environmental Efficiency for China's Regions : A Slack-Based Efficiency Measure[J]. Sustainability , 7(4) : 4004-4021.

MORAN P A P , 1950. Notes on Continuous Stochastic Phenomena[J]. Biometrika , 37(1-2) : 17-23.

NICHOLSON M , BIEGLER T , BROOK B W , 2011. How Carbon Pricing Changes the Relative Competitiveness of Low-carbon Baseload Generating Technologies[J]. Energy , 36(1) : 305-313.

O' NEILL B , 2006. Calculus on Euclidean Space[M]. New York : Academic Press.

PAELINCK J , 1978. Spatial Econometrics[J]. Economics Letters , 1 : 59-63.

PETER S , ROBIN C S , 1984. Production Frontiers and Panel Data[J]. Journal of Business & Economic Statistics , 2(4) : 367-374.

REN S G , LI X L , YUAN B L , et al , 2018. The Effects of Three Types Of Environmental Regulation on Eco-efficiency : A Cross-region Analysis in China[J]. Journal of Cleaner Production , 173 : 245-255.

SEYA H , 2020. Chapter Three - Global and Local Indicators of Spatial Associations[M]. [S.l.] : Academic Press.

SHI X H , CHU J H , ZHAO C Y , 2021. Exploring the Spatiotemporal Evolution of Energy Intensity in China by Visual Technology of the GIS[J]. Energy , 228 : 页码不详 .

SMIRNOV O , ANSELIN L , 2001. Fast Maximum Likelihood Estimation of very Large Spatial Autoregressive Models : A Characteristic Polynomial Approach[J]. Computational Statistics & Data Analysis , 35(3) : 301-319.

SMIRNOV O A , ANSELIN L E , 2009. An O (N) Parallel Method of Computing the Log-Jacobian of the Variable Transformation for Models with Spatial Interaction on

A Lattice[J]. Computational Statistics & Data Analysis , 53(8) : 2980-2988.

SONG J S , LEE K M , 2010. Development of a Low-carbon Product Design System Based on Embedded GHG Emissions[J]. Resources Conservation & Recycling , 54(9) : 547-556.

SONG M L , PENG J , WANG J L , et al , 2018. Better Resource Management : An Improved Resource and Environmental Efficiency Evaluation Approach That Considers Undesirable Outputs[J]. Resources , Conservation and Recycling , 128 : 197-205.

SONG M L , ZHENG W P , WANG Z Y , 2016. Environmental Efficiency and Energy Consumption of Highway Transportation Systems in China[J]. International Journal of Production Economics , 181 : 441-449.

TOBLER W R , 1970. A Computer Movie Simulating Urban Growth in the Detroit Region[J]. Economic Geography , 46 : 234-240.

TSOUKALAS L H , GAO R , 2008. From Smart Grids to an Energy Internet : Assumptions , Architectures and Requirements[C]. International Conference on Electric Utility Deregulation & Restructuring & Power Technologies , 94-98.

VIJAY V , ROGER N A , 2004. Building the Energy Internet [N]. The Economist , 2004-03-13（版面不详）.

WANG X M , DING H , LING L , 2019. Eco-efficiency Measurement of Industrial Sectors in China : A Hybrid Super-efficiency DEA Analysis[J]. Journal of Cleaner Production , 229 : 53-64.

WEI Y M , LU W , HUA L , et al , 2014. Responsibility Accounting in Carbon Allocation : A Global Perspective[J]. Applied Energy , 130 : 122-133.

YUAN J H , NA C N , XU Y , et al , 2015. Wind turbine manufacturing in China : A review[J]. Renewable and Sustainable Energy Reviews , 51 : 1235-1244.

YUAN J H , SUN S H , CHEN J K , et al , 2014. Wind power supply chain in China[J]. Renewable and Sustainable Energy Reviews , 39 : 356-369.

ZHANG J R , ZENG W H , SHI H , 2016. Regional Environmental Efficiency in China : Analysis Based on a Regional Slack-based Measure with Environmental Undesirable Outputs[J]. Ecological Indicators , 71 : 218-228.

ZHANG S F，LI X M，2012. Large Scale Wind Power Integration in China：Analysis from A Policy Perspective[J]. Renewable and Sustainable Energy Reviews，16(2)：1110-1115.

ZHANG Y，ZHANG J，YANG Z F，LI J，2012. Analysis of the Distribution and Evolution of Energy Supply and Demand Centers of Gravity in China[J]. Energy Policy，49：695-706.

ZHANG Z B，YE J L，2015. Decomposition of Environmental Total Factor Productivity Growth Using Hyperbolic Distance Functions：A Panel Data Analysis for China[J]. Energy Economics，47：87-97.

ZHOU K，YANG S，2016. Exploring the Uniform Effect of FCM Clustering：A Data Distribution Perspective[J]. Knowledge-based Systems，96：76-83.

ZHOU P，ANG B W，HAN J Y，2010. Total Factor Carbon Emission Performance：A Malmquist Index Analysis[J]. Energy Economics，32(1)：194-201.

安军，陈启鑫，代飞，等，2021. 面向大气污染防治的电力绿色调度策略研究与实践 [J]. 电网技术，45 (2)：605–612.

蔡海霞，2012. 中国经济增长动因：能源效率与技术进步研究 [D]. 武汉：武汉大学：1–38.

曹俊文，祁垒，李真，2012. 中国能源消耗地区差异实证分析 [J]. 合作经济与科技 (11)：6–8.

陈琳，2013. 中国能源消费碳排放变化的影响因素分析——基于投入产出模型 [J]. 中外能源，18 (1)：17–22.

陈强，2014. 高级计量经济学及 Stata 应用 [M]. 北京：高等教育出版社 .

陈强，2014. 分布式冷热电联供系统全工况特性与主动调控机理及方法 [D]. 北京：中国科学院研究生院 (工程热物理研究所)：1–139.

陈星星，2019. 非期望产出下我国能源消耗产出效率差异研究 [J]. 中国管理科学，27 (8)：191–198.

陈莹文，2019. 基于动态两阶段 SBM 的中国省际间能源与环境效率研究 [D]. 贵阳：贵州大学：1–68.

陈瑜玮，孙宏斌，郭庆来，2019. 综合能源系统分析的统一能路理论 (五)：电 – 热 – 气耦合系统优化调度 [J]. 中国电机工程学报，40 (24)：7928–7937+8230.

崔树银，李江林，2014. 火电企业节能减排的长效机制研究 [J]. 生态经济，30 (4)：95-98.

董树锋，何光宇，刘凯诚，等，2012. 使用 Eclipse 建模框架实现基于公共信息模型系统的开发 [J]. 电力系统自动化，36 (22)：68-72.

董莹，2016. 全要素生产率视角下的农业技术进步及其溢出效应研究 [D]. 北京：中国农业大学：1-149.

段文斌，余泳泽，2011. 全要素生产率增长有利于提升我国能源效率吗？——基于 35 个工业行业面板数据的实证研究 [J]. 产业经济研究 (4)：78-88.

范丹，2013. 低碳视角下的中国能源效率研究 [D]. 大连：东北财经大学：1-154.

冯升波，王娟，杨再敏，等，2020. 完善创新体制机制 促进多能源品种协同互济发展 [J]. 中国能源，42 (11)：4-8.

葛斐，石雪梅，荣秀婷，等，2015. 电力消费弹性系数与产业结构关系研究——以安徽省为例 [J]. 四川大学学报 (哲学社会科学版) (3)：79-85.

国网能源研究院有限公司，2018. 中国电源发展分析报告 2018[M]. 北京：中国电力出版社 .

韩宇，彭克，王敬华，等，2018. 多能协同综合能源系统协调控制关键技术研究现状与展望 [J]. 电力建设，39 (12)：88-94.

胡杰，孙秋野，胡旌伟，等，2019. 信息能源系统自 - 互 - 群立体协同优化方法 [J]. 电力系统自动化，37 (4)：28-34.

黄，李，2008. ArcView GIS 与 ArcGIS 地理信息统计分析 [M]. 李学良，译 . 北京：中国财政经济出版社 .

黄裕春，杨甲甲，文福拴，等，2013. 计及接纳间歇性电源能力的输电系统规划方法 [J]. 电力系统自动化，37 (4)：28-34.

IPCC 国家温室气体清单特别工作组，2006. 2006 年 IPCC 国家温室气体清单指南 [M]. 叶山：日本全球环境战略研究所 .

蒋玮，程澍，李鹏，等，2021. 面向用户侧源储资源优化调度的能源区块链平台设计 [J]. 电力系统自动化，45 (12)：11-19.

荆有印，白鹤，张建良，2012. 太阳能冷热电联供系统的多目标优化设计与运行策略分析 [J]. 中国电机工程学报，32 (20)：82-87+143.

孔顺飞，胡志坚，谢仕炜，等，2020. 含电动汽车充电站的主动配电网二阶段鲁棒规划模型及其求解方法 [J]. 电工技术学报，35(5)：1093-1105.

寇建涛，孙宇飞，2020. 基于分时电价模式的分布式风 - 光联合发电系统功率消纳模型研究 [J]. 水利水电技术，51 (6)：179-184.

兰忠成，2015. 中国风能资源的地理分布及风电开发利用初步评价 [D]. 兰州：兰州大学：1-103.

雷泽坤，2014. 影响全国二氧化碳排放驱动因素分析 [D]. 沈阳：辽宁大学：1-45.

李国平，2020. 京津冀协同发展：现状、问题及方向 [J]. 前线 (1)：59-62.

李可，马孝义，符少华，2010. 基于改进遗传算法的水电站优化调度模型与算法 [J]. 水力发电，36 (1)：92-93+96.

李梦娇，2017. 中国电力产业环境污染与治理研究 [D]. 武汉：武汉理工大学：1-59.

李培恺，2018. 分布式协同控制模式下配电网信息物理系统安全性能研究 [D]. 杭州：浙江大学：1-79.

李锐，杜治洲，杨佳刚，等，2019. 中国水电开发现状及前景展望 [J]. 水科学与工程技术 (6)：73-78.

李小鹏，2019. 能源互联网电力信息融合风险传递模型与仿真系统研究 [D]. 北京：华北电力大学：1-166.

李亦凡，2015. 风 - 光 - 抽水蓄能多种能源互补发电技术的应用探讨 [C]. 中国水力发电工程学会信息化专委会、中国水力发电工程学会水电控制设备专委会·2015 年学术交流会论文集：51-54.

梁亮，介绍我区"十三五"能源发展成就和"十四五"发展思路 [N]. 内蒙古日报 (汉)，2020-12-26.

梁文潮，2004. 我国区域电力市场研究 [D]. 武汉：武汉理工大学：1-131.

林伯强，杜克锐，2014. 理解中国能源强度的变化：一个综合的分解框架 [J]. 世界经济，37 (4)：69-87.

林伯强，杨芳，2009. 电力产业对中国经济可持续发展的影响 [J]. 世界经济 (7)：3-13.

林俐，邹兰青，周鹏，等，2017. 规模风电并网条件下火电机组深度调峰的多角度经济性分析 [J]. 电力系统自动化，41 (7)：21-27.

林艺城，2018. 梯级电站群短期水火协同调度优化研究 [D]. 广州：广东工业大学：

1-71.

刘国建, 2017. 公共信息模型在微电网中的应用研究 [D]. 济南: 山东大学: 1-49.

刘立阳, 2018. 含风电的电力优化调度模型及其求解方法研究 [D]. 南京: 南京理工大学: 1-133.

刘林, 张运洲, 王雪, 等, 2019. 能源互联网目标下电力信息物理系统深度融合发展研究 [J]. 中国电力, 52 (1): 2-9.

刘玲, 马晓青, 2015. 区域经济增长与电力消费的相关性 [J]. 系统工程, 33 (6): 84-90.

刘笑, 2014. 考虑非期望产出的 DEA 模型 (ICCR 模型) 理论及应用研究 [D]. 徐州: 中国矿业大学: 1-45.

刘秀如, 赵勇, 孙漪清, 等, 2017. "十三五" 期间电力行业污染物减排政策分析与展望 [J]. 环境保护与循环经济, 37 (6): 12-14.

刘岩, 尹艳萍, 黄倩, 等, 2022. 我国新能源汽车动力电池安全现状分析与探讨 [J]. 电池工业, 26(6): 309-312+320.

刘宇菲, 2020. 基于区域间投入产出分析的城市群能源—水耦合模拟研究 [D]. 广州: 华南理工大学: 1-79.

刘源, 2015. C 火电投资项目经济评价分析 [D]. 北京: 华北电力大学: 1-61.

刘振亚, 2012. 中国电力与能源 [M]. 北京: 中国电力出版社.

刘振亚, 2014. 构建全球能源互联网 推动能源与环境协调发展 [J]. 中国电力企业管理 (23): 14-17.

刘振亚, 2015. 全球能源互联网 [M]. 北京: 中国电力出版社.

刘自敏, 崔志伟, 朱朋虎, 等, 2019. 中国电力消费的动态时空特征及其驱动因素 [J]. 中国人口·资源与环境, 29 (11): 20-29.

娄为, 翟海保, 许凌, 等, 2021. 风电 - 储能 - 电动汽车联合调频控制策略研究 [J]. 可再生能源, 39(12): 1648-1654.

陆丹丹, 孙华平, 2021. 低碳视角下中国省域电力绿色全要素生产率增长路径研究 [J]. 煤炭经济研究, 41 (4): 11-19.

骆跃军, 骆志刚, 赵黛青, 2014. 电力行业的碳排放权交易机制研究 [J]. 环境科学与技术, 37 (S1): 329-333.

吕连宏, 罗宏, 王晓, 2015. 大气污染态势与全国煤炭消费总量控制 [J]. 中国煤炭，41 (4)：9–15.

吕优，2018. 风 – 光 – 抽水蓄能联合发电系统优化调度研究 [D]. 西安：西安理工大学：1–59.

马杰，袁悦，2020. 中美贸易摩擦形势对能源贸易领域的影响及对策 [J]. 中外能源，25 (7)：7–11.

马丽梅，史丹，裴庆冰，2018. 中国能源低碳转型 (2015—2050)：可再生能源发展与可行路径 [J]. 中国人口·资源与环境，28 (2)：8–18.

马少超，范英，2022. 能源系统低碳转型中的挑战与机遇：车网融合消纳可再生能源 [J]. 管理世界，38(5)：209–220+242+221–223.

南方电网能源发展研究院有限责任公司，2023. 中国电力行业投资发展报告 (2022 年)[M]. 北京：中国电力出版社 .

南方电网能源发展研究院有限责任公司，2023. 南方电网能源发展研究院 中国能源供需报告 2022[M]. 北京：中国电力出版社 .

牛海玲，2011. 我国石油资源流动空间格局演化特征研究——基于空间节点的分析 [D]. 南京：南京师范大学：1–67.

牛壮壮，刘三明，刘扬，2021. 考虑时序性和相关性的 EVCS 在配电网中的最优规划 [J]. 智慧电力，49(3)：95–102.

欧阳昌裕，2012. 关于新能源发电发展的若干思考 [J]. 中国电力企业管理 (3)：28–31.

潘尔生，田雪沁，徐彤，等，2020. 火电灵活性改造的现状、关键问题与发展前景 [J]. 电力建设，41 (9)：58–68.

潘旭东，黄豫，唐金锐，等，2019. 新能源发电发展的影响因素分析及前景展望 [J]. 智慧电力，47 (11)：41–47.

潘英吉，李秋月，2016. 新能源发电投资的影响因素及对策研究 [J]. 产业与科技论坛，15 (19)：20–22.

裴玮，邓卫，沈子奇，等，2014. 可再生能源与热电联供混合微网能量协调优化 [J]. 电力系统自动化，38 (16)：9–15.

彭克，张聪，徐丙垠，等，2017. 多能协同综合能源系统示范工程现状与展望 [J]. 电力自动化设备，37 (6)：3–10.

钱争鸣，刘晓晨，2013. 中国绿色经济效率的区域差异与影响因素分析 [J]. 中国人口·资源与环境，23 (7)：104-109.

曲大鹏，范晋衡，刘琦颖，等，2022. 考虑配电网综合运行风险的充电桩接纳能力评估与优化 [J]. 电力系统保护与控制，50(3)：131-139.

任东方，2020. 多种能源发电协同发展管控模型及大数据分析研究 [D]. 北京：华北电力大学：1-131.

任志超，张全明，杜新伟，等，2014. 三次产业用电特性及负荷结构研究 [J]. 四川电力技术，37 (3)：77-81.

山东省人民政府，2018. 山东省人民政府关于印发山东省新能源产业发展规划（2018—2028 年）的通知 [EB/OL]. (2018-09-21)[2023-09-01]. http://www.shandong.gov.cn/art/2018/9/21/art_267492_9576.html.

单葆国，孙祥栋，李江涛，等，2017. 经济新常态下中国电力需求增长研判 [J]. 中国电力，50 (1)：19-24.

沈义，2014. 我国太阳能的空间分布及地区开发利用综合潜力评价 [D]. 兰州：兰州大学：1-85.

石园，曹磊，张智勇，2018. 基于系统动力学的社区养老服务供应链信息共享模型 [J]. 系统科学学报，26 (2)：121-125.

史云鹏，2013. 中国能源消费总量及能源效率研究 [D]. 天津：天津大学：1-157.

孙宏斌，郭庆来，潘昭光，2015. 能源互联网：理念、架构与前沿展望 [J]. 电力系统自动化，39 (19)：1-8.

孙吉贵，刘杰，赵连宇，2008. 聚类算法研究 [J]. 软件学报 (1)：48-61.

孙秋野，2015. 能源互联网 [M]. 北京：科学出版社 .

孙秋野，滕菲，张化光，等，2015. 能源互联网动态协调优化控制体系构建 [J]. 中国电机工程学报，35 (14)：3667-3677.

孙昕，2017. 中国电力建设技术进展及发展趋势— (下) 电源部分 [J]. 中国电力，50 (4)：1-5.

谭忠富，吴恩琦，鞠立伟，等，2013. 区域间风电投资收益风险对比分析模型 [J]. 电网技术，37 (3)：713-719.

唐晓波，李新星，2018. 社会化问答社区知识共享机制的系统动力学仿真研究 [J]. 情报科学，36 (3)：125-129.

田丰，贾燕冰，任海泉，等，2020. 考虑碳捕集系统的综合能源系统"源－荷"

低碳经济调度 [J]. 电网技术，44 (9)：3346−3355.

汪兴强，丁明，韩平平，2011. 互联电力系统可靠性评估的改进等效模型 [J]. 电工技术学报，26 (9)：201−207.

王成文，韩勇，谭忠富，等，2006. 一种求解机组组合优化问题的降维半解析动态规划方法 (英文)[J]. 电工技术学报 (5)：110−116.

王春亮，宋艺航，2015. 中国电力资源供需区域分布与输送状况 [J]. 电网与清洁能源，31 (1)：69−74.

王刚，2018. 储能参与清洁能源消纳价值链优化模型及信息系统研究 [D]. 北京：华北电力大学：1−115.

王海涛，徐刚，恽晓方，2013. 区域经济一体化视阈下京津冀产业结构分析 [J]. 东北大学学报 (社会科学版)，15 (4)：367−374.

王海鑫，袁佳慧，陈哲，等，2022. 智慧城市车 – 站 – 网一体化运行关键技术研究综述及展望 [J]. 电工技术学报，37(1)：112−132.

王进，李欣然，杨洪明，等，2014. 与电力系统协同区域型分布式冷热电联供能源系统集成方案 [J]. 电力系统自动化，38 (16)：16−21.

王明富，吴华华，杨林华，等，2020. 电力市场环境下能源互联网发展现状与展望 [J]. 电力需求侧管理，22 (2)：1−7.

王瑞，诸大建，2018. 中国环境效率及污染物减排潜力研究 [J]. 中国人口·资源与环境，28 (6)：149−159.

王晓燕，李昕，鞠建东，2021. 中美加征关税的影响：一个文献综述 [J]. 上海对外经贸大学学报，28 (3)：36−48.

王振达，2019. 论电力区域信息资源和能力共享 [J]. 价值工程，38 (7)：157−159.

卫志农，张思德，孙国强，等，2017. 计及电转气的电 – 气互联综合能源系统削峰填谷研究 [J]. 中国电机工程学报，37 (16)：4601−4609+4885.

魏巍贤，马喜立，2015. 能源结构调整与雾霾治理的最优政策选择 [J]. 中国人口·资源与环境，25 (7)：6−14.

闻新，李翔，周露，等，2003. MATLAB 神经网络仿真与应用 [M]. 北京：科学出版社 .

吴婷，2015. 我国金融集聚对区域经济产值的影响研究 [D]. 徐州：中国矿业大学：1−75.

吴耀武，王峥，唐权，等，2006. 基于 C-PSO 的水火电混合电力系统电源规划 [J]. 继电器 (9)：64-69.

武琳琳，2013. 基于 Fisher 最优分割法的聚类分析应用 [D]. 郑州：郑州大学：1-51.

谢品杰，潘仙友，林美秀，2017. 中国电力强度重心迁移及差异研究 [J]. 世界地理研究，26 (2)：119-126.

解玉磊，付正辉，汤烨，等，2013. 区域电力结构优化模型及温室气体减排潜力 [J]. 电力建设，34 (11)：82-86.

熊文，刘育权，苏万煌，等，2019. 考虑多能互补的区域综合能源系统多种储能优化配置 [J]. 电力自动化设备，39 (1)：118-126.

徐青山，曾艾东，王凯，等，2016. 基于 Hessian 内点法的微型能源网日前冷热电联供经济优化调度 [J]. 电网技术，40 (6)：1657-1665.

杨锦春，2019. 能源互联网：资源配置与产业优化研究 [D]. 上海：上海社会科学院：1-118.

杨龙，胡晓珍，2010. 基于 DEA 的中国绿色经济效率地区差异与收敛分析 [J]. 经济学家 (2)：46-54.

杨善林，周开乐，2015. 大数据中的管理问题：基于大数据的资源观 [J]. 管理科学学报，18 (5)：1-8.

杨洋，赵阳，郝卓，等，2022. 智能网联汽车全生命周期节能减排绩效评价研究 [J]. 中国公路学报，35(5)：266-274.

叶奇蓁，2010. 中国核电发展战略研究 [J]. 电网与清洁能源，26 (1)：3-8.

袁家海，2015. "十三五"电力发展关键问题分析 [N]. 中国能源报，2015-09-28(10).

袁家海，徐燕，雷祺，2015. 电力行业煤炭消费总量控制方案和政策研究 [J]. 中国能源，37 (3)：11-17.

曾鸣，杨雍琦，李源非，等，2016. 能源互联网背景下新能源电力系统运营模式及关键技术初探 [J]. 中国电机工程学报，36 (3)：681-691.

张春成，2020. 2019 年全球电力发展回顾及 2020 年展望 [J]. 电力设备管理 (7)：160-161.

张福伟，肖国泉，2000. 基于系统动力学的可持续电力发展模型 [J]. 现代电力

(2)：89-94.

张广宇，2016. 关于光伏和风电项目度电成本的分析 [J]. 中国电业（技术版）
(6)：69-73.

张冉，2016. 基于互联网＋的电力服务营销策略研究 [J]. 能源与节能 (1)：70-
71.

张树伟，2011. 碳税对我国电力结构演变的影响——基于 CSGM 模型的模拟 [J].
能源技术经济，23 (3)：11-15+21.

张素香，刘建明，赵丙镇，等，2013. 基于云计算的居民用电行为分析模型研究
[J]. 电网技术，37 (6)：1542-1546.

张运洲，张宁，代红才，等，2021. 中国电力系统低碳发展分析模型构建与转型
路径比较 [J]. 中国电力，54 (3)：1-11.

赵春升，2012. 全球化石能源的地理分布与中国能源安全保障的政策选择 [D].
兰州：兰州大学：1-109.

赵湘莲，朱文青，吴昊，2016. 产学研合作中信息粘滞因素的系统动力学模拟仿
真 [J]. 统计与决策 (11)：49-52.

赵媛，牛海玲，杨足膺，2010. 我国石油资源流流量位序 - 规模分布特征变化 [J].
地理研究，29 (12)：2121-2131.

赵子贤，邵超峰，陈珏，2021. 中国省域私人电动汽车全生命周期碳减排效果评
估 [J]. 环境科学研究，34(9)：2076-2085.

周鹏程，程怡心，2020. 大气污染防治下京津冀地区分布式电源优化配置研究 [J].
山东电力技术，47 (3)：1-6.

周涛，陆惠玲，2012. 数据挖掘中聚类算法研究进展 [J]. 计算机工程与应用，48
(12)：100-111.

周孝信，曾嵘，高峰，等，2017. 能源互联网的发展现状与展望 [J]. 中国科学：
信息科学，47 (2)：149-170.

周孝信，陈树勇，鲁宗相，等，2018. 能源转型中我国新一代电力系统的技术特
征 [J]. 中国电机工程学报，38 (7)：1893-1904+2205.

后记

艰难困苦，玉汝于成。

行文至此，颇有感慨。认真地做一项工作，便是一场全身心的修行。写书如此，编辑校对更是如此。将要搁笔之际，疲惫感蓦然涌起，大脑却越发地活跃起来。

我从来没想到，写一本书，亲历一次高质量的编辑、校对和核验，会有如此巨大的收获。感谢四川大学出版社的责任编辑王静老师带给我如此有收获的一次学习和工作体验！每一个标点符号，每一个大小写，每一个正体、斜体、黑体，每一个上标、下标，每一处参考文献，每一张图表……事无巨细，处处体现着工匠精神。

我对我的学生说："看，这就是对文字的敬畏！是我们当前最缺乏的！"我们投出去的期刊论文，我们提交的每一份报告，我们制作的每一页课件，我们最终的学位论文，都要永葆对文字的敬畏，对规范的敬畏，对高质量成果的敬畏！唯有如此，方有所成。

感谢陪我学习、陪我重新审视中文写作的这些研究生，他们是董玉琪、李文敬、殷佳棋、王晓睿、蔡玥和杜宗尧。谢谢你们这两周校对书稿的一切付出！期待你们也能有美好的学习感悟，有满满的收获和美好的未来！

把论文写在祖国大地上，我们将笃行之！

郭晓鹏

2023.9.7